U0724769

参考答案

山东省 2023 年普通高等教育专升本统一考试
计算机试题参考答案

一、单项选择题(本大题共 20 小题,每小题 1 分,共 20 分)

1. 【答案】C
【解析】本题考查的是第一台计算机采用的电子元件/逻辑元件的问题,第一台电子计算机 ENIAC 属于第一代计算机,所以选择 C。

2. 【答案】D
【解析】本题考查的是指令的含义以及组成,指令直接是二进制数码组成,计算可以直接识别并且执行,无须经过编译,所以选择 D。

3. 【答案】D
【解析】本题考查的是对于计算思维的理解,思维是人类大脑能动的反映客观显示的过程,是人类在认识世界的过程中的比较、分析和综合的能力,是人类大脑的一种机能,并非程序设计的思维,也不是模拟计算机的思维,是人的思维,面向所有人,所有的地方,成为人们的一种普遍认知和一类普适的机能,所以选择 D。

4. 【答案】C
【解析】本题考查的是关于剪贴板的相关知识点,剪贴板属于内存的临时存储区域,所以 A 选项无误;对于 Windows 7 剪贴板的内容只能保留最后一次的内容,对于 office 剪贴板的内容可以保留最近 24 次的内容,所以 B 选项无误;剪贴板的内容,复制可以粘贴多次,剪切只能粘贴一次,所以剪贴板中的信息在"粘贴"命令使用后会消失取决于前者执行的是复制还是剪切的命令,所以 C 错误;按下 PrintScreen 键后,会将整个屏幕作为图像复制到剪贴板,按下 Alt+PrintScreen 键后,会将当前活动窗口作为图像复制到剪贴板,所以 D 选项无误,故本题选择 C。

5. 【答案】C
【解析】本题考查的是对操作系统特征的考查,操作系统的异步性又叫作随机性,操作员发出的命令或者按钮的时刻是随机的,程序运行发生错误或异常时刻也是随机的,并不是确定的,因此 C 错误。

6. 【答案】B
【解析】本题考查的是删除表格的操作,Delete 是删除表格的内容,并非表格,因此 B 选项错误。

7. 【答案】A
【解析】本题考查的是公式的相关知识点,公式工具是通过"插入" — "符号"的方式启用,因此 A 选项错误。

8. 【答案】B
【解析】本题考查的是 Word 的视图方式,如图所示,只能大纲视图显示层次级别,因此 B 选项错误。

9. 【答案】D
【解析】本题考查的是页眉的相关操作,页眉是每个页面页边距顶部的区域,通常显示书名、章节等信息,可以在页眉中插入图片、日期、时间、剪贴画、页码等信息,但是同一个节每页页眉可以相同,也可以不同,所以本题选择 D。

10.【答案】B

【解析】本题考查的是工作表页眉的相关操作,页眉中可以自定义起始页码,插入页码,日期、时间、图片等,可以设置页眉对齐方式,可以定制多个打印区域,方法为:选中多个需要打印的区域,单击页面布局选项卡-页面设置组-打印区域-设置打印区域,打印顺序可以先列后行,也可以先行后列,所以本题选择 B。

11.【答案】C

【解析】本题考查的是工作表移动或复制的操作,移动或者复制工作表的时候需要打开相关的工作表。

12.【答案】D

【解析】本题考查的是删除幻灯片的操作,在普通视图的幻灯片/大纲窗格中或者幻灯片浏览视图,右击幻灯片选择删除幻灯片命令,按 Delete 键或者 Backspace 键都可以完成删除操作,但是阅读视图处于窗口放映的状态,不可以完成删除操作,故本题选择 D。

13.【答案】B

【解析】本题考查的是排练计时的相关操作,排练计时可以跟踪每张幻灯片的显示时间并设置相应的计时,在排练计时过程中,会显示从开始放映到当前幻灯片所用的时间,故本题选择 B。

14.【答案】A

【解析】本题考查的是关系数据库的基本概念,属性的取值范围一般称为域,元组也叫记录,是二维表中水平方向的行,故本题选择 A。

15.【答案】B

【解析】本题考查的知识点是数据库部分的关系数据库 SQL 语句的知识点,更新是 update 语句,功能是对于指定表中满足条件的记录,用指定表达式的内容更新指定的字段的内容。

16.【答案】D

【解析】本题考查的知识点是 HTTPS、全称:Hypertext Transfer Protocol Secure,是以安全为目标的 HTTP 通道,在 HTTP 的基础上通过传输加密和身份认证保证了传输过程的安全性。

17.【答案】C

【解析】本题考查的知识点是子网掩码,对于常用网络 A、B、C 类 IP 地址其默认子网掩码十进制分别表示为 255.0.0.0;255.255.0.0;255.255.255.0。

18.【答案】A

【解析】本题考查的知识点是多媒体技术部分的流媒体的知识点。流媒体是指网络间的视频、音频和相关媒体数据流从数据源(发送端)同时向目的地(接收端)传输的方式,是一种用户边下载边观看的网络传输技术。流媒体的特点有连续性、实时性、时序性。因此,此题选择 A。

19.【答案】C

【解析】本题考查的知识点是图形和图像的区别,图形也称为矢量图,是根据几何特性来绘制图形,用线段和曲线描述图像,矢量可以是一个点或一条线,矢量图只能靠软件生成,矢量图文件占用内在空间较小。图像也称为位图、点阵图像,位图使用我们称为像素的一格一格的小点来描述图像。最大的区别是矢量图形与分辨率无关,可以将它缩放到任意大小和以任意分辨率在输出设备上打印出来,都不会影响清晰度,而位图是由一个一个像素点产生,当放大图像时,像素点也放大了,但每个像素点表示的颜色是单一的,所以在位图放大后就会出现咱们平时所见到的马赛克状,也称为失真。

20.【答案】A

【解析】本题考查的知识点是云计算基本概念,云计算指通过计算机网络(多指因特网)形成的计算能力极强的系统,可存储、集合相关资源并可按需配置,向用户提供个性化服务。

二、多项选择题(本大题共10小题,每小题2分,共20分)

21.【答案】ACD。

【解析】微型计算机的主要性能指标包括主频、字长、内核数、内存容量、运算速度、存取周期,也包括机器的兼容性、系统的可靠性、系统的可维护性、性能价格比等。

22.【答案】BC。

【解析】计算机软件系统分为系统软件和应用软件两种。

(1)系统软件分为操作系统、语言处理程序、系统支撑和服务程序、数据库管理系统。

操作系统:DOS、Windows、UNIX、Linux、MAC OS、IOS、Android、Windows Phone 8、鸿蒙、MIUI 等;

语言处理程序:编译程序、解释程序、汇编程序等;

系统支撑和服务程序:系统诊断程序、调试程序、排错程序、编辑程序、查杀病毒程序等;

数据库管理系统:Access 等。

(2)应用软件:为解决计算机各类应用问题而编写的软件,显然支付宝、微信均为应用软件。

23.【答案】ABCD。

【解析】控制面板的功能大致可分为"系统和安全""网络和 Internet""硬件和声音""程序""用户账户""外观和个性化""时钟和区域""轻松使用"八个类别。其中选项 A 功能属于"用户账户"类别,选项 B 属于"外观和个性化"类别,选项 C 属于"程序"类别,选项 D 属于"系统和安全"类别。

24.【答案】CD。

【解析】Windows 7 中文件(夹)命名原则为:①可以使用汉字、英文字母、数字、下划线、空格、叹号和单引号等一些符号;② 不可以使用冒号、通配符(﹡和?)、双引号、以及》|</等。

25.【答案】ABC。

【解析】PowerPoint 2010 中"换片方式"设置位于"切换"选项卡"计时"组,其中默认的换片方式为"单击鼠标",也可设置"自动换片时间",若两者也可同时选中:未达到切换时间前,以单击鼠标为主。另外,要注意 D 选项中"设置自动换片时间"非切换效果的持续时间,属性值与幻灯片的切入速度无关。

图1

26.【答案】ABD。

【解析】选项 A 正确:NoSQL 通常用于处理非结构化数据,这是因为它们通常提供更灵活的数据模型和更好的水平扩展性。

选项 B 正确:关系型数据库在处理复杂的查询,数据一致性和事务处理等方面具有优势,NoSQL 数据库在处理大规模数据、高并发读写和水平扩展等方面具有优势。

选项 C 错误:SQL 是关系型数据库的标准查询语言,但不同的 NoSQL 数据库有各自的查询语言并没有通用的标准查询语言。

选项 D 正确:NoSQL 数据库通常提供更灵活的数据模型,可以存储和处理各种类型的数据,包括键值对、文档、列族和图等。

27.【答案】BC。

【解析】OSI 参考模型将整个网络的功能分为 7 个层次,由低层到高层分别为物理层、数据链路层、网络层、传输层、会话层、表示层、应用层;TCP/IP 参考模型分为网络接口层、网际层、传输层和应用层 4 层,对应关系如下,TCP/IP 网络接口层对应 OSI 参考模型的物理层和数据链路层。

两参考模型对应关系如下:

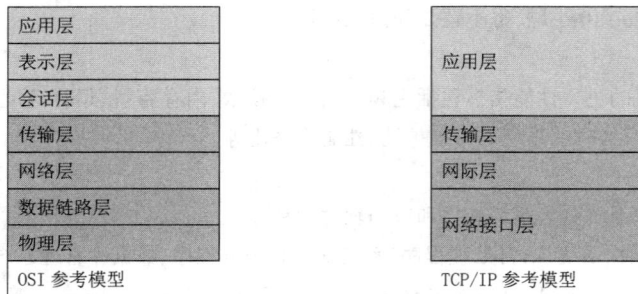

图 2

28.【答案】AD。

【解析】选项 A 正确:音频采样频率就是每秒钟采样的次数,采样频率越高,声音的还原度越高,对声音的细节把握得越准确。但同时,高采样频率也意味着需要更大的存储空间。

选项 B 错误:JPEG 是一种常用的图像格式,它的特点是文件小,压缩比可以调整,但它是一种有损压缩,也就是说,在压缩过程中会丢失一部分图像信息,所以并非不失真。

选项 C 错误:MIDI 文件只包含音乐的表演信息(比如音高、音长等),而不包含音频波形数据,因此 MIDI 文件通常比波形文件(如 WAV 或 MP3 文件)要小得多。

选项 D 正确:图像的相邻像素之间通常存在一定的相关性,例如在颜色、亮度等方面的连续性。这种相关性导致图像数据中存在一定的冗余,这是图像压缩技术能够有效工作的一个重要原因。

29.【答案】BD。

【解析】选项 B 正确:在非对称密码体制中,首先要生成一个密钥对,即公钥和私钥。

选项 A 错误:两密钥不同,公钥可以对外公开,主要在加密过程中使用;私钥是保密的,主要用于解密时配合公钥共同解密。

选项 C 错误:加密时非对称加密通常比对称加密慢,因为非对称加密需要进行更复杂的数学运算。

选项 D 正确:非对称密码的安全性基础是从公钥推导出私钥在计算上是非常困难的,即使使用最强大的计算机进行计算也需要花费很长时间。

30.【答案】BCD。

【解析】选项 A 错误:物联网并不是一种全新的、与互联网相互独立的网络。实际上,物联网是互联网的延伸,它利用互联网连接各种物理设备和对象。

选项 B 正确:物联网设备可以收集大量数据,包括设备状态、环境信息、用户行为等,因此它是大数据的重要来源之一。

选项 C 正确:云计算提供了强大的数据存储和处理能力,可以处理物联网设备产生的大量数据,并提供各种高级的数据分析和处理服务。

选项 D 正确:RFID(无线射频识别)和 GPS(全球定位系统)等技术被广泛应用于物联网中,用于实现设备的自动识别和定位等功能。

三、判断题(本大题共 10 小题,每小题 1 分,共 10 分)

31.【答案】A

【解析】一个汉字字符是由两个连续的字节组成,高字节与低字节的最高位均为 1,而题目中高字节与低字节的最高位均为 0,故不是汉字的机内码。

32.【答案】B

【解析】典型概念错误,信息是在自然界、人类社会和人类思维活动中普遍存在的一切物质和事物的属性,而数据是存储在某种媒体上加以鉴别的符号资料,故数据是信息的载体。

33.【答案】A

【解析】虽然".jpg"或".jpeg"扩展名通常用于表示 JPEG 格式的图片文件,但是,文件的扩展名并不总是反映文件的真实内容或格式。任何类型的文件都可以被重命名为".jpg",无论它是否真的是 JPEG 图片。例如,一个文本文件或一个音频文件都可以被重命名为".jpg",尽管这样做可能会导致打开文件时出现问题,因为大多数图片查看器不会正确地处理非图片文件。因此,扩展名为 JPG 的文件不一定是图片文件。

34.【答案】B

【解析】在 Windows 操作系统中,文件夹的只读属性实际上不会阻止用户在文件夹内创建新文件或子文件夹。这是因为只读属性在文件和文件夹上的效果是不同的。对于文件,只读属性会阻止文件被修改。但对于文件夹,只读属性对文件夹内的文件没有约束力。它只是表示文件夹中的文件应该被视为只读的,默认情况下,新文件和子文件夹会继承这个属性。

35.【答案】B

【解析】典型的功能引导错误,使用 PowerPoint 2010 时,幻灯片中插入的音频和视频均可以裁剪,音频的特色为可以设置跨幻灯片播放,视频的特色为可以设置全屏播放。

36.【答案】B

【解析】数据库系统通常包括数据库和数据库管理系统(DBMS)。数据库是实际存储数据的地方,而数据库管理系统则是用于管理数据库的软件。所以,数据库管理系统是数据库系统的核心,而不是数据库。

37.【答案】B

【解析】宽带通常用来描述网络的数据传输能力,而其单位通常是位每秒(bit/s)而不是赫兹(Hz)。Hz 通常用来描述信号或系统的频率,而不是数据传输速率。

38.【答案】B

【解析】数字图像的位深度(颜色深度)直接影响图像文件的大小。位深度越高,每个像素需要更多的数据来表示其颜色,因此文件大小也就越大。

39.【答案】A

【解析】VPN 确实是基于公共网络(如互联网)建立的一个临时的、安全的连接,它可以让用户像访问内部网络一样访问远程网络,因此可以看作对内网的扩展。

40.【答案】A

【解析】区块链确实可以在缺乏信任的网络环境中建立信任。通过分布式账本和共识机制,区块链可以确保所有参与者对交易的真实性和完整性达成一致,这样就无须依赖第三方信任机构。

四、填空题(本大题共 10 小题,每小题 1 分,共 10 分)

41.【答案】3CH。

【解析】本题考查的是进制转换,十进制转十六进制,短除 16,取余数,倒排序,答案为 3CH。

42.【答案】控制器。

【解析】本题考查的是计算机硬件系统有 5 大部分组成,分别是存储器、运算器、控制器、输入设备、输出设备,负责指挥的是控制器。

43.【答案】Shift。

【解析】本题考查的是复制和移动的操作,对于不同的盘直接拖动是复制,配合 shift 键拖动是移动。

44.【答案】管理员账户。

【解析】本题考查的是用户账户,Windows 7 账户有三种,分别是管理员账户、标准账户和来宾账户,其中管理员账户是专门为可以对计算机进行全系统更改、安装程序和访问计算机上所有文件的人而设置的,只有拥有管理员的用户才拥有计算机上其他用户账户的完全访问权。

45.【答案】PPSX。

【解析】本题考查的是放映文件的扩展名,需要记忆。

46.【答案】选择。

【解析】本题考查的是对于 SELECT 语句以及关系运算的理解,在 SQL 中 SELECT 语句中,如需有条件地从表中选取数据,则需要在 SELECT 语句中添加 WHERE 子句,用于指出查询条件。

47.【答案】16。

【解析】本题考查的是 IPv6 地址长度,IPv6 地址长度为 128 位,1 字节 = 8 位,128/8 = 16。

48.【答案】无损压缩。

【解析】本题考查的是有损压缩和无损压缩的知识点,有损压缩和无损压缩都是属于压缩技术,其基本原理都是在不影响文件的基本使用的前提下,只保留原数据中一些"关键点",去掉了数据中的重复的、冗余的信息,从而达到压缩的目的。有损压缩和无损压缩的区别是无损压缩可以完全还原;有损压缩还原后不能和原来的文件一样,有一定的损耗的。

49.【答案】破坏性。

【解析】本题考查的是病毒的特点,病毒的破坏性体现在病毒不仅占用系统资源,还可以删除文件或数据,格式化磁盘,降低运行效率或中断系统运行,甚至使整个计算机网络瘫痪,造成灾难性后果。

50.【答案】多样性/数据类型繁多。

【解析】本题考查的是大数据的特征,广泛的数据来源,决定了大数据形式的多样性。

五、操作题(本大题共 15 小题,每小题 2 分,共 30 分)

(一)Word 操作

51.【答案】A

【解析】图 3 所示效果是文本行上方创建的小字符,可以利用题中选项 A"字体"组的"上标"进行设置,该命令在"字体"对话框也有。

52.【答案】B

【解析】修改样式之后,应用样式的内容格式自动跟随新样式变化,不需要 C 选项的重新应用一次,D 选项也正确,但不如 B 效率高,不是最优操作。

53.【答案】D

【解析】图中文本内容分两列,是"分栏"设置的结果,它是"页面布局"选项卡"页面设置"组中的命令。默认情况下,"分栏"针对整个文档,如果要部分"分栏",就需要先选中要设置的部分内容,如本题中的正文。

54.【答案】C

【解析】使用题注功能可以为文档中图片、表格或图表等项目顺序自动编号。脚注位于页面的底部或文字下方,可以作为文档某处内容的注释。没有 AB 选项中的命令。

55.【答案】B

【解析】文字下方红色的波浪线是因为可能的拼写错误给出的提示,绿色波浪线是因为可能的语法错误给出的提示,执行"审阅"选项卡"校对"组的"拼写和语法"命令可能出现上述错误提示。

56.【答案】③①⑤。

【解析】分析题目要求张三想看到李老师的修改痕迹,这是"修订"的功能。具体执行步骤:首先要单击"审阅"选项卡的"修订",启用修订,然后再修改,才能出现更改痕迹。李老师将修订后的文档发回给张三,张三对修订的结果执行"审阅"选项卡"更改"组的"接受/拒绝"命令就能根据更改痕迹完成论文。

(二)Excel 操作

57.【答案】C

【解析】本题选中"首行"和"最左列"能对数据源按类别进行合并,不足之处是左上角标签在合并后会消失,需要继续编辑才能得到题目的截图所示结果,不过考试时本着最优选择的前提,本题没有其他更为合适的选项。

58.【答案】A

【解析】本题考查 Vlookup 函数,

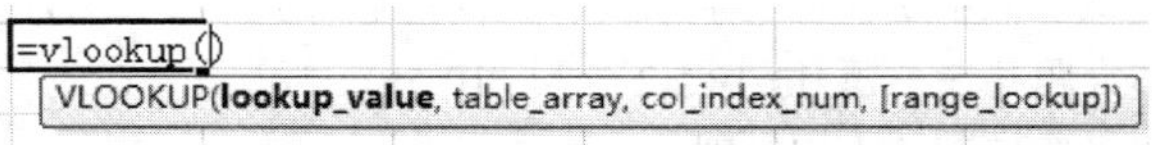

| =vlookup() |
| VLOOKUP(**lookup_value**, table_array, col_index_num, [range_lookup]) |

,括号内四个

图 3

参数的含义分别是查询值、查询区域、返回列、查询模式,查询区域应该是包含查询值为第一列的区域而且如果要公式复制查询区域必须判断使用相对引用还是绝对引用,查询模式是 0 或者 False 是精确查找,查询模式是 1 或者 True 是模糊查找,综上本题正确答案是 A。

59.【答案】D

【解析】A 选项将 mid 括号内的第三个参数修改为 2,本选项就是正确选项;B 选项除了参数问题,运算符"+"也不正确,"+"在 Excel 中只是算术运算符,在 Access 中既是算术运算符又是文本连接符,Excel 的文本连接符是"&"。所以本题正确答案是 D。

60.【答案】A

【解析】单元格为空,查找内容不填,其他选项的填写都会提示"Microsoft Excel 找不到正在搜索的数据"。

61.【答案】D

【解析】奖学金评选条件为:五门课程的总分排在全年级前 25%,并且每门课程成绩不低于 75 分,即每个学生的五门课成绩都不能低于 75 分,所以各条件之间是"与"关系,五个条件应该写在同一行,所以答案选 D。

62.【答案】②⑤①④。

【解析】分类汇总的步骤是首先确定分类字段并对分类字段进行排序。所以先按顺序执行②⑤就能实现对分类字段进行排序,然后再按顺序执行①④,可以统计出每个班级符合条件的人数。

(三)PowerPoint 操作

63.【答案】B

【解析】PowerPoint 中在"幻灯片母版"中的主版式的格式设置会影响所有幻灯片,所以本题最优操作是 B,A 选项也可以实现但是效率低,C、D 不是在主版式中操作,不在主版式的操作只能影响相同版式的幻灯片的格式。

64.【答案】C

【解析】本题中 SmartArt 图中原理五个形状级别相同,所选两个经过处理后变成原同一级别形状的包含内容,级别下降,所以正确答案选 C。

65.【答案】②③。

【解析】本题考查超链接的步骤,右击 **2 课程体系**,快捷菜单选"超链接",打开"插入超链接"对话框

图 4

,选择"现有文件或网页"能链接到某个已有的文件或网页上;

选择"本文档中的位置"能链接到同一个文档的不同位置;选择"新建文档",链接到新文档;选择"电子邮件地址"链接到电子邮箱。本题要求链接到本机上的已有文件,所以正确顺序是②③。

六、分析题(本大题共 5 小题,每小题 2 分,共 10 分)

66.【答案】未设置标题的大纲级别。

【解析】导航窗格可以按三种模式显示结果:浏览您的文档中的标题(要求标题必须设置大纲级别,可以通过"段落"对话框或者在"大纲视图"设置,也可以直接应用"开始"选项卡"样式"组的各级"标题"),浏览您的文档中的页面(按不同页面显示),浏览您当前搜索的结果(正文中高亮显示搜索的匹配内容)。

67.【答案】班级。

68.【答案】计算。

【解析】67、68 两题是对"数据透视表"操作的考查,操作一下能事半功倍。从题目分析,容易判断的是"报表筛选"和"行标签"。没有"列标签","求和项"是字段拖动到"数值"进行计算后的结果。

69.【答案】$i<=45$。

【解析】①处填入条件"$i<=45$"作用是对这个统计过程次数进行限制,班级一个 45 人,循环统计数目的上限是 45。

70.【答案】不及格人数加 1。

【解析】在满足①处条件"$i<=45$"后判断成绩和 60 的大小关系,小于 60 的,执行 Yes 分支,C 表示不及格人数,$C=C+1$ 表示不及格人数加 1。

山东省2022年普通高等教育专升本统一考试
计算机试题参考答案

一、单项选择题(本大题共20小题,每小题1分,共20分)

1.【答案】D

【解析】"存储程序"工作原理是美籍匈牙利科学家冯·诺依曼(Von Neumann)提出来的,故称为冯·诺依曼原理,其基本思想是存储程序与程序控制。

2.【答案】A

【解析】本题考查计算机的程序设计语言。计算机的程序设计语言分为三类:机器语言、汇编语言和高级语言,其中机器语言是采用二进制形式编程的语言,是计算机系统唯一能够直接识别的计算机语言。

3.【答案】B

【解析】本题考查计算机的运算速度快、计算精度高、存储容量大、具有逻辑判断能力、工作自动化、通用性强六大特点和巨型化、微型化、网络化、智能化四大发展趋势。但巨型化不仅仅是指其体积变大,更主要的是指其字长、运算速度、存储容量、输入输出能力等指标的增强。

4.【答案】C

【解析】本题考查总线的定义和分类。C错在地址总线的传输方向仅限于CPU到存储器的单向传输,数据总线和控制总线可以实现双向传输。

5.【答案】D

【解析】本题考查算法的表示方法,主要有流程图、N-S图、伪代码、自然语言、程序语言等;选项D中的E-R图,是数据库设计时概念设计阶段的主要工具,不是算法的表示手段。

6.【答案】D

【解析】本题考查算法的四大特点:有穷性、确定性、可行性、输入/输出性(要求是可以有0个或多个输入、至少有1个输出)。

7.【答案】C

【解析】本题考查任务栏的相关知识点。右击任务栏可以启动任务管理器,单击任务栏的程序图标可以实现窗口最小化,右击任务栏选择属性命令可以隐藏任务栏和改变任务栏的位置,所以ABD都对。只有C错误,设置应用程序的属性通常是右击应用程序图标,使用属性命令进行设置。

8.【答案】A

【解析】本题考查应用软件记事本的相关操作,重点应该记住它是纯文本编辑软件,只能编辑文本内容,可以设置字体、字号和字形,但是不能设置字色等。选项中A不正确,它不能编辑表格对象,其他图片图形等也不允许编辑。

9.【答案】B

【解析】本题考查文件/文件夹的三大常规属性:只读、隐藏、存档。考查内容比较基础,是需要熟背的内容。

10.【答案】A

【解析】本题考查Word中的内容删除,四个选项都能实现要求,但是最有效率的选A,是最优的操作。这种题目属于操作类知识点的考查,这是近年来计算机专升本考试的一个主要考查方向,需要考生平时多上机进行实操训练。

11.【答案】A

【解析】本题考查 Excel 2010 的公式,判断标志以"="开头。这题出得有点迷惑性,大家容易错选 B,因为数字书写符合日期型数据的书写规范。Excel 2010 输入数据时有"="是公式,无"="才按照常量输入类型去判断。

12.【答案】B

【解析】本题考查 PowerPoint 2010 的视图,视图是非常重要的一个知识点,必须熟背视图的分类以及各种视图的主要特点。在 PowerPoint 2010 中,普通视图是其默认视图,主要的编辑工作都通过该视图完成;幻灯片浏览视图以缩略图的形式显示所有幻灯片。在该视图模式下,可以很容易地在幻灯片之间添加、删除和移动幻灯片以及选择幻灯片切换效果,但是不允许对单张幻灯片进行具体的编辑;阅读视图和放映视图主要用于幻灯片的放映浏览,不可编辑具体内容,阅读视图和放映视图的差别是前者是窗口放映,后者是全屏放映;备注页视图由两部分组成,上方显示小版本的幻灯片,此时不可编辑,下方显示备注窗格中的内容,可以编辑。

13.【答案】D

【解析】本题考查关系模型中实体之间联系的类型。实体间的联系分为一对一、一对多和多对多三种。

14.【答案】C

【解析】本题考查 IP 地址。现在使用的 IP 地址版本是 IPv4,分 A、B、C、D、E 五类,常用的有 A、B、C 三类,它们均由 32 位二进制数组成,其中,A 类 IP 地址最前面一位为"0",B 类最前面两位为"10",C 类最前面两位为"110"。另外,将要普遍用到的 IP 地址版本是 IPv6,它由 128 位二进制数组成。

15.【答案】A

【解析】本题考查 Internet 的主要应用。A 选项中的 FTP 是文件传输协议,它能传输各种文件对象,包括文本文件、图像文件和声音文件等。

16.【答案】D

【解析】本题考查 HTML 语言的常用标记。标记<title>…</title>,用来定义网页的标题,打开网页后,网页标题将出现在浏览器的标题栏。

17.【答案】C

【解析】本题考查声音文件存储容量的计算公式:声音文件字节数 = 采样频率(Hz)×量化位数(bit)×采样时间(秒)×采样声道数×压缩比/8,单位是字节 B。本题代入已知量时还应注意单位转换:44.1kHz = 44100Hz,2 分钟 = 120 秒。

18.【答案】A

【解析】本题考查多媒体相关技术。选项 A 错误,视频编码压缩的主要目的是降低数据量,便于视频文件的存储和传输,不是为了提高视频质量,甚至有些压缩法对视频质量有损害。

19.【答案】B

【解析】本题考查计算机病毒相关知识。计算机病毒,是指编制或者在计算机程序中插入的破坏计算机功能或者毁坏数据,影响计算机使用,并能自我复制的一组计算机指令或者程序代码。它有可执行性、破坏性、传染性、潜伏性、针对性、衍生性、抗反病毒软件性等特性,不但能感染可执行文件,也能感染非可执行文件等,例如 Office 文件等。所以,选项 B 错误。

20.【答案】B

【解析】本题考查新技术:云计算。它是一种按使用量付费的模式,这种模式提供可用的、便捷的、按需的网络访问,进入可配置的计算资源共享池(资源包括网络、服务器、存储、应用软件、服务),这些资源能够被快速提供,只是需要投入很少的管理工作,或与服务供应商进行很少的交互。云计算具有超大规模、虚拟化、高可靠性、通用性强、高可扩展性、按需服务、极其廉价等特点。云计算的分类包括公有云、私有云和混合云,其中由第三方提供商完全承载和管理的为公有云,所以选项 B 错误。

二、多项选择题(本大题共 10 小题,每小题 2 分,共 20 分)

21.【答案】BD。

【解析】本题考查计算机中文字表示的相关知识,分字符编码和汉字编码两个方面,其中字符编码主要是 ASCII 码,有 7 位 ASCII 码和 8 位 ASCII 码两种,7 位 ASCII 码称为标准 ASCII 码,能表示 128 个字符,8 位 ASCII 码称为扩展 ASCII 码,能表示 256 个字符;汉字编码包括输入码、国标码、机内码和字形码,国标码和机内码均用 2 个连续的字节表示一个汉字,一个汉字的字形码有多种,所有不同的字体、字号的汉字字形构成了汉字库。

22.【答案】BCD。

【解析】本题考查计算机中的常用硬件。选项 A 扫描仪是常见的输入设备,其他选项 BCD 都可以作为输出设备,其中 BD 既能做输出设备又能做输入设备。

23.【答案】ABCD。

【解析】本题考查面向对象程序设计语言相关知识点。面向对象程序设计主张客观世界中任何一个事物都可以被看成一个对象,类和对象是面向对象程序设计的核心概念,类是在对象之上的抽象,对象是类的具体化,是类的实例。面向对象程序的三大特性包括封装性、继承性、多态性。

24.【答案】ABD。

【解析】本题考查 Word 2010 页面视图中的标尺的应用。在 Word 2010 页面视图下,标尺有水平标尺和垂直标尺,水平标尺可以调整左缩进、右缩进、首行缩进、悬挂缩进、左边距和右边距;垂直标尺可以调整上边距和下边距。

25.【答案】AB。

【解析】Excel 2010 的"开始"选项卡,"样式"组的"套用表格格式"和"单元格样式"两个命令可以快速格式化工作表。

26.【答案】ABCD。

【解析】本题考查 PowerPoint 2010 的动画和切换设置。

图 1

通过"动画""切换"两个选项卡 ABCD 都能实现。这类操作性的题目需要平时多上机训练。

27.【答案】AB。

【解析】本题考查数据库的关系运算知识点。选择:从关系中选择满足一定条件的记录;投影:从关系中选择若干属性列组成新的关系。关系 T 从关系 S 中选了"学号""姓名""性别"三个属性是"投影"运算;选了两条记录是"选择"运算。

28.【答案】CD。

【解析】本题考查计算机网络体系结构相关知识点,本考点内容虽然不在参考教材内,但普通高校版教材内有涉猎,需要大家注意这种出题角度。TCP/IP 参考模型是四层结构,分别包括网络接口层、网际层、传输层和应用层,是 Internet 采用的事实上的国际标准。OSI 参考模型由国际标准化组织提出,共分为 7 层,自下而上分别是物理层、数据链路层、网络层、传输层、会话层、表示层、应用层。体系结构与网络中的层次数无直接关联,只是网络中的层与层之间相互独立,下一层为上一层服务。

29.【答案】BCD。

【解析】本题考查防火墙的相关内容。它是用于在企业内部网和因特网之间实施安全策略的一个系统或一组系统。它决定网络内部服务中哪些可被外界访问,外界的哪些人可以访问哪些内部服务,同时还决定内部人员可以访问哪些外部服务。所有来自和去往因特网的业务流都必须接受防火墙的检查。防火墙必须只允许授权的业务流通过,并且防火墙本身也必须能够抵抗渗透攻击,因为攻击者一旦突破或绕过防火墙系统,防火墙就不能提供任何保护。按实现手段可分为:硬件防火墙和软件防火墙;按照防火墙保护网络使用方法的不同,可将其分为三种类型:网络层防火墙、应用层防火墙、链路层防火墙。

30.【答案】ABC。

【解析】本题考查新技术-大数据的应用。ABC 三个选项是对大量数据分析后才能给出的结果,属于大数据应用。条形码是将宽度不等的多个黑条和空白,按照一定的编码规则排列,用来表达一组信息的图形标识符。

三、判断题(本大题共 10 个小题,每小题 1 分,共 10 分)

31.【答案】A

【解析】正在运行的程序和数据一定存在内存中。

32.【答案】B

【解析】BIPS,是描述计算机运算速度的指标。描述计算机运算速度的指标还有 MIPS,它俩之间的关系为 1BIPS = 1000MIPS。

33.【答案】B

【解析】算法时间复杂度是指执行算法所需要的计算工作量。算法空间复杂度是指执行这个算法所需要的内存空间。二者一个是时间空间的判断,另外一个是存储空间的判断,并没有之间的关联性。

34.【答案】A

【解析】Windows 7 中的对话框分为模式对话框和非模式对话框两种,模式对话框打开后主程序窗口不能被处理,必须关闭对话框才能编辑主窗口;非模式对话框打开后主程序窗口编辑不受影响。

35.【答案】A

【解析】常见的非关系型数据库有列族数据库、键值数据库、文档数据库和图数据库。

36.【答案】B

【解析】在计算机网络中,带宽用来表示网络的通信线路所能传送数据的能力。吞吐量表示在单位时间内通过某个网络的数据量。它俩成正比关系。

37.【答案】A

【解析】统一资源定位器(URL),俗称网址,是在 Internet 上查找信息时采用的一种准确定位机制。通过 URL,既可以访问本地机也可以访问 Internet 上任何一台主机或者主机上的文件夹和文件。

38.【答案】A

【解析】MIDI,乐器数字接口,是一种数字音乐格式。

39.【答案】B

【解析】信息安全所面临的威胁分自然威胁和人为威胁两大类,其中人为威胁包括人为攻击、安全缺陷、软件漏洞和结构隐患。

40.【答案】A

【解析】物联网的关键技术包括感知与识别技术、通信与网络技术、信息处理与服务技术等,RFID、射频识别,属于感知与识别技术。

四、填空题(本大题共 10 个小题,每小题 1 分,共 10 分)

41.【答案】字长。

【解析】本题考查字长的概念,它是衡量计算机性能的主要指标。字是 CPU 通过数据总线一次存取、加工、传送的数据,它是数据单位。

42.【答案】22.4H。

【解析】本题考查二进制和十六进制的转换规则,按照"四合一"的规则可以实现转换。通过本题目需要有举一反三的能力,各种进制之间的转换都必须熟练。

43.【答案】55。

【解析】本题考查算法的高阶内容,题干以流程图的方式表示算法,考核考生的逻辑思维能力,题目中初始值 $s=0,i=1$,判断条件 $i \leq 10$,进行 $s=s+i$ 的计算,实际就是计算 $1+2+3+4+5+6+7+8+9+10$,结果 $=55$。

44.【答案】进程。

【解析】用户需要计算机完成某项任务时要求计算机所做的工作的集合叫作业,作业装入内存并投入运行,称为进程。

45.【答案】回收站。

【解析】回收站是硬盘上的一个特殊的系统文件夹,存放用户临时删除的硬盘文件。

46.【答案】delete。

【解析】本题考查 SQL 命令 Delete ,作用是删除表中记录,基本格式:Delete from 表名[where 条件]。其他对表中记录操作的 SQL 命令还有 Select:查询表中有关内容;Update:更新指定表中字段值;Insert:插入新记录。另外对表结构进行操作的 SQL 命令有:Create:创建表结构;Alter:修改表结构;Drop:删除表结构。

47.【答案】光纤。

【解析】常见的有线介质有双绞线、同轴电缆、光纤等,采用双绞线或同轴电缆经济且安装简便,但传输距离相对较短。以光纤为介质的网络传输距离远,抗干扰能力强,但成本高,且光纤重量轻,安装困难,通常做成光缆。

48.【答案】局域网或 LAN。

【解析】本题考查计算机网络的分类。根据网络的覆盖范围计算机网络可以划分为局域网(LAN)、城域网(MAN)、广域网(WAN)。计算机网络还可以按照拓扑结构、传输介质、用途等进行分类,也需要准确记忆。

49.【答案】实时性。

【解析】本题考查多媒体的四大特点,分别是:多样性(包含多种信息形式),集成性(既指信息集成又指操作信息的设备和软件的集成),实时性(要求多媒体支持实时处理,即在处理信息时有严格的时序要求和很高的速度要求),交互性(可以交流互动,是多媒体技术区别于传统信息媒体的主要特性)。

50.【答案】非对称密码体制。

【解析】对称密码体制/单钥密码体制:加密密钥和解密密钥相同,或从一个可以推出另一个。密钥不可公开;非对称密码体制/双钥密码体制:加密密钥和解密密钥不相同,或从一个难于推出另一个。两个密钥中,一个是可以公开的,另一个则是秘密的。

五、操作题(本大题共 15 个小题,每小题 2 分,共 30 分)

51.【答案】C

【解析】本题需要操作理解,具体步骤:"开始"选项卡,单击"样式"组对话框启动按钮,打开"样式窗格",选中"页眉"样式,进行"修改",在"修改样式"对话框,选中"格式"下拉菜单的"边框"命令就可以去掉页眉下的横线。

52.【答案】B

【解析】文字环绕设置效果如下图:"上下型"图片与文字的位置关系上下显示,不能实现题目效果,所以本题选 B。

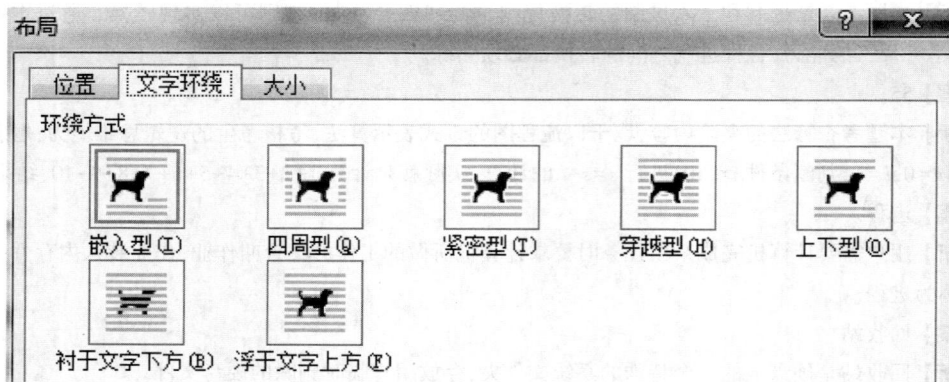

图 2

53.【答案】C

【解析】设置"以不同颜色突出显示文本"后文字看上去像用荧光笔做了标记,符合题中表示。

54.【答案】C

【解析】本题四个选项理论上均可,但最优操作为艺术字设置,效率最高、实现最简单。

55.【答案】A

【解析】脚注和尾注一般用于在文档和书籍中显示引用资料的来源,或者用于输入说明性或补充性的信息。脚注位于当前页面的底部或指定文字的下方。尾注位于文档的结尾处或指定节的结尾。题注是一种可以为文档的图表、表格、公式或其他对象添加的编号标签。在与他人一同处理文档的过程中批注是作者和审阅者沟通的渠道。本题中效果设置是在页面底端,所以是脚注。

56.【答案】②④③⑤⑦或②④⑤③⑦。

【解析】本题考查邮件合并的步骤。因为是对主文档是信内容而非信封,所以①不选。要制作内容相同收件人不同的邀请函,分析题目除了收件人名不同还需要根据性别添加"女士"或"先生"二字,所以需要"规则"判断(参考设置方法如右图所示):步骤③⑤顺序可以任意,所以参考答案两个顺序都可以。

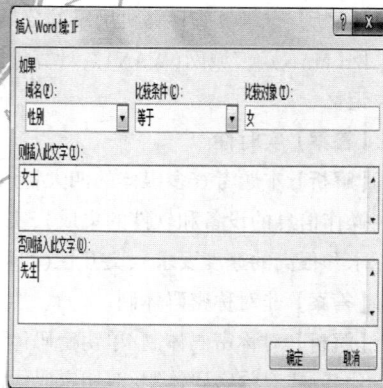

57.【答案】D

【解析】本题目 AD 选项都可以实现,D 是最优选项,因为操作容易、效率高。具体步骤:"开始"选项卡,"样式"组,选中"条件格式"下拉菜单中的"项目选取规则…"进行设置。

图 3

58.【答案】B

【解析】AB 的实现思路一致,都是利用选择性粘贴的"乘"运算实现,区别在于初始数据源的选择。A 错的原因是操作后结果都会跟 J3 值相同,因为运算时没有单元格引用,所以双击单元格是复制填充。C 错在引用自身单元格。D 如果修改为粘贴"值"而非直接粘贴就正确了,因为直接粘贴,计算用的单元格相对引用地址就会发生变化。

59.【答案】A

【解析】本题中的 ABCD 四个选项都能计算出"年差",但是题目要求满 365 才计为 1 年算工龄,只有 int 函数的功能是取出不大于数据本身的整数,不会多算工龄,其他 BCD 都有可能出现四舍五入造成多算工龄的情况。

60.【答案】D

【解析】本题的 ABCD 四个选项都可以实现题目要求,最简单的操作是使用自动筛选,所以选 D。

61.【答案】A

【解析】本题主要考查"选择性粘贴"命令,粘贴选项应该是"批注",所以 A 正确、B 错误。C 错在一次只能为一个单元格加批注,不能批量加。D 可以,但是操作效率比 A 低,所以最优选项选 A。

62.【答案】①④⑤⑦。

【解析】本题考查分类汇总+图表制作。分类汇总首先需要确定分类字段并对分类字段进行排序,按照题目要求比较不同职称,所以分类字段选为"职称"并对其进行排序,排除②③。观察题目中的图表的图例和数据项,确定⑤⑦。所以答案为①④⑤⑦。

63.【答案】D

【解析】本题考查 PowerPoint 2010 中的插入音频的相关操作。选项 A 中的"自动(A)"是指播放到该幻灯片时音频是否自动播放;选项 B 虽能实现题目要求但效率低;选项 C 中的"播完返回开头"是指音频播放完毕返回开头便不再播放,无法实现全程播放;选项 D 能最优匹配题目要求,所以选 D。

64.【答案】C

【解析】本题考查 PowerPoint 2010 中节的概念及操作。同一节内的幻灯片可以设置相同的切换方式,也可以设置相同的主题、背景等。

65.【答案】③①④⑥。

【解析】本题主要考查 PowerPoint 2010 中为幻灯片添加纹理的操作步骤。首先要确定该命令是"设计"选项卡的命令,排除②选择③;⑤中的"重置背景"是删除设置,不是确认设置,所以不能选,应该选⑥。因此正确顺序为③①④⑥。

六、综合运用题(本大题共 10 个小题,每小题 1 分,共 10 分)

66.【答案】B

【解析】题干中行数据不可见,只有 B 选项是对行的操作,通过"自动调整行高"能将行中的数据按照最合适的行高显示出来。

67.【答案】C

【解析】本题考查 Excel 2010 的 vlookup 函数的用法。此函数的功能是在数据表的首列查找指定的数值,并由此返回数据表当前行中指定列处的数值。需特别注意第一个参数"D3"宜为相对引用,表示查询区域的第二个参数宜为绝对引用,所以"=vlookup(D3,产品信息!＄A＄1:＄C＄9,3)"也正确。本题第二个参数使用了混合引用,是因为数据按列填充,列偏移量为 0,等效于绝对引用的表示。

68.【答案】A

【解析】本题考查 Excel 2010 的数据透视表的用法,由题目很容易看出行标签为"产品名称"和"分部名称",列标签为"日期",所以选 A 排除 B;若按选项 C 的分类汇总,三个分类字段都应出现在行位置,不会出现如图所示界面;若要使用选项 D 的函数操作,则效率最低。

69.【答案】C

【解析】题目要求 Excel 中数据变化时 Word 中数据也随之变化,只有 C 中选择性粘贴时链接与使用目标格式的粘贴方式可以。

70.【答案】A

【解析】操作④中的底纹不能选择系统外的图片,所以使用排除法选 A。

71.【答案】B

【解析】保证文档数据不被修改而且不影响后面操作,最优选择是 B,为文档设置修改密码,而不是打开密码。

72.【答案】B

【解析】题干明确要求由"年度销售总结报告"的文本内容生成幻灯片,最优选项是 B。CD 选项粘贴后,都会新增绘图工具选项卡,不利于之后的编辑。

73.【答案】D

【解析】操作③是之间输入时间,不能够自动更新,所以使用排除法,本题选 D。

74.【答案】C

【解析】本题考查 PowerPoint 2010 中"自定义放映"的操作。通过"幻灯片放映"选项卡,"自定义幻灯片放映"对话框据要求组合向不同对象演示时的幻灯片,而且能不改变幻灯片在演示文稿中的真正顺序。A 选项删减后数据量变化、幻灯片顺序也会发生变化;B 选项调整顺序不符合题目要求;D 操作复杂,都不可取,所以最优是 C。

75.【答案】D

【解析】选项 A,"重命名"命令只是修改文件夹名字不改变其属性,当修改涉及扩展名时会使文件对象不可用,所以不能选;选项 B 可以实现题目要求,但需要安装专门软件;选项 C 不能生成压缩包;选项 D,无须安装专门的压缩软件,右击文件夹,快捷菜单选"发送到",在级联菜单中选"压缩(zipped)文件夹",一定会实现,比 B 便利。所以本题选 D。

山东省 2021 年普通高等教育专升本统一考试
计算机试题参考答案

一、单项选择题(本大题共 20 小题,每小题 1 分,共 20 分)

1.【答案】B

【解析】图灵是英国数学家,他提出了一种抽象的计算模型——图灵机(Turing machine)。图灵机也称为图灵计算机,基本思想是用机器来模拟人们用纸笔进行数学运算的过程。图灵奖是计算机领域的国际最高奖项,被誉为"计算机界的诺贝尔奖"。计算机内部采用二进制不是图灵提出的。冯·诺依曼提出了现代计算机体系结构,称为"冯·诺依曼机",这是专升本考试的一个基础,也是重要考点。第一台计算机 ENIAC 内部采用十进制,其基本电子元件是电子管(也称为真空管)。电子元件是计算机分代的重要依据,要注意掌握四代计算机的标志性元件、每一代的主要应用等基本考点。

2.【答案】B

【解析】64 位计算机指的是计算机的字长为 64 位(关于字长的概念参见其他套题分析,这是一个基础考点)。字长是计算机性能的一个重要指标,字长越长,计算机运算速度相对越快。注意字长是和计算机运算速度相关的一个重要指标,但不是唯一指标,也不是决定性指标。CPU 主频、内存大小、缓存大小等都是和计算机运算速度密切相关的重要指标,其中最重要的是 CPU 主频。

3.【答案】C

【解析】本题考核学生的逻辑思维能力,教材没有章节直接讲述类似相关内容。2021 年考试大纲新增了计算思维要求,重点考核计算思维的概念、计算思维在社会生活中的应用。本题中两列车辆,上面车道车辆排序依次为 ABCD,下面车道车辆排序依次为 EFGH。当两个车道的车辆汇集过桥(单车道)时,只要每队车辆内部不产生乱序即可。比如 ABCD 先过,然后是 EFGH,或者反过来;或者两个车道的车辆交叉顺次通过。但是同一车道里的车辆后面的不能超过本车道中前面的车辆(不能打乱车辆顺序加塞通过),这是基本原则。C 选项中 F 的通过顺序排到了 E 的前面,因此不正确。

4.【答案】A

【解析】本题考核操作系统的四个基本特性,即并发、共享、异步和虚拟四个基本特性。Windows 7 是多用户、多任务操作系统,多任务体现的是并发性,因此 A 选项错误。其他三个选项表述正确,记住即可。这个题考核对操作系统四个基本特性的理解,稍有深度。

5.【答案】B

【解析】Administrator 和 Guest 账号是 Windows 7 系统安装时自动生成的系统内置账户,可以改名、改密码,但是不能删除。管理员账号可以更改自己的账号名称。其他三个选项的功能表述都正确。Windows 7 系统可以建立多个管理员权限的账户。系统默认情况下 Guest 用户无法安装软件或硬件,只具有基本的访问权限,是"来宾"账号。

6.【答案】A

【解析】2020 年真题中的第 5 小题考核了题注知识点,2021 年真题中更深入了一步,考核了对题注的交叉引用。Word 文档中,图、表、公式等采用题注的形式,当文中增删同类对象的时候,系统会自动调整编号。正文中对这些对象的引用需要采用"交叉引用"的方式,当对象的序号改变时,正文中对应的引用部分会自动跟着改变。比如本例中,如果在前面新增一个图,则下方题注"图 7-6"会自动变为"图 7-7"。如果正文中采用了交叉引用方式,"胜利店 2020 年度各季度销售额如图 7-6 所示"内容也会自动变更为"胜利店 2020 年度各季度销售额如图 7-7 所示"。建议考生对本题上机实践,掌握类似考点。这种题目凸显对考生操作能力的考核,这是近两年,也是以后的一个重要考试导向。

7.【答案】C

【解析】Word 2010 中的图文混排有多种效果,如下图所示。特别注意"紧密型"的特点,对于非矩形图(如下图的小动物),紧密型方式如箭头所指的效果,注意和穿越型的区别。"嵌入型"指的是图像文字一样占据实际的文字位置;"四周型"是以图的最大对角矩形为边界,文字围绕其四周;"紧密型"是文字贴紧非矩形图的左右两侧,上下侧的凹陷部分不填充文字;"穿越型"是在"紧密型"的基础上,上下侧的凹陷部分也填充文字。"四周型""紧密型"和"穿越型"对于规范的矩形图片来说效果是一样的。"上下型"的含义参考下图示例理解。这个考点显著突出了对考生应用能力的考核,所以平时的学习中务必重视上机实践。

本题中的三角形左侧是倾斜的,文字也依次沿着左侧边线紧靠三角形,因此环绕方式是"紧密型"。如果设置为"四周型",则如图 2 所示。

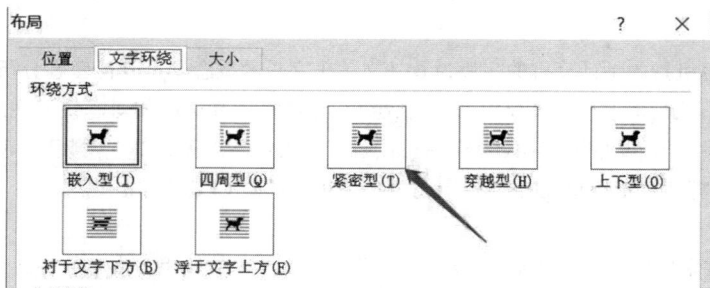

图 1

图 2

如果设置为穿越型,则效果如图 3 所示,注意箭头所指处和图 2 的区别。

图 3

8.【答案】D

18

【解析】修订模式下对文档的修订标志在关闭修订功能后仍然存在,不会自动消失。注意熟练掌握"审阅"选项卡中"修订"功能的使用。这类知识点会逐渐成为近几年的重点考点,充分体现对考生应用能力的考核要求。

9.【答案】D

【解析】电子表格中对单元格区域的引用有绝对引用、相对引用、混合引用和三维地址引用,其中三维地址引用是指跨工作簿、工作表的引用。当引用的单元格区域不是当前工作表的区域时,需要标注引用单元格区域所在的工作簿、工作表。引用格式为[工作簿名]+工作表名! 单元格区域。详细案例参见高职高专教材第 11 版第 132 页说明。注意掌握其他三种引用方式的具体应用。

10.【答案】C

【解析】PowerPoint 2010 中的幻灯片有多种不同版式,系统在不同版式的幻灯片上预先设置了各种对象的占位符,可以直接在这些占位符中插入相应对象。空白版式的幻灯片上没有任何占位符,文字需要插入到文本占位符中,因此空白幻灯片无法直接插入文字。可以先插入文本框,然后再在文本框中插入文字。艺术字、公式和文本框都可以直接在空白幻灯片中插入,系统自动产生该对象的占位符。

11.【答案】A

【解析】节可以实现幻灯片的导航,不同节的幻灯片可以设置不同的背景和主题。无论是否属于同一个节,每张幻灯片都可以单独设置不同的切换效果。如图 4 所示,换片计时的持续时间越长,幻灯片的切换速度越慢。换片方式可以同时选择"单击鼠标时"和"设置自动换片时间",注意界面显示的换片方式是复选框,不是单选钮。换片声音有多种方式,可以从"声音"右侧的下拉框中选择"其他声音……",系统会提示添加音频文件作为换片音效,因此 A 选项的说法正确。

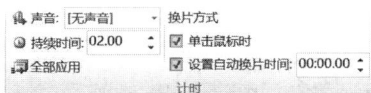

图 4

12.【答案】A

【解析】演示文稿播放时,右键快捷菜单如图 5 所示,其中"定位至幻灯片"选项可以指定跳转到任意幻灯片。超链接和动作设置都可以实现幻灯片的跳转。超链接还可以链接到网站、电子邮件、新建文档等;动作设置如图 6 所示,可以实现多种操作,如运行程序、播放声音等,也可以实现超链接的跳转作用。动画是幻灯片中对象的动态展示效果,不能实现幻灯片的跳转。

图 5

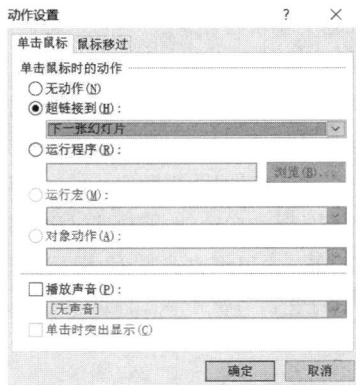

图 6

13.【答案】D

【解析】关系的三种基本运算分别是选择、投影和连接。在关系中选取某些属性的操作称为"投影"运算,是对字段(列)的选取。选择符合条件的记录称为"选择"运算,是对记录(行)的选取操作。"连接"运算是对两个以上的表进行的,表之间用关键字段建立连接条件。本题中关系 T 是由关系 R 和关系 S 以"职工号"作为关键字段进行连接得到的,包含了职工号、姓名、性别、基本工资和职务工资,职工号为 T102 的职工没有工资信息,因此连接的结果中只有 2 条记录内容。

14.【答案】B

【解析】数据库的设计过程一般分为 5 个阶段,依次是需求分析、概念设计、逻辑设计、物理设计和验证设计。E-R 图由实体、联系和属性组成,E-R 图设计属于逻辑设计阶段。这个知识点的理解有一定难度,高职高专版教材第十一版没有讲述这些内容,本科版教材第十一版在第 6 章数据库设计部分有阐述。

15.【答案】D

【解析】网卡,也称为网络适配器、网络接口卡,是重要的网络连接设备,用于把计算机连接到网络上,进行数据包的收发。每个网卡具有唯一的物理地址,一般用十六进制数表示。数据包的路径选择是路由器的重要功能,网卡不具有这个功能。掌握网关、路由器、中继器、网桥、集线器和交换机等网络设备的功能,特别是路由器。请考生注意,做这个题的时候不要单纯掌握网卡的知识,和这个考题密切相关的其他网络设备相关知识都可能成为来年的考题,如往年考过路由器、网关等。

16.【答案】C

【解析】WAV 格式是微软公司开发的一种声音文件格式,没有采用压缩算法,因此存储的时候占用空间大,但无失真。其他三种格式的声音文件都采用了压缩技术。

17.【答案】A

【解析】多媒体元素主要包括文本(文字)、图形、图像、动画、声音和视频等。多媒体技术具有多样性、实时性、集成性、交互性的特点,在教育培训、电子出版、娱乐、咨询服务及远程通信等领域具有广泛的应用,远程医疗技术中一般会有和诊断相关的音视频及医疗图像信息等,一定是使用了多媒体技术。网页上的内容是通过各种不同的多媒体元素展示的。

18.【答案】D

【解析】本小题综合考核信息技术安全的实践防护意识。在移动设备和网络广泛应用的今天,个人信息很容易在网络上泄露或被恶意窃取。因此,陌生人的好友邀请、不明来路的电子邮件、非官方网站的 APP 等都存在一定隐患。即便是好友发的链接,也可能存在木马病毒等。

19.【答案】B

【解析】大数据的特点是体量大(数据规模大)、多样性、处理速度快、价值密度低。大数据技术的核心就是海量数据的存储和处理,分布式文件系统和分布式数据库技术提供了理论上近乎无限的数据存储能力,科学分析完全可以直接针对全集数据,可以在短时间内得到分析结果;大数据时代采用全样分析,分析结果不存在误差被放大的问题;大数据时代,因果关系不再那么重要,人们转而追求相关性而非因果性,例如啤酒和尿布。在思维方式方面,大数据具有"全样而非抽样、效率而非精确、相关而非因果"三大显著特征。这个题目考核新一代信息技术的计算思维相关知识。第十一版教材没有提及,属于大纲 2021 年新增考点。

20.【答案】C

【解析】人工智能是近几年的高频考点,在 2020 年真题中多选题第 30 小题考核了相关知识。人工智能是计算机科学的一个分支,它通过了解智能的实质,生产出一种新的能以人类智能相似的方式做出反应的智能机器,该领域的研究包括机器人、语言识别、图像识别、自然语言处理和专家系统等。人工智能从诞生以来,理论和技术日益成熟,应用领域也不断扩大,主要应用在判断、推理、证明、识别、感知、理解、设计、思考、规划、学习和问题求解等诸多思维活动相关的领域。目前,在语言处理、自动定理证明、智能数据检索、视觉系统、问题求解、自动程序设计、无人驾驶等很多领域取得了很好的应用。人工智能的研究是让计算机能够做一些需要智能才可以做的事情,不可能、也不会完全取代人类。

二、多项选择题(本大题共 10 小题,每小题 2 分,共 20 分)

21.【答案】BC

【解析】只读存储器是 ROM,断电信息不会丢失,一般利用 ROM 芯片存储电脑自检程序等。随机存储器指的是 RAM,也就是内存,存储的信息断电会丢失,且不可恢复。剪贴板是内存的一部分,因此计算机重启后数据会丢失。回收站是硬盘的一部分,硬盘信息断电不会丢失。2020 年、2021 年山东省计算机科目考试的真题,在很多知识点上不再是单一知识的考核,而是综合考核。如历年来一般考核 ROM 和 RAM 的区别与联系,或单独考核其特性。这个题中综合考核了剪贴板和回收站的基本特性。这种考核方式,体现了学而行在历年教学中贯彻的"举一反三、融会贯通"理念。注意 CPU 中的信息断电也会丢失。

22.【答案】AD

【解析】Linux 和 DOS 是操作系统。这是基础考点,需要熟练掌握各种常见的操作系统及其特性,如 Windows 7 是多用户多任务系统(依据高职高专教材的说法),DOS 是单用户单任务操作系统,Linux 是多用户多任务等。掌握常见的文字处理、图像图形处理等应用软件。PhotoShop 和 WPS 是应用软件,前者是图像处理软件,后者是我国自主知识产权的文字处理软件。

23.【答案】ABCD

【解析】四个选项的表述都是计算思维的特征。计算思维的本质/核心是抽象和自动化。它反映了计算的根本问题,即什么能被有效地自动进行。计算是抽象的自动执行,自动化需要某种计算机去解释抽象。计算思维代表着一种普遍的认识和一类普适的技能,不仅仅是计算机科学家,每个人都应该关心它的学习和运用。计算思维是运用计算机科学的基础概念进行问题求解、系统设计以及人类行为理解等涵盖计算机科学之广度的一系列思维活动。计算思维的特征主要有:①是概念化,不是程序化;②是根本的,不是刻板的技能;③是人的,不是计算机的思维;④是数学和工程思维的互补与融合;⑤是思想,不是人造物;⑥面向所有人、所有地方。计算思维的应用领域主要有:计算生物学、计算神经科学、计算化学、计算物理学、计算经济学、计算机艺术;计算思维除了可应用于电子、土木、机械、航空航天等工程学外,还可应用于社会科学、地质学、天文学、数学、医学、法律、娱乐、体育等领域。

24.【答案】ACD

【解析】文件名和文件夹命名规则相同,都可以包含扩展名,但一般文件夹命名时没有扩展名。操作系统通过文件扩展名关联已知类型文件。在同一个磁盘文件夹位置,不允许文件、文件夹同名。文件可以没有扩展名,my.txt 和 my 是两个不同名字的文件。B 选项中,my.txt 如果隐藏扩展名,直接看到的是 my,但是实际仍然有扩展名,只是没显示。不同磁盘或同一磁盘的不同文件夹下可以有同名的文件或文件夹。

25.【答案】BCD

【解析】电子表格中的数据有效性规则可以限定单元格的数据取值范围、设定单元格数据输入时的提示信息、违反规则的提示信息、指定单元格的默认输入法等。本题选项中 BCD 均可以实现。

A 选项中设定长度超过 10 个字符的学号显示为红色，是通过条件格式实现的，是对符合某种条件的单元格用指定格式显示。注意区分"有效性规则"和"条件格式"的作用。有效性规则可以限定单元格的取值范围，条件格式是把符合某种规则的单元格用特定格式展示。如下图 7 所示，可以设置 A1 单元格的字符数超过 10 个时自动显示为红色。

图 7

26.【答案】ABD

【解析】演示文稿中，节是用于幻灯片导航的。不同节的幻灯片可以设置不同的背景和主题。同一演示文稿中不同节的幻灯片方向必须相同，不能单独设置，因此 C 选项不正确。

27.【答案】BD

【解析】NoSQL 泛指非关系型的数据库，其优势是具有多样灵活的数据模型，支持超大规模数据存储，在大数据量下具有非常高的读写性能，能够进行快速查询（不是高性能复杂查询）。但 NoSQL 存储的数据缺少结构化，因此数据完整性、高性能复杂查询性能不如 SQL 数据库。SQL 数据库适合用于关系特别复杂的数据查询场景，复杂查询性能高，容易实现数据完整性。这个考点在 2021 年大纲要求的范围内，但深度超出了非计算机专业学生的知识储备，属于拔高考核点。

28.【答案】AC

【解析】IP 即 Internet Protocol 的简称，中文含义为网际协议。连接在互联网上的计算机必须有一个 IP 地址，用于唯一标志该计算机。域名是一种字符型主机命名机制，主要目的是方便人们使用。DNS 域名系统负责把域名转换为 IP 地址，一个 IP 地址可以对应多个域名，但一个域名只能对应唯一一个 IP 地址。使用浏览器上网时可以使用 IP 地址，也可以使用域名。

29.【答案】CD

【解析】虚拟现实（Virtual Reality，VR）又称虚拟环境或虚拟灵境，是一种利用计算机模拟产生一个虚拟三维世界，为用户提供关于视觉、触觉、感官的模拟，使用户可以即时地感知虚拟世界并与之交互。虚拟现实是以某种方式用模拟来取代现实世界，旨在让用户完全沉浸在另外一个世界中。

增强现实（Augmented Reality，AR）技术是一种将虚拟信息与真实世界巧妙融合的技术，它广泛运用多媒体、三维建模、实时跟踪及注册、智能交互、传感等多种技术手段，将计算机生成的文字、图像、三维模型、音乐、视频等虚拟信息模拟仿真后，应用到真实世界中，两种信息互为补充，从而实现对真实世界的"增强"。增强现实技术是一种将真实世界信息和虚拟世界信息"无缝"集成的新技术，是把原本在现实世界的一定时间空间范围内很难体验到的实体信息（视觉信息、声音、味道、触觉等），通过计算机技术，模拟仿真后再叠加，将虚拟的信息应用到真实世界，被人类感官所感知，从而达到超越现实的感官体验。真实的环境和虚拟的物体实时地叠加到同一个画面或空间同时存在。增强现实和虚拟现实都具有虚拟性和独立性特点，但增强现实更注重虚实集合，比虚拟现实更注重临场感。

30.【答案】ABC

【解析】数字签名也称为公钥数字签名,是只有信息的发送者才能产生的别人无法伪造的一段数字串,这段数字串同时也是对信息的发送者发送信息真实性的一个有效证明。它是一种类似写在纸上的普通的物理签名,但是使用了公钥加密领域的技术来实现的,用于鉴别数字信息的方法。数字签名是公开密钥加密技术的一种应用,通过数字签名可以实现对原始报文的鉴别和不可抵赖性。

三、填空题(本大题共10小题,每小题2分,共20分)

31.【答案】4AH

【解析】字母的 ASCII 码值按规律排列,"A"的 ASCII 码值为65,对应的十六进制数为41H,"B"的 ASCII 码值为66,对应的十六进制数为42H,顺次类推。字母"G"的 ASCII 对应的十六进制数为47H,则字母"J"的 ASCII 码对应的十六进制数应该按字母表顺序,是再往后的第3个字母,也就是47H+3,即4AH。

32.【答案】总线

【解析】计算机各功能部件之间传送信息的公共通信干线称为总线,分为地址总线、数据总线和控制总线,一般称为三总线。

33.【答案】12

【解析】这个题目和高职高专第十一版教材第一章(第21页)的算法部分相关。题干含义以流程图的方式体现,考核考生的逻辑思维能力。S 存放累加和,初始值为0;K 是条件变量,初始值为1。当 K 小于10的时候,不断把 K 累加到 S 中,每次累加后 K 的值增加3,直到 K 不小于10的时候结束累加。$S = 1 + 4 + 7$,结果为12。

34.【答案】控制面板

【解析】控制面板是 Windows 的图形化工具集,通过其中的程序可以更改 Windows 系统的外观和功能、设置计算机的软硬件工作环境,如显示器属性设置、打印机管理、键盘鼠标等工作特性等。

35.【答案】ALTER TABLE

【解析】用于修改表结构的 SQL 命令是 ALTER TABLE。这是 SQL 语法中对数据表结构修改的专用命令,高职高专第十一版教材没有提及。常见的考核方式是 SQL 中 SELECT、UPDATE、DELETE 和 INSERT 命令。2017年、2018年分别考了一个关于 SELECT 命令的基本语法题目。

36.【答案】HTTPS

【解析】HTTPS 的名称是超文本传输安全协议,HTTPS 经由 HTTP 进行通信,但利用《SSL/TLS》来加密数据包。HTTPS 开发的主要目的是,提供对网站服务器的身份认证,保护交换数据的隐私与完整性。历年考试中一般更多考核的是 HTTP 协议。

37.【答案】meta

【解析】在 HTML 语言中,包含关键字、网页描述信息等内容的标记是 meta。高职高专第十一版教材主要给出了段落、超链接、文字格式、图片及表格等常见基本标记的使用方式及语法,没有提及这个标记。<meta>元素可提供有关页面的元信息(meta-information),比如针对搜索引擎和更新频度的描述和关键词。<meta> 标签位于文档的头部,不包含任何内容。<meta> 标签的属性定义了与文档相关联的名称/值对。

38.【答案】采样

【解析】音频数字化是通过对声音信号进行采样、量化和编码实现的,其中影响数字化质量的主要是采样。这个题目的对应内容在高职高专第十一版教材第一章(第29页)的声音系统部分。

39.【答案】单机防火墙

【解析】对网络通信行为进行监控,并对数据包进行过滤的应用程序是防火墙。安装在个人计算机上的这个工具一般称为单机防火墙。

40.【答案】传感器

【解析】物联网中感知被测量,并按照一定规律转换成可用输出信号的器件是传感器。高职高专第十一版教材第七章212页"物联网"部分简单介绍了物联网的基础知识。这属于新一代信息技术的新增考点内容。物联网(IOT)的英文名称为 The Internet of Things,即"物物相连的互联网"。物联网是通过使用RFID、传感器、红外感应器、全球定位系统、激光扫描器等信息采集设备,按约定的协议,把任何物品与互联网连接起来,进行信息交换和通信,以实现智能化识别、定位、跟踪、监控和管理的一种网络。

四、操作题(本大题共 15 小题,每小题 2 分,共 30 分)

41.【答案】B

【解析】该图中 Word 文档界面的文档能够看到页边距、页眉,这是页面视图的基本特征。注意区分Word 2010 各种不同视图的特征,这是基础的考核点。如草稿视图不显示图表和页眉等信息,是最节省系统资源的视图方式;Word 2010 没有普通视图(PowerPoint 2010 有普通视图);Web 版式视图是以浏览器的模式显示 Word 文档,这种视图模式下文档不分页,也不显示页眉页脚等信息。其他如大纲视图、阅读视图等各自的特征参见高职高专第十一版教材第三章相关章节,建议通过上机实践掌握体会它们的区别。

42.【答案】D

【解析】全半角是两种不同的字符/数字格式,全角字符/数字占 2 个字节,半角字符/数字(也称为西文符号)占 1 个字节。对于同一个字符或数字,全角直观看起来明显比对应的半角字符宽。如下图 8 所示,左侧的字母"A"和"2"是半角字符,右侧对应的是全角字符。注意汉字都是占 2 个字节。格式刷的作用是进行对象格式的复制,不能够改变字符的全半角属性。A、B、C 选项中的方式可以实现全半角字符/数字的转换。

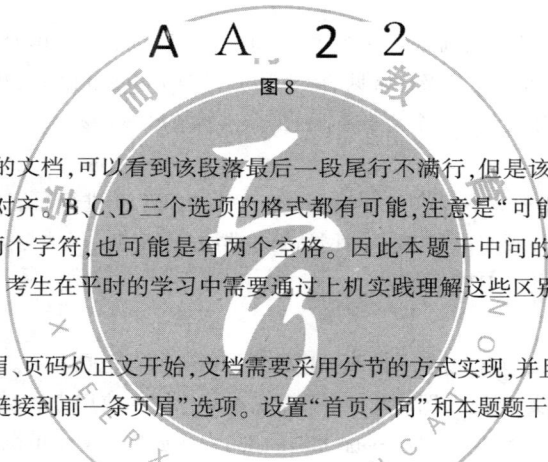

$$A \quad A \quad 2 \quad 2$$

图8

43.【答案】A

【解析】通过题干所示的文档,可以看到该段落最后一段尾行不满行,但是该行的文字没有均匀分布到两端,这显然不是分散对齐。B、C、D 三个选项的格式都有可能,注意是"可能",不是"一定"。比如,第一行可能是首行缩进两个字符,也可能是有两个空格。因此本题干中问的是"肯定没有用到的格式是",这种表达很严谨。考生在平时的学习中需要通过上机实践理解这些区别。

44.【答案】C

【解析】图 6 所示的页眉、页码从正文开始,文档需要采用分节的方式实现,并且插入页眉、页码等,此时需要设置后面的节取消"链接到前一条页眉"选项。设置"首页不同"和本题题干要求无关。

45.【答案】D

【解析】题干要求的操作效果是根据文档正文中的不同标题样式自动生成目录。若要自动生成图 6 的目录信息,必须对相应文本进行样式设置(标题段落的大纲级别),正文是无法生成目录信息的。生成目录的对话框如下图 9 所示。

图 9

46.【答案】逐一设置标题所在段落的大纲级别,并更新目录。

47.【答案】C

【解析】Excel 工作表中的数据不仅仅是完全手动录入,可以把外面的数据通过导入的方法导入到 Excel 工作表中。Excel 工作表数据导入支持 TXT、CSV 和 PRN 等文本格式的数据文件。CSV 是用逗号分隔值的一种文件格式,可以用记事本或 Excel 打开。CSV 文件以纯文本形式存储表格数据,该文件是一个字符序列。Excel 能够直接识别导入 CSC 文件的内容到电子表格中,这是 A、B、C 三个选项中符合题干操作要求最好的方式,注意题干要求选择的是"最优"操作。D 选项作为"对象"导入电子表格的文档不是文本形式,不符合题干要求。

48.【答案】A

【解析】电子表格中可以通过"条件格式"设置单元格数据的突出显示。从"开始"选项卡的"条件格式"命令中选择"突出显示单元格规则"中的"重复值"(如下图 10 所示),将会出现如图 11 所示的对话框,可以设置单元格区域内的重复值显示格式。注意题干要求选择的是"最优"项,因此 D 选项不符合题意。

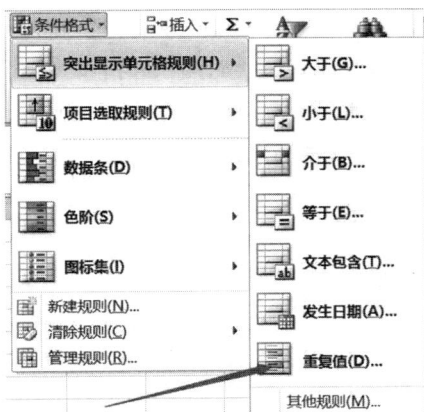

图 10

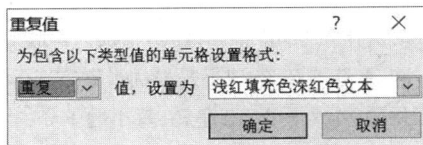

图 11

49.【答案】B

【解析】A 选项不正确,当在 D2 中输入公式 = left(D2,7) &" ＊ ＊ ＊ ＊"后,双击后所有电话号码都将显示为同样的内容"=left(D2,7)&"＊＊＊＊""。B选项是利用空闲的F列,把电话号码的前7位字符后面连接上"＊＊＊＊",生成目标字符串,然后把计算值复制到指定位置,这是正确的操作,需要通过上机实践理解掌握。C选项不正确,这种复制会有函数中引用的单元格地址的变化,不能得到期望的结果。D选项不是最好的操作方法,因此不符合题意。

50.【答案】=IF(MOD(MID(C2,17,1),2)=1,"男","女");或:=IF(MOD(MID(C2,17,1),2)=0,"女","男")

【解析】本题是考核函数嵌套的典型代表,2019年真题单项选择题第37题考核了函数LEFT( )和RIGHT( )的嵌套。MID( )函数的作用是取子串,规则是从指定字符串的某个位置开始截取指定长度的字符,如MID(C2,17,1)代表从C2单元格的字符串的第17位开始取1个字符,也就是截取C2单元格的第17位字符。MOD( )函数的作用是取模,如MOD(5,2)的结果是1;MOD(4,2)的结果是0。IF( )函数是条件判断,根据第一个参数(关系表达式)的逻辑结果决定显示第二个参数或第三个参数的值。如IF(3>2,"是","否")的结果为"是",IF(2>3,"是","否")的结果为"否"。本题答案的规则是取身份证号的第17位数字,该数字如果是偶数,则性别为女,否则为男。

51.【答案】A

【解析】分部门统计职工数、女职工数和平均年龄,都是对满足条件的单元格区域进行统计,因此分别使用函数COUNTIF( )、COUNTIFS( )、AVERAGEIF( )。

52.【答案】B

【解析】根据题干要求,必须选择部门、职工数和女职工数三列数据;对比效果的展示柱状图比饼图更突出。A、C选项中的数据列选择不正确;B、D选项相比较,B选项的柱状图对比效果更突出。

53.【答案】C

【解析】SmartArt图形是PowerPoint 2010中的一种图形功能,能够直观地表现各种层级关系、附属关系、并列关系或循环关系等常用的关系结构。SmartArt图形在样式设置、形状修改以及文字美化等方面与图形和艺术字的设置方法完全相同,适合于快速建立和编辑组织结构图、流程图等。本题中在已有的节气图形结构中增加一个并列对象,可以选中该SmartArt图形的第一个形状后,利用"添加形状"功能增加新的并列对象,因此选C。

54.【答案】D

【解析】题干中明确了在幻灯片母版插入了"季节"图片,如果只是在放映幻灯片时暂时不显示背景图片,可以对相应的幻灯片选择"隐藏背景图形"。该功能在"设计"选项卡的"背景"组中。A选项的操作不是最优的;B选项的操作将会覆盖所有幻灯片的"季节"背景图片;C选项是播放时隐藏整个幻灯片。

55.【答案】C

【解析】题干中"在演讲演示文稿时按照自己的预定节奏自动放映幻灯片"指的是演讲时,整个演示文稿和每张幻灯片的播放时间实现排练并确定好,本质是预先设定好每张幻灯片的切换时间,实现这个效果最好的操作是利用"排练计时"功能。B选项是设置幻灯片的切换持续时间,不是每张幻灯片的播放持续时间;A选项、D选项不是最优设置方式,不能保证整个演示文稿中所有幻灯片播放的时间准确性。

五、综合运用题(本大题共10小题,每小题1分,共10分)

56.【答案】A

【解析】Word 2010统一规范文档格式最佳选择是利用模板和样式事先设定,如页面布局特性、文档标题、正文等的格式等。Word的主控文档功能一般是把长文档拆分成多个子文档进行处理,允许多人同时编辑,从而提高文档的编辑效率。本题中的文档是给同学们每人独立撰写论文参考格式使用的,不是合作编辑同一个文档,因此 C 不对。

57.【答案】根据学校毕业论文的格式要求创建相应样式,保存为模板文件,分发给同学们,要求大家在论文撰写时应用模板中的样式。

58.【答案】B

【解析】Excel 中的模拟分析工具,可以在一个或多个公式中使用多个不同的值集来浏览所有不同结果。如可以执行模拟分析来构建两个预算,并假设每个预算具有特定收益;或者可以指定希望公式产生的结果,然后确定哪个值集产生此结果。Excel 提供多种不同工具来帮助执行适合需求的分析,一般有单变量求解、模拟运算表和方案管理器。Excel 2010 预测每月应当完成的销售额应采用"模拟分析"。

59.【答案】根据已知价格使用"数据"选项卡->"数据工具"选项组中的"模拟分析"下拉列表中的"单变量求解"工具,以 10 万元为目标预测销量。

60.【答案】小亮目前最迫切购买的是云计算服务。小亮新创建公司,目前资金紧张,但又必须满足业务激增需要的存储设备,可是该设备比较昂贵,且需要较高的运维费用。在预算较少的状况下购买存储服务,其中云计算方式最为合适。云计算服务模式提供云存储和云计算功能,可提供动态和伸缩的虚拟化资源模式。云计算具有超大规模、高可靠性、按需服务、极其廉价、通用性强等特点,完全可以满足小亮公司的业务需求,且节省费用。

山东省 2020 年普通高等教育专升本统一考试
计算机试题参考答案

一、单项选择题(本大题共 20 小题,每小题 1 分,共 20 分)

1.【答案】B。

【解析】本图中间的白色标志上有"8GB"字样,这是内存的标志。台式机内存条下面的引脚有个凹槽,注意这个凹槽不在中间,以避免内存条安装时插反了,两侧的凹槽用于固定。2020 年真题中第一次出现考核计算机硬件部件识别的题目,之前山东省专升本考试从未出过这类题目。请考生注意识别第一章中CPU、内存、主板、显卡等各种部件,这类题目的出现是一种出题导向。

2.【答案】C。

【解析】Windows 系统屏幕能够看到的窗口一般是各种软件窗口,用户可以改变其大小或移动位置,Windows 系统的窗口不会自己浮动。A 选项可作为判断题单独考核,最小化的窗口对应的应用程序后台执行,不会中止执行。BD 选项表述的是 Windows 中窗口的基本特性。

3.【答案】D。

【解析】Windows 系统中回收站是硬盘的一部分空间,用户可以调整回收站的大小。用户删除的硬盘文件可以到回收站中,也可以直接彻底删除(按住 Shift 键再删除)不进入回收站。删除到回收站中的文件可以恢复。由于 U 盘不是固定在一台电脑上使用的,因此 U 盘删除的文件 Windows 系统不会记录,不进入回收站,因此无法恢复。U 盘上的文件删除时,无论是否按住 Shift 键都是彻底删除。

4.【答案】A。

【解析】Word 2010 中的项目符号和编号在"开始"选项卡的"段落"组中。注意"插入"选项卡中的"符号"和"编号"是文本字符,不是可以自动有序形成列表样式的编号。列表编号及项目符号允许用户自定义,也可以是图片标识。

5.【答案】C。

【解析】Word 2010 中的批注在"审阅"选项卡中,用于对文档的注释。尾注、题注和脚注功能都在"引用"选项卡中,添加的尾注位于文档的末尾;添加的脚注在当前页的底部;题注用于文档中图、表、公式等的顺序编号,一般图的题注在图的下面添加,表的题注在表的上面添加,这是专业文档的撰写规范。题注顺序会自动根据图、表的增删自动编序。

6.【答案】A

【解析】。在 Word 2010 文档的大纲视图中可以方便地调整文档结构,前提是文档各级别标题严格按照样式进行格式化。Word 2010 的各种视图是经常性考点,考生需要掌握 Word 2010 各种视图的名字及特点。如即点即输功能只在页面视图和 Web 版式视图下可用,页面视图方式可以设置显示横向和纵向标尺,但草稿视图和 Web 版式视图只会有横向标尺,没有纵向标尺。Word 2010 没有普通视图,PowerPoint 2010 中有普通视图,但没有页面视图。

7.【答案】B

【解析】Excel 2010 中单元格显示"####"的原因是单元格所含的数字、日期或时间比单元格宽或者单元格的日期时间公式产生了一个负值。山东专升本考试对这个知识点的考核一般给出的原因是单元格宽度不够。D 选项"单元格当前宽度不够"的表达不正确,没有"当前宽度"的说法。注意所有考试的单项选择题都是选择"最优"的答案。

8.【答案】D

【解析】Excel 2010 的工作簿是以文件的形式存在磁盘上的,文件扩展名默认为 .XLSX。工作表是工作簿的组成部分,不能以独立文件的形式存盘。工作簿中至少含有 1 个可见的工作表,新建工作簿初始含有的工作表数范围是 1~255,系统默认是 3 个,工作簿中可以含有的最多工作表数没有限制。工作簿中含有多个工作表时,可以隐藏部分工作表,但不能够全部隐藏,至少有 1 个可见的。打开的多个工作簿可以同时隐藏。注意 PowerPoint 2010 的演示文稿文件可以不含幻灯片(一般不会有这种情况,但是允许这样),这一点考生不要和电子表格的工作簿文件特性混淆了。

9.【答案】D。

【解析】电子表格中的筛选功能分为"筛选"(也称为自动筛选)和"高级筛选"。自动筛选功能可以在"开始"选项卡的"编辑"组中找到,也可以在"数据"选项卡的"排序和筛选"组中找到。"高级筛选"功能只在"数据"选项卡的"排序和筛选"组中找到。自动筛选功能中,不同列的条件之间是"与"的关系,不能实现不同列之间条件的"或"的关系。"高级筛选"功能要求条件区域单独设定,且条件关键字要与对应的列标题名字一致。"高级筛选"功能中,不同列之间的条件既可以实现"与"的关系,也可以实现"或"的关系。"高级筛选"中条件区域的同一条件行单元格中的条件互为"与"逻辑关系,不同条件行单元格中的条件作互为"或"逻辑关系。筛选出的数据既可以在原有区域显示,也可以复制到其他位置显示。

10.【答案】B。

【解析】PowerPoint 2010 有普通视图、幻灯片放映视图、幻灯片浏览视图、备注页视图、阅读视图、幻灯片母版视图。注意 PowerPoint 2010 没有页面视图,也没有大纲视图(PowerPoint 2016 中有大纲视图)。幻灯片浏览视图方式下展现的是幻灯片的缩略图,不能够对幻灯片的详细内容进行编辑,可以设置幻灯片的切换效果,可以方便地增减、删除、复制、移动幻灯片。注意掌握各种视图的特性,这是经常性考点。

11.【答案】B。

【解析】PowerPoint 2010 演示文稿中可以含有多个幻灯片,每张幻灯片一定是基于一个母版(幻灯片的母版就是版式)的,同一演示文稿中的不同幻灯片可以使用不同母版,也可以使用同一母版,比如都是"标题和内容"版式。注意母版是针对幻灯片的,模板是针对演示文稿的。

12.【答案】C。

【解析】PowerPoint 2010 中演示文稿的幻灯片可以隐藏,幻灯片隐藏指的是播放时不显示。隐藏的幻灯片在除"幻灯片放映"视图外的其他视图方式可以进行各种操作,和不隐藏的幻灯片没有区别。

13.【答案】A。

【解析】Access 2010 数据库是关系数据库。关系数据库以其使用简单灵活、数据独立性强等特点,被公认为是最有前途的一种数据库管理系统。自 20 世纪 80 年代以来,作为商品推出的数据库管理系统几乎都是关系型的,如 Oracle、Sybase、Informix、Visual FoxPro、Access、SQL Server 等。

14.【答案】B。

【解析】关系数据库理论中,实体之间的联系有三种,分别是一对一、一对多和多对多。

15.【答案】A。

【解析】计算机网络按物理覆盖范围可以分为四种,分别是局域网(LAN)、城域网(MAN)、广域网(WAN)和 Internet,其中局域网的覆盖范围最小,一般可以是一个房间、一栋楼等。

16.【答案】C。

【解析】Dreamweaver 是网页制作工具,可以编辑纯文本文件。ABD 选项都是纯文本文件,RTF 是富文本格式,也被称为多文本格式,是一种类似于 DOC 格式的文件。

17.【答案】 B。

【解析】 Photoshop 中新建图像文档默认的颜色模式为 RGB。山东省高职高专教材第十一版不涉及 Photoshop 使用的教学内容,此题超出了大纲要求,属于拓展知识。

18.【答案】 D

【解析】 GIF 和 PNG 都是主流的网络图像文件格式,GIF 是 8 位图像文件,只能支持 256 种颜色,可以形成动画效果。PNG 是 32 位图像文件格式,图像质量高于 GIF 格式,不支持动画。两者都采用无损压缩方式。

19.【答案】 B

【解析】 这是一个关于新一代信息技术的考点。加密算法一般分为对称加密和非对称加密,非对称加密通常在加密和解密过程中使用两个非对称的密码,分别称为公钥和私钥。非对称密钥对具有两个特点:一是用其中一个密钥(公钥或私钥)加密信息后,只有另一个对应的密钥才能解开。二是公钥可向其他人公开,私钥则保密,其他人无法通过该公钥推算出相应的私钥。区块链为满足安全性需求和所有权验证需求,采用了非对称加密技术。ACD 三个选项表述的是区块链的基本特性。

20.【答案】 A

【解析】 给自己的计算机设置密码是一种良好的安全保密意识,是不违反计算机网络道德的。BCD 选项的行为都不符合计算机网络道德。

二、多项选择题(本大题共 10 小题,每小题 2 分,共 20 分)

21.【答案】 AD

【解析】 冯·诺依曼计算机的五大组成部分是运算器、存储器、控制器、输入设备和输出设备。运算器完成各种算数运算和逻辑运算,控制器是整个系统的控制中心,指挥计算机各部分协调工作。注意掌握五大组成部分各自的作用,熟悉常见的输入输出设备。

22.【答案】 AB

【解析】 投影仪属于输出设备。硬盘既是输入设备也是输出设备。2020 年真题答案只有 AB,没有给出 D 选项,这个题答案应该为 ABD。教材明确磁盘驱动器(也可以是磁盘)和磁带机既是输入设备,又是输出设备。2013 年真题第 5 题曾经考过这个知识点。

23.【答案】 CD

【解析】 C 语言和 C++语言是高级语言,其他如 JAVA、C#等也都是高级语言。机器语言和汇编语言都属于低级语言,其中机器语言是机器能直接识别的二进制代码语言,执行效率高、速度快。汇编语言是符号语言,也称为助记符语言,机器不能直接识别执行,需要经过汇编程序翻译成机器语言后才能够执行。机器语言和汇编语言都是面向机器的语言,可移植性差。高级语言的语法规范更符合人的思维方式,可移植性强,转换成机器语言的方式一般分为编译型和解释型两种。

24.【答案】 ABD

【解析】 Windows 资源管理器中,对选定的文件或文件夹,不跨盘符直接拖动到目标位置释放是移动,如果按住 Ctrl 键再释放是复制;跨盘符直接拖动到目标位置释放是复制,如果按住 Shift 键再释放是移动。剪切+粘贴操作可以实现移动,复制+粘贴操作可以实现复制。

25.【答案】 AB

【解析】 查询操作中指定条件对记录进行过滤是关系的选择运算;如果指定查询结果中显示部分字段是关系的投影运算。本题要求查询性别为"女"的所有记录的"姓名"字段信息,是选择和投影的结合。

26.【答案】 CD

【解析】主频是电脑的主要性能指标。宽带没有严格的定义,一般指宽带网,一般不认为是网络的性能指标。带宽是计算机网络性能指标。速率是计算机网络的传输速度指标,是技术上所能达到的最大理论速率值。一般是上传和下载的速度,速率越高,上传和下载得越快。时延是指网络分组从网络的一端传送到另一端所需要的时间,它包括了发送时延、传播时延、处理时延、排队时延等。

27.【答案】ABC

【解析】硬盘和 U 盘是存储介质,属于硬件。图形、图像、文字、声音、动画和视频等都属于多媒体元素。

28.【答案】ACD

【解析】长期使用同一密码不是良好的信息技术安全习惯,最好定期或不定期更换密码,且密码的长度和字符组合要有一定的复杂度。ACD 三个选项都是良好的预防病毒和黑客的措施和习惯。来历不明的电子邮件经常携带木马病毒,操作系统的漏洞经常会被黑客利用对电脑进行攻击。

29.【答案】BC

【解析】网络直播是一种常见的交互方式,不具备虚拟现实的技术要素。售楼处的实体沙盘是一种模型展示,不是虚拟现实。3D 网络游戏虚拟了一种场景,计算机模拟美容效果是对还没有实际形成的结果进行的一种虚拟呈现。

30.【答案】ABCD

【解析】这是对新一代信息技术的考核。无人驾驶、人脸识别和人机对弈是典型的人工智能应用。语音输入即语音识别,指的是电脑可以对人的声音进行识别,转换成文字或指令,也是一种人工智能应用,如近年来的车载导航系统可以直接按照人的语音指令工作。

三、填空题(本大题共 10 小题,每小题 2 分,共 20 分)

31.【答案】(10)$_2$

【解析】二进制的数学减法运算,注意二进制借一当二。

32.【答案】字节(Byte)

【解析】存储单位中的 B 指的是 Byte,也就是字节。注意小写的 b 指的是比特,是二进制位。1 个字节为 8 个比特。

33.【答案】应用

【解析】计算器、画图、录音机、记事本、写字板等都是 Windows 7 附件中的应用软件。

34.【答案】扩展名

【解析】Windows 7 系统以文件的扩展名来识别文件类型,并建立关联。如扩展名为 .DOCX 的文档识别为 Word 2010 文档,双击时自动用 Word 打开。注意文件名可以没有扩展名,文件夹名可以有扩展名,这不违反 Windows 的命名规则。

35.【答案】select

【解析】select 命令用于查询符合条件的记录,详细语法参见教材第 6 章。update 命令用于修改表的字段值,delete 命令用于删除表中的记录,insert 用于向表中插入记录。

36.【答案】<a> </a>

【解析】<a> </a>是 HTML 中的超链接标记。掌握常见的 HTML 语法标记,如水平线标记、段落标记、表格标记等。

37.【答案】传输层

【解析】TCP/IP 协议的 4 层体系结构自下而上分别是网络接口层、网际层、传输层和应用层。OSI 体系结构有 7 层,自下而上依次是物理层、数据链路层、网络层、传输层、会话层、表示层和应用层。这两种体系结构存在一种对应关系,TCP/IP 协议体系结构是实际的计算机网络构造依据,OSI 体系结构是一种理论的研究标准,出现的比 TCP/IP 体系结构晚。

38.【答案】帧

【解析】视频是以帧为基本单位的,每秒的帧频小于 24 就称为动画(卡通)。

39.【答案】加密

【解析】和密码技术相关的基本概念,有加密、解密、破译、明文、密文等,请参照教材内容掌握。要注意掌握单钥和双钥密码体制及各自的优缺点,了解 RSA 和 DES。

40.【答案】防火墙

【解析】防火墙技术是近几年的一个高频考点。防火墙指的是一个由软件和硬件设备组合而成、在内网和外网之间、专用网和公用网之间构造的保护屏障。

四、操作题(本大题共 15 小题,每小题 2 分,共 30 分)

重要提示:2020 年起山东省专升本考试计算机科目新增加了操作题、综合运用题、简答题和分析题。2020 年从中选考了操作题和综合运用题,这类题目实际还是以选择或填空进行考核,但是实践性很强,要求考生对 Office 2010 的界面、常规操作等熟练掌握。其中 Word 2010 和 Excel 2010 各占 16 分,PowerPoint 2010 占 8 分。加上单项选择题中的 9 个题目,Office 2010 共在试卷中占比 49 分,比例很大,且都是操作类的知识考核。这种模式高度契合了大纲要求的对考生计算机应用能力的考核,需要考生特别注意学习中的上机实践。

41.【答案】C

【解析】本题的要求是插入页眉,只有 C 是正确的操作。页眉和页脚及页码的插入功能都在"插入"选项卡中的"页眉和页脚"组里。插入的页眉页脚自动出现在每页的对应位置,可以通过分节实现改变不同页的页眉页脚等信息。A 选项中"单击"不正确,如双击页面顶部则可以直接进入页眉编辑状态。

42.【答案】B

【解析】从图示可以看出,肯定没有使用的是字形的"倾斜"。其他"黑体""二号"和"居中"等都可能使用了。注意"字体"组里的几种常见格式的快捷键及功能区标识。

43.【答案】D

【解析】题干要求的是段落的"首行缩进"功能,因此只能选 D。段落缩进的常见格式有左缩进、右缩进、悬挂缩进、首行缩进和无缩进。注意其中的悬挂缩进和首字下沉中的"悬挂"不同。选项 A 的操作在每段首行增加空 2 个空格不正确,空格也是字符。

44.【答案】A

【解析】分栏操作的功能区选项在"页面布局"选项卡中的"页面设置"组中,注意不同的纸张类型、纸张方向允许进行的最大分栏数不同。

45.【答案】C

【解析】Word 2010 中的图片可以进行编辑修改,包括颜色、大小、形状等。默认情况下图片有一定的高宽比例,如本例中的原始图片高 8.5cm、宽 6cm,其高宽比就是 8.5:6。此时要把图片宽度改为 12cm,则高度自动会变成 17cm。如果要随意调整图片的高和宽,则需要在下图 1 箭头所指的位置,把"锁定纵横比"的复选框点掉。

46.【答案】取消锁定纵横比

【解析】参见上题。注意 2020 年操作题中对 Office 2010 基本操作的考核中出现了前后两个题目密切关联的情况,这样一个考点共占了 4 分,

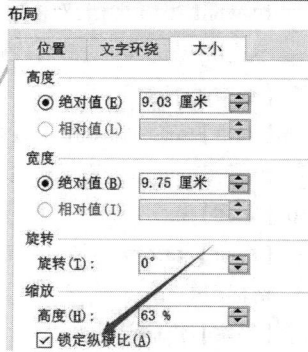

图 1

分值占比较大,其他类似考点有电子表格中的单元格地址绝对、相对引用等。因此请考生务必特别注意计算机专升本备考学习过程中的上机实践,这种考点单纯靠做题记忆达不到理想的效果。操作题和综合运用题中都会有类似考核方式。

47.【答案】C

【解析】本题中要求的是 A1 单元格中的内容在 A1:G1 单元格区域中水平居中,也就是不要求把 A1:G1 单元格区域合并,只是让 A1 的内容在 A1:G1 区域内居中显示,这种要求称为"跨列居中",注意不是合并居中。合并居中指的是把 A1:G1 单元格区域合并成 1 个单元格,然后内容居中显示,功能区选项标志为"合并后居中"。"跨列居中"则只是要求内容在该区域内居中显示,没有要求把单元格区域合并成1 个单元格。因此本题答案为 C,不是 B。注意"单元格格式设置"对话框中水平对齐方式的可选择项如图 2 所示。"开始"选项卡中"对齐方式"组里的"合并后居中"的下拉选项如图 3 所示。

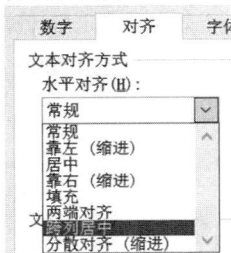

图 2

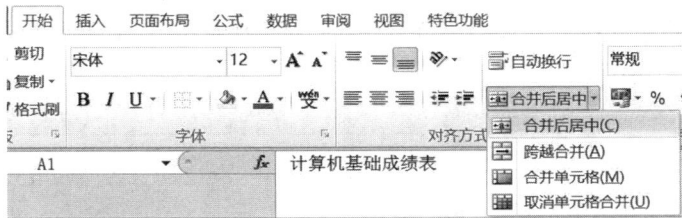

图 3

48.【答案】B

【解析】本题考核电子表格中的自动填充操作。Excel 2010 中单元格内容为文本型数字或文本数字组合,鼠标拖动填充柄时会自动以序列填充,若按住 Ctrl 键拖动则会进行复制填充。纯数字在拖动填充柄自动填充时是复制填充,若按住 Ctrl 键拖动填充柄则会按序列填充。本题中 ACD 选项操作结果是一样的,是对数字的复制填充。

49.【答案】D

【解析】重复行的删除可以手工查找并逐一删除,但不是最好的操作方式。如图 4 所示,数据选项卡中"数据工具"组中的"删除重复项"可以快速实现此功能。

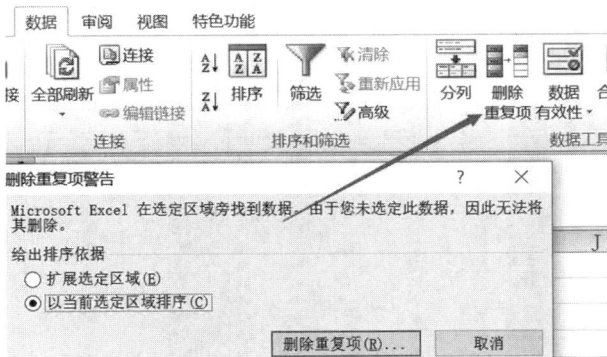

图 4

50.【答案】C

【解析】本题考核 Excel 2010 中公式的基本操作及 RANK 函数的使用。

排位函数 RANK 的使用格式为" = RANK (number, ref, order)",其中 number 为需要找到排位的数字, ref 为包含一组数字的数组或引用(一般使用绝对地址,否则可能会出错;有时混合地址也可以,但要结合实际情况),order 为一数字,用来指明排序的方式。如果 order 为 0 或省略,则 Excel 将 ref 当作按降序排列的数据清单进行排位(最大的在前,是第一);如果 order 不为零,Excel 将 ref 当作按升序排列的数据清单进行排位(最小的在前,是第一)。RANK 函数对重复数的排位相同,但重复数的存在将影响后续数值的排位(如有两个相同值的记录都排第 3,则紧邻的下一个记录排第 5,不会出现第 4)。

如下图 5 所示,I3:I22 为已经计算出的学生总分,在 J3:J22 中计算出名次。此时在 J3 单元格输入 = RANK(I3, \$ I \$ 3: \$ I \$ 22,0),该函数将把 I3 中的分数 231 在 I3:I22 的 20 个分数中进行排名,最后一个参数为 0(和省略此参数是一个效果,若升序排名则此参数不可省略,参数值应为 1) 表示排名规则是高分在前。此时函数有三个参数,和 = RANK(I3, \$ I \$ 3: \$ I \$ 22)一个效果。确定后计算结果,J3 单元格显示 12,也就是 231 分在 I3:I22 区域中排第 12 名。然后用鼠标向下拖动 J3 至 J22,将会得到如下图 6 所示的结果。

	D	E	F	G	H	I	J	K
1								
2	性别	化学	物理	计算机	平均分	总分	名次	
3	男	78	66	87	77	231	=RANK(I3,\$I\$3:\$I\$22,0)	
4	男	87	65	78	77	230	13	
5	女	77	78	87	81	242	10	
6	男	65	67	65	66	197	17	
7	男	56	64	61	60	181	19	
8	女	63	67	58	63	188	18	
9	男	87	85	81	84	253	8	
10	男	76	78	87	80	241	11	
11	男	92	89	95	92	276	2	
12	男	59	67	77	68	203	16	
13	女	63	87	60	70	210	15	
14	男	75	90	92	86	257	7	
15	男	74	86	88	83	248	9	
16	女	82	93	97	91	272	3	
17	男	99	89	95	94	283	1	
18	男	42	68	70	60	180	20	
19	女	85	91	82	86	258	6	
20	男	87	86	96	90	269	4	
21	男	90	94	81	88	265	5	
22	女	76	69	73	73	218	14	

图 5

	D	E	F	G	H	I	J	K
1								
2	性别	化学	物理	计算机	平均分	总分	名次	
3	男	78	66	87	77	231	=RANK(I3,I\$3:I\$22,0)	
4	男	87	65	78	77	230	13	
5	女	77	78	87	81	242	10	
6	男	65	67	65	66	197	17	
7	男	56	64	61	60	181	19	
8	女	63	67	58	63	188	18	
9	男	87	85	81	84	253	8	
10	男	76	78	87	80	241	11	
11	男	92	89	95	92	276	2	
12	男	59	67	77	68	203	16	
13	女	63	87	60	70	210	15	
14	男	75	90	92	86	257	7	
15	男	74	86	88	83	248	9	
16	女	82	93	97	91	272	3	
17	男	99	89	95	94	283	1	
18	男	42	68	70	60	180	20	
19	女	85	91	82	86	258	6	
20	男	87	86	96	90	269	4	
21	男	90	94	81	88	265	5	
22	女	76	69	73	73	218	14	

图 6

注意:上图中 J3 里面的公式中单元格区域地址 $ I $ 3: $ I $ 22 是绝对地址,第一个参数 I3 为相对地址,此时公式拖动是向下拖动的,拖动时行有变化,但是列没有变化。因此此时单元格区域绝对地址 $ I $ 3: $ I $ 22,和下图中 J3 里面的混合地址 I $ 3:I $ 22(行绝对、列相对)会达到相同的效果,因为拖动方向没有改变列,所以列地址是绝对还是相对没有影响。注意上下两图之间的地址表示变化(箭头标注),但结果是一样的。

本题中操作步骤 3 在 G3 单元格输入"=RANK(F3,F3:F52)",其中"F3:F52"使用的相对地址,当该公式往下填充时排名区域会自动变化,不符合 RANK 函数的操作要求。应改为"=RANK(F3, $ F $ 3: $ F $ 52)"。由于公式是纵向往下拖动填充的,列没有变化,因此,也可以改为"=RANK(F3,F $ 3:F $ 52)"。

综上分析,本题的步骤三可以填充的方式有四种,分别是:"=RANK(F3, $ F $ 3: $ F $ 52,0)""=RANK(F3, $ F $ 3: $ F $ 52)""=RANK(F3,F $ 3:F $ 52)"和"=RANK(F3,F $ 3:F $ 52,0)"。在实际考试中填空时,可以采用前两种方式(排名区域采用绝对地址方式),一般考试答案不会给出后两种方式。

51.【答案】将 G3 单元格公式修改为:=RANK(F3, $ F $ 3: $ F $ 52)

【解析】参见上题分析。注意这种题目如果出现在多选中,则要注意 RANK 函数的第三个参数的含义,即省略相当于该参数为 0,降序排名。若升序排名,则第三个参数不能省略,且值为 1。

52.【答案】条件格式

【解析】"开始"选项卡中的"样式"组中的"条件格式"允许用户根据不同的规则(如图 7 所示),设定数据区域的数据显示格式。还可以设置"数据条""色阶"等方式,这是一个经常性考点,考生需要充分练习,熟悉各种操作功能。

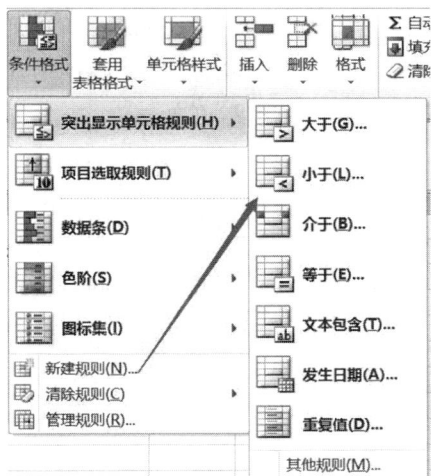

图 7

53.【答案】A

【解析】"主题"的设置功能在"设计"选项卡中。单击鼠标选定的主题默认应用于全部幻灯片,若要只应用于选定幻灯片,则要首先选定更改主题的幻灯片,然后右键单击要设置的主题,从快捷菜单中选择"应用于选定幻灯片"。"重设幻灯片"的作用是把幻灯片中的占位符大小、格式、位置等恢复为系统默认格式。

54.【答案】C

【解析】如图 8 所示,"设置背景格式"对话框中填充的选项有四种,分别是"纯色填充""渐变填充""图片或纹理填充"和"图案填充"。其中"图片或纹理填充"对应的"纹理"按钮点开后,会有系统默认的 24 种纹理方式,图 8 所示的右上角为"水滴"。

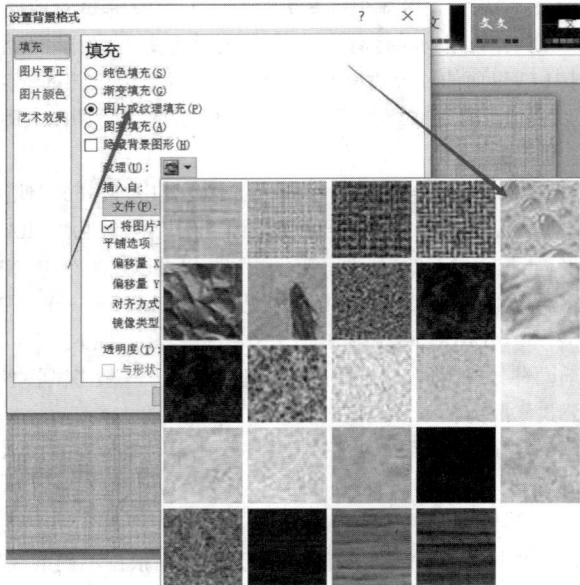

图 8

55.【答案】C

【解析】题干表述的功能为幻灯片的切换效果。PowerPoint 2010 中"动画"选项卡功能是指设置幻灯片内的对象的动画效果。

五、综合运用题(本大题共 10 小题,每小题 1 分,共 10 分)

56.【答案】D

【解析】要用学号的 7、8 两位填充班级列,则要使用取子串函数 MID( )。MID(text, start_num, num_chars) 函数有 3 个参数,第一个参数代表要取子串的原始字符串,第二参数指定取子串的起始位置,第三个参数指定要取的字符个数。如 MID("ABCDEF",3,2) 表示从字符串"ABCDEF"的第 3 个位置起连续取 2 个字符,结果就是"CD"。LEFT 函数的作用是取字符串前缀,也就是从字符串左侧取指定长度的字符。如 LEFT("ABCDEF",2)的结果是"AB"。RIGHT 函数的作用是取字符串的后缀,也就是从右侧取指定长度的字符。如 RIGHT("ABCDEF",2)的结果是"EF"。函数 LEFT 和 RIGHT 组合可以实现 MID 的效果。如 LEFT(RIGHT("ABCDEF ",4),2)的结果是"CD", RIGHT(LEFT("ABCDEF",4),2)的结果也是"CD",这种使用方式称为函数的嵌套。因此,要知道函数的参数可以是另外的函数,只要符合函数的使用规则即可。Excel 2010 中没有 SUB 函数,因此 C 首先排除。本题的 A、B 选项嵌套使用可以实现题干要求的效果,但单独使用 LEFT 或 RIGHT 不能达到目标,直接可以实现的最合适的函数是 MID 函数。

57.【答案】B

【解析】2020 年真题中这个小题的题干表述需要结合前面的题干整体说明理解做题。第五大题的题干中表达了"目前已经得到学生的数学、英语、计算机 3 门课程成绩的 3 个 Excel 工作簿,每个工作簿的成绩表包含学号,姓名和成绩三列"条件。本意是结合已有的 3 门课各自的成绩工作簿,自动填充当前工作簿的成绩信息。如在数学成绩工作簿中查找"2019030101"这个学号的数学成绩,找到后填充到当前工作簿的"2019030101"行的"数学"一栏中,其他类似。Excel 2010 中可以实现这个功能的函数是 VLOOKUP 函数,该函数的详细使用说明参见高职高专教材第 11 版第 136 页。VLOOKUP 函数有一定的难度,一定程度上比 RANK 函数的规则复杂。在 2020 年的考试中,仅仅考核对这个函数作用的理解,没有考核详细的使用规则。REPLACE( ) 函数的作用是把一个字符串中的部分字符用另外的字符替换;FIND( )返回一个字符串在另一个字符串中出现的起始位置;IF( )是一个重要的考核点,详细使用规则说明参见高职高专教材第 11 版第 135 页。

REPLACE( ) 函数示例:REPLACE("ABXXEF",3,2,"CD")的作用是把字符串"ABXXEF"中的第 3 个字符起、连续 2 个字符、也就是"XX",替换为"CD",操作的结果是"ABCDEF"。

FIND( ) 函数示例:FIND("DE","ABCDEF")操作结果为 4,也就是"DE"在"ABCDEF"中的起始位置是 4。

58.【答案】C

【解析】 按班级求每门课的平均成绩就是按班级分类,对同属于一个班的学生求平均分,这是分类汇总的基本操作。分类汇总要求必须指定分类关键字,且进行分类汇总操作前必须按分类关键字排序。汇总方式可以是求和、求平均、求期望、求方差等,不要单纯地理解为求和运算。分类汇总的结果可以删除,可以进行多级汇总。

59.【答案】C

【解析】 不同班级的各科成绩对比应该以班级为数据系列,以各科目为水平轴分类。7b 的图表进行"切换行/列"操作即可得到 7a 的效果。

60.【答案】A

【解析】 电子表格中的数据区域如果添加了边框,则复制到 Word 中后粘贴的表格也有边框,否则就没有边框。给 Word 中的表格添加边框,有多种方式可以实现。选中整个表格后,可以使用"表格工具/设计"选项卡中"表格样式"组里的"边框"命令进行设置,也可使用"开始"选项卡中"段落"组里的边框设置命令进行设置。可以选定表格后,右单击鼠标后在弹出的快捷菜单中选择"边框和底纹"功能,打开"边框和底纹"对话框,对表格进行边框类型设置,在"表格属性"对话框中可以进行这个操作。绘制表格线是绘制新的表格或增删已有的表格单元格,不能给已有的表格添加框线,因此 A 不正确。

61.【答案】D

【解析】 Word 2010 中可以通过分节操作给不同的页面设置各自的页眉、页脚、纸张走向等格式。本题要求把表格所在的页设置为横向,应该把表格所在的页单独作为一个节,因此需要在表格前后各添加一个分节符,让表格所在的页独占一个节,然后设置其纸张方向。Word 2010 文档默认只有一个节,A 选项的操作将会使整个文档的纸张方向成为横向,因此不正确。B 选项中在打印预览方式下进行纸张方向设置的效果和选项 A 一样。

62.【答案】B

【解析】 Word 2010 中多行跨页的表格需要通过"表格工具"选项卡中的"重复标题行"功能进行设置,才会使得跨页后的表格在后面页的首行自动显示表格标题,且可以自动调整。不能通过手工方式在跨页表格的后续页顶端人为添加标题行,这种情况在表格增删行、纸张大小调整等相关排版时都会受到影响。"页面布局"选项卡中没有"重复标题行"功能,因此 D 选项不正确。

63.【答案】C

【解析】 表格在页面居中和表格中的单元格内容居中是不同的操作。本小题中 C 选项的操作是把表格中单元格的内容在单元格内居中,不是表格在页面的居中。注意 B 选项,在 Word 2010 中选定整个表格后,可以使用"开始"选项卡中"段落"组里的"居中"命令设置表格的页面居中效果,或者直接按快捷键 Ctrl+E 也可。

64.【答案】A

【解析】 Excel 中的图表复制后可以以多种形式粘贴到 PowerPoint 幻灯片中,如"使用目标主题和嵌入工作簿""保留源格式和嵌入工作簿""图片""使用目标主题和链接数据""保留源格式和链接数据"等。若以"图片"形式插入,则整个图表转换成了一张图片,原图表中的组成元素不再单独存在,无法再设置图表中不同部分动画效果。

65.【答案】B

【解析】 该图表的数据系列是三个考试科目,若要对比不同班级各科目的成绩效果,应选择"按系列"。

山东省2019年普通高等教育专升本统一考试
计算机试题参考答案

一、单项选择题(本大题共50小题,每小题1分,共50分)

1.【答案】B

【解析】基础知识,也是常见考点。关于计算机的发展历程,先后经历了四代,需要掌握每代的名字、标志性元器件、主要应用领域和重大事件。第一代计算机标志元件为电子管,也称为真空管;第二代计算机的标志元件为晶体管;第三代计算机的标志元件为集成电路;第四代为大规模及超大规模集成电路。操作系统出现在第三代计算机时期;第一代计算机主要用于科学计算等,参见教材第一章计算机的发展部分内容。平时做题注意四个选项都要清楚其对应知识,而不是单纯记住这一个题。由此拓展到掌握第一台计算机的相关信息等考点。

2.【答案】C

【解析】网页是通过网络传输,用浏览器解析后呈现给用户的。所采用的语言是超文本标记语言,英文简写为HTML。注意"HTML"这个缩写经常出现在选择题及填空题中,如"HTML的中文含义是_____"这个空填"超文本标记语言"。本题中A、B、D选项是具体的程序设计语言,是高级语言。注意汇编语言是助记符语言,和机器语言统称为低级语言,容易犯的错误是不认为汇编语言是低级语言。汇编语言需要汇编后转换成机器语言(二进制语言,即0、1代码语言)由机器执行,它是低级语言。

3.【答案】D

【解析】参考教材第1页提到数据是存储在某种媒体上的可以加以鉴别的符号资料,包含文字、字母、数字,也包括图形、图像、音频、视频等多媒体数据。数据是信息的具体表现形式,是信息的载体。一般意义上讲,一切存储在计算机中由计算机加工处理的符号资料都是数据。在这个题目基础上进一步掌握数据和信息的关系,由此延伸掌握信息的概念及相关属性。数据不仅是数值数据,所以D选项不对。

4.【答案】A

【解析】PrintScreen是屏幕硬拷贝,也就是全屏截图;Alt+PrintScreen是截取活动窗口作为图片。注意如果当前没有活动窗口,屏幕显示桌面时,这两个操作的结果是一样的,都是全屏截图,因为此时活动窗口就是桌面。Windows 7环境下有很多快捷键可以实现某种操作,需要记住一些常见的,比如Ctrl+Z是撤销等。

➡**小知识**:在Windows 7资源管理器中,可以通过Ctrl+Z操作恢复刚删除到回收站的文件,也可以对移动和复制操作进行恢复。

5.【答案】D

【解析】电子表格处理软件是应用软件。软件分为系统软件和应用软件。系统软件包括操作系统、语言处理程序(指的是汇编程序、编译程序等)、数据库管理系统(如Sql server、Oracle)等。注意Access 2010是一种数据库管理系统,单独判断题中确定其为系统软件。如果考试中问Office 2010是系统软件还是应用软件时,应判断为应用软件。Access 2010是Office 2010的工具软件之一,它不仅单纯是一个数据库管理系统,也能够编写程序。

6.【答案】A

【解析】裸机是无法被所有人直接使用的,一般必须通过操作系统使用计算机硬件,其他所有软件都是架构在操作系统基础之上的,所以最重要的、最核心的系统软件是操作系统;没有操作系统,其他软件就没有存在的基础。

7.【答案】C

【解析】基础送分题。Word 2010 主要是进行文字处理的一款应用软件,也可以进行图片、表格等处理。Office 2010 是微软公司推出的办公套件,含有 Word、Excel、PowerPoint、Access、Outlook 等多个工具软件。

8.【答案】B

【解析】Office 2010 套件中对文件的保存模式是一样的。首次保存或执行文件菜单的"另存为",都会弹出"另存为"对话框,提示用户指定文件的名字/存储位置。注意在"另存为"对话框下侧有一个"工具"按钮,点开后有多个选项,可以在保存文件时指定文件保护密码。如下图 1 所示,选择"常规选项"后,可以在保存文件时设置打开及修改密码。Word 2010、Excel 2010、PowerPoint 2010 在这一点上是相同的。

➡学习秘籍:本题中考核的是"另存为"对话框的知识点。Windows 7 中还有一个常见对话框就是"打开"对话框(如下图 2 所示),在 Windows 7 环境下的各个软件中打开文件是通用的。该对话框的下侧有个"打开"按钮,点击其下角的黑色三角标识,可以打开一个提示菜单,有以只读、副本方式打开文档等选项。这个点是可以在专升本考试中出题的,所以考生在日常的学习中,要特别注意实践积累,结合做题拓展掌握相关知识点,做到举一反三!

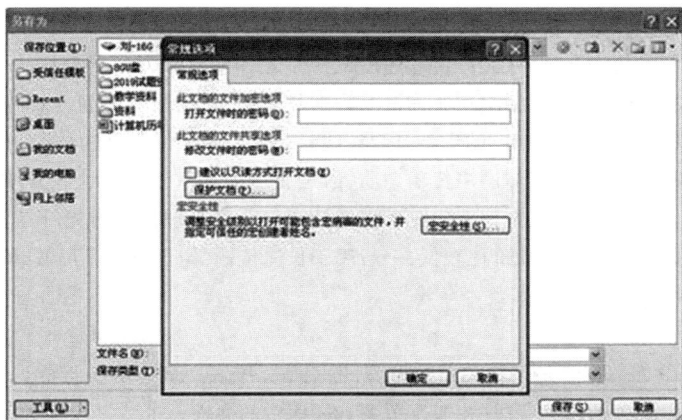

图 1

图 2

9.【答案】D

【解析】Excel 2010 中的工作表是由 1048576 行、16384 列交叉形成的若干单元格组成的二维表结构,单元格是组成工作表的基本元素。单元格地址以列标加行号标识,如 A1 表示第 A 列第 1 行交叉点的单元格。由此拓展,掌握单元格地址的相对引用、绝对引用、混合引用和三维地址引用方式,单元格区域的不同表示方式(如冒号、逗号及空格等)。工作簿中含有的最多工作表数没有限制,初始新建工作簿时最多含有的工作表数是 255,最少是 1;每个工作簿必须至少有 1 个可见的工作表,不能同时隐藏一个工作簿中的全部工作表;工作簿中的工作表相关操作有建立、删除(不可恢复)、移动、复制、改名等;像在资源管理器中选择文件和文件夹类似,可以同时选定多个工作表进行操作,选择方式和在资源管理器中选择文件类似。

➡学习秘籍:平时通过做题注意重点夯实基础知识,不要为题而题。一定要注意知识点的拓展延伸强化,通过做一个题,可以学习强化多个知识点。在开始阶段,可能觉得很累,一套题做了不到 10 个小题,用了一晚上时间,但掌握的知识点远不止这 10 个小题。这个过程坚持一段时间,会发现后面做题越来越轻松,效率越来越高,成绩越来越好!

10.【答案】D

【解析】本小题的四种传输介质中,光纤传输速度最快。光纤一般分为单模光纤和多模光纤两类,前者需要特殊的光纤模块和光源。电话线用于连接互联网是大约 20 年前的上网方式,需要调制解调器(用于在数字信号和模拟信号之间转换)的支持。双绞线是局域网络中最常见的传输介质,分屏蔽和非屏蔽两大类。同轴电缆也是常见的局域网络传输介质,但是更多的是双绞线。这些介质的传输距离都有限(主要原因是信号衰减),可以通过中继设备互联延长通信距离。理论上讲光纤是没有信号衰减的,且不受电磁场等因素干扰,但是其性价比较低,一般用于长途传输,但也可用于局域网,目前很多校园网干线就采用了光纤,甚至光纤入室。

11.【答案】D

【解析】Access 2010 的数据表是一种关系数据表,也就是二维表。表中的一行称为记录,相当于关系数据库中的元组;表中的一列称为字段,相当于关系数据库中的属性。

12.【答案】D

【解析】TCP/IP 协议是互联网的基础协议,被称为"互联网的基石"。TCP 是传输控制协议,IP 是网际协议。TCP/IP 实际是一个协议集,含有多个协议,其中主要是 TCP 和 IP。TCP 协议是面向连接的,通信双方首先成功建立连接后才进行通信;IP 协议工作在网络层,用于连接不同网络。A 选项是超文本传输协议,也就是传输网页的协议;B 选项的 SMTP 是简单邮件传输协议,用于邮件发送;POP 是邮局协议,用于接收邮件;C 选项 UDP 是用户数据报协议,是无连接的。如果不能理解这些说法,就硬性记住。对于非专业的学生来说,充分理解并掌握这些知识有一定难度,这些知识点也不是高频考点,不要花太多精力尝试去理解,记住即可,专升本考试中对这些知识点不会有太大变化考核。

➡重要提示:专升本考试涉及知识面比较广,非专业的学生对上题中的知识点可能会存在掌握上的困难。此时注意量力而行,保证投入的精力和回报成正比。

13.【答案】A

【解析】工作表的基本构成单位是单元格,工作簿的基本构成单位是工作表。工作簿相当于一本书,工作表相当于书中的一页,因此可以说一页纸是构成一本书的一个度量单位,一般不能说一页纸中的一行或一列是构成书的基本单位。有些资料把单元格作为工作簿的最小组成单位,也可认为正确。

14.【答案】D

【解析】本题考核 Windows 7 的基本操作,考查考生对桌面操作的熟悉程度,也是一个典型的操作考核题。A 选项"开始"按钮是进入系统工作的一条基本路子,是面向系统的,不是具体针对桌面的。在任务栏上右击鼠标弹出的是对任务栏的快捷菜单,不是针对桌面的。这样 B、D 中就只能选 D 了,因为 B 选项是针对具体图标的。D 选项弹出的菜单是针对桌面的,而本题是决定如何排列桌面上的图标,因此应该在桌面空白处点击右键。

➡ **小知识**:在实际操作中,如果想对某个对象进行操作,但又不知如何去做的时候,最快捷的方式是在该对象上点击鼠标右键,默认情况下会弹出该对象的右键菜单,也称为弹出式菜单,即 POP Menu。Windows 环境下,右键是一个重要的操作渠道,注意掌握。

15.【答案】B

【解析】考查考生对 Windows 系统菜单的熟悉程度。2018 年考试中考过类似题目,如菜单中的"…"含义是弹出一个对话框;掌握其他如单选框、复选框等,黑色右三角表示级联菜单。注意熟悉各种控件及其特性。如同组单选框的排他选择,不同组的互不影响;复选框无论是否同组,均可单独选择或不选。

16.【答案】D

【解析】Word 2010 中快捷键 Ctrl+End 是把插入点快速移动到文件尾,Ctrl+Home 是移动到文件头。掌握常见快捷键,如 Home 是移动到行尾,End 是移动到行首。注意 Shift 键和这些键组合,可以实现快速文本选择。如 Shift+Home 可以从当前文本位置选择到行头;Shift+Ctrl+Home 可以从当前文本位置选择到文件头。这种题目可以变化考核,必须通过实践掌握,而且了解一些普通规律性的东西。注意计算机是一种工具,有些使用方法没有理由,就是确定的操作。如 Word 中 Ctrl+S 是保存文件的快捷键,Shift+F12 也可以保存文件,需要记住。

17.【答案】A

【解析】GB2312-80 是我国颁布的国家标准汉字信息交换码标准,后来还有一个 GBK18030,收录了更多的汉字及少数民族文字。本小题中其他三个选项提到的不同编码做一般了解即可,不必深究。

18.【答案】A

【解析】进制转换是历年来专升本计算机的考核重点,稍有一点难度。进制转换有其规则,熟记各种规则可以快速应对做题。任何非十进制转十进制需用安全展开式方法。十进制转非十进制,分整数和小数部分单独处理,详细规则参见教材说明。注意二、八及十六进制之间的互转有固定规则。

19.【答案】D

【解析】窗口的大小占桌面的三分之二,也就是不满屏,因此可以最大化。一般窗口右上角有三个基本按钮,最小化、关闭和最大化/还原。窗口最大化后,"最大化"按钮变成"还原"按钮,还原后的窗口"还原"按钮变成"最大化"。注意最大化是自动把窗口满屏,不使用最大化按钮,也可以通过鼠标拖动把窗口扩大到满屏。"还原"按钮更为准确的表述方式是"向下还原"。

20.【答案】D

【解析】输入的文字一定是出现在光标处,也就是插入点处。剪切复制后的文字粘贴也是出现在插入点所在的目标位置,粘贴前是需要确定插入点的。

➡ **延伸学习**:按退格键 Backspace 删除光标前面的符号,按 Delete 键删除光标处的符号。如果处于改写模式,则输入的符号会覆盖光标处的符号;如果处于插入模式,则会把光标处的符号(如果有的话)往后挤。插入/改写模式的转换可以通过按 Insert 键实现,这是个开关键,也可以通过 Word 状态栏的提示项目进行设置。

21.【答案】B

【解析】按住 Shift 键,将文件拖动进回收站中是一种删除方式,这时删除的文件是彻底删除,不会存入回收站,不可恢复。注意往回收站里拖动是一个动作,表示进行删除操作,不是一定进入回收站。还要注意一个相关考点:回收站是一块硬盘空间,放在硬盘回收站里的文件即便断电仍可恢复。U盘不设回收站(即U盘删除的文件一定是彻底删除,无论删除时是否按下Shift,都不可恢复)。剪贴板是内存空间,具有RAM属性,断电丢失且不可恢复。

➡深入学习:把一个文件剪切后可以粘贴到回收站,这也是一种删除方式,但是复制的文件不允许往回收站里粘贴。

22.【答案】A

【解析】文档行间距设置功能按钮位于"开始"选项卡的"段落"组中。这是一个典型的界面考核题,Windows 7及Office 2010的功能丰富,各种选项卡及选项组有很多,需要掌握常见的操作。熟练记住常见功能的设置项在哪个选项卡以及选项组中,这是考生对办公工具的熟练掌握程度的体现。仅靠做题是无法全面掌握这些知识的,需要注意强化实践。

23.【答案】B

【解析】电子表格中数据分为若干类型,每种数据输入规则有其特定要求。例如直接在一个默认单元格中输入1/2后,会显示1月2日。输入分数时的规则就是选项B所表述的,先在单元格中输入0和一个空格,然后输入分数,则分数会自动右对齐。这是预定规则,没有原因,必须记住。Excel中这种琐碎的规则有很多,必须熟练掌握,类似题目几乎每年必考!

24.【答案】D

【解析】PowerPoint 2010中主要的编辑视图是普通视图,注意不是页面视图(PowerPoint 2010没有页面视图)。这个视图方式可以方便地对幻灯片进行各种编辑处理,界面分为三部分:备注窗格、幻灯片/大纲窗格和幻灯片窗格。这些窗格之间的大小可以调节。注意掌握各个窗格的操作特性,可以出题考核。如备注窗格中可以插入备注信息。大纲窗格可以进行幻灯片的文字编辑等。

幻灯片浏览视图中可以调节幻灯片顺序、设置切换效果,看到的是幻灯片的缩略图,不能直接对每张幻灯片进行详细编辑。幻灯片放映视图用于进行幻灯片的播放,可以利用快捷键进行各种播放操作。播放状态下可以按Esc键或Alt+F4退出。

25.【答案】B

【解析】PowerPoint 2010中插入图表一般是为了演示和比较数据,如各种曲线图等。文本框或占位符可以方便地显示文本;组织结构图用于显示组织结构是最合适的。

26.【答案】A

【解析】在幻灯片中可以利用超链接实现跳转;动作也是一种超链接,可以在幻灯片播放状态下实现从一张幻灯片快速跳转到另一张幻灯片,也可以执行另外的动作,比如打开一个应用软件等。B、C选项是动画设置,动画一般是每张幻灯片内部对象的动画效果,不能实现幻灯片之间的跳转。切换是演示文稿播放状态下换片时的一种效果。

27.【答案】D

【解析】计算机编程语言截至目前经历了三代,依次是机器语言、汇编语言和高级语言。计算机只能直接识别和执行机器语言(二进制代码语言,也称为0、1语言),是执行效率最高的语言。汇编语言是助记符语言,和具体的计算机指令系统有关,属于低级语言,需要经过汇编后执行,计算机不能直接识别执行。高级语言有很多种,出现在第二代计算机时期,常见的高级语言有C、Java等,其表达方式更接近于人类的思维模式,因此可读性好。但是计算机不能直接识别,必须经过编译或解释,转换成机器语言后执行。

28.【答案】C

【解析】计算机的应用领域是一个常见考点。CAD是计算机辅助设计,CAI是计算机辅助教学,CBE是计算机辅助教育,CAT 是计算机辅助测试。一般考核基本概念。拔高考核的话,可以让考生判断一个具体案例属于哪种具体应用,如利用计算机控制企业产品流水线生产,属于计算机辅助制造。

29.【答案】B

【解析】计算机网络按覆盖的物理范围一般可分为局域网、城域网、广域网和 Internet。拓扑结构是一个系统的组成部分之间的关系图的抽象表示,网络拓扑结构是指网络中各个站点相互连接的形式,在局域网中就是文件服务器、工作站和通信电缆等的连接形式。计算机网络的主要拓扑结构有总线型拓扑、星形拓扑、环形拓扑、树形拓扑、网状拓扑以及混合型拓扑。A、C、D 是正确的表述,需要记住。D 选项经常变化出填空题。结合 C 选项,熟悉计算机网络的各种功能(数据通信、资源共享等)。

➡延伸学习:计算机网络的发展先后经历了四代,注意第一、二代计算机网络的联系和区别(前者以通信为主,后者以资源共享为主)。ARPAnet 是计算机网络的起源,这也是重要考点。

30.【答案】D

【解析】Word 2010 窗口的最下方默认显示的是状态栏(如下图 3 左侧箭头所指),可以显示当前的节信息、行列数、插入/改写状态等。在状态栏上右键点击可弹出右侧箭头所示的快捷菜单,勾选项决定状态栏显示的具体信息。窗口的常用工具栏一般在窗口上方(可以浮动显示);菜单栏一般在屏幕上方;标题栏是窗口的上边界,右单击标题栏一般可弹出窗口的控制菜单(或 Alt+空格键),对窗口进行位置移动及大小等控制。本小题属于界面考核,和上机实践紧密相关!

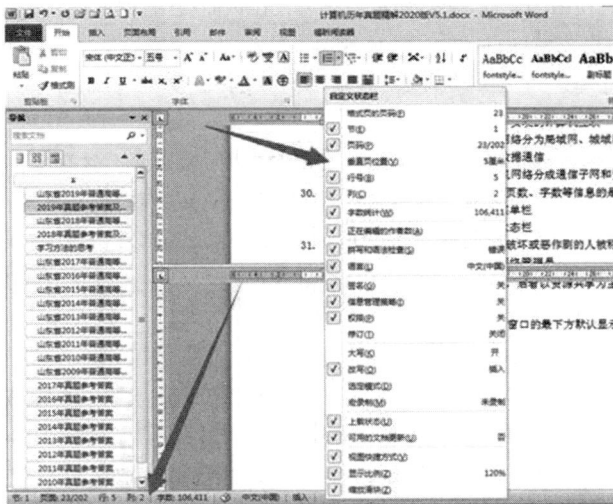

图 3

31.【答案】A

【解析】黑客一词源于英文 Hacker,原指热心于计算机技术、水平高超的电脑专家,尤其是程序设计人员。但到了今天,黑客一词已被用于泛指那些专门利用电脑搞破坏或恶作剧的人。目前黑客已成为一个较为广泛的社会群体,黑客的行为会扰乱网络的正常运行,甚至会演变为犯罪。黑客的主要观点是:所有信息都应该免费共享;信息无国界,任何人都可以在任何时间地点获取他认为有必要了解的任何信息;通往计算机的路不止一条;打破计算机集权;反对国家和政府部门对信息的垄断和封锁。

黑客行为特征表现形式为:①恶作剧型;②隐蔽攻击型;③定时炸弹型;④制造矛盾型;⑤职业杀手型;⑥窃密高手型;⑦业余爱好型等。

黑客预防手段:提高安全意识,如不要随意打开来历不明的邮件;使用防火墙抵御黑客入侵,不要随意暴

43

露自己的 IP 地址;安装杀毒软件;做好数据备份等。

32.【答案】C

【解析】 Windows 7 操作系统在逻辑设计上的缺陷或错误称为系统漏洞,为避免对计算机系统造成破坏,需要通过系统补丁来修复漏洞。系统垃圾是系统运行过程中不再使用的数据等,也可能是软件卸载不完善遗留的无用数据。木马病毒是一种嵌入式病毒程序,不是系统设计缺陷。

33.【答案】D

【解析】 计算机病毒是软件,具有可执行性、破坏性、传染性、潜伏性、针对性、衍生性/变异性、抗反病毒软件性、寄生性、隐蔽性、可触发性等特点。有的防病毒软件可以把疑似病毒的程序隔离,但病毒自己不具有隔离性。交互性和集成性是多媒体的特性。

34.【答案】C

【解析】 这是功能区的默认固定操作,需要记住。本题属于界面操作题,要通过上机实践强化。

35.【答案】B

【解析】 Word 2010 有多种视图方式,其中页面视图是最常用的,可以显示页眉、页脚、内容、边距等几乎全部文档属性。Office 2010 采用所见即所得的方式工作,打印预览和页面视图的展示效果基本一样,可以看到最终打印到纸上的效果。A 选项是在 Web 浏览器的展示效果;Word 2010 没有普通视图方式,大纲视图不显示页眉、页脚等信息。

➡**拓展学习**:掌握常见视图的工作特性,如水平标尺只在页面视图、Web 版式视图和草稿视图中显示;页面视图和 Web 版式视图支持即点即输。草稿视图不显示图片表格等信息,是最节省系统资源的视图方式,适合专注于文本处理。

36.【答案】C

【解析】 Excel 2010 工作表单元格地址表示方式有相对引用(行列都不含有 $)、绝对引用(行列都含有 $)、混合引用(行列之一含有 $)和三维地址引用(跨工作表或工作簿)。B $ 3 的单元格引用方式中列号没有"$"符号,行号含有,因此此属于混合地址引用。这是基础常识,有时候考核绝对应用的标识,如填空题"电子表格中单元格地址的绝对引用标识符是_____",此时填空内容为 $。

37.【答案】C

【解析】 LEFT( )函数的作用是取特定字符串左起的指定字符数,如 LEFT("ABCDEF",4)的结果是"AB-CD";RIGHT( )格式类似,作用是从字符串的右侧取指定字符数。函数是可以嵌套的,也就是一个函数的操作结果可以作为另一个函数的参数,本小题就对这个特性进行了考核。RIGHT("ABCDEF",4)的结果是"CDEF",这个函数作为参数放在 LEFT 中,用 LEFT 函数左取 2 个字符,结果是"CD"。也就是LEFT(RIGHT("ABCDEF",4),2),即 LEFT("CDEF",2)。

➡**重要提示**:历年专升本考试中,电子表格的函数都是必考点。经常考核的函数是 SUM( )、AVERAGE( )、COUNT( )、COUNTIF( )、IF( )、MAX( )/MIN( )等,稍有难度的函数是 RANK( )(可能综合出题考核,牵扯到单元格地址的绝对引用和混合引用)、VLOOKUP( )难度稍大。

38.【答案】B

【解析】 Excel 2010 中,如果要同时在多个单元格中输入相同的数据,可先选定相应的单元格区域,输入数据后按 Ctrl+回车键/Enter 键,选定的单元格区域会出现相同的数据。这是基本操作,需要通过上机实践掌握。

39.【答案】D

【解析】 A 选项说法是正确的,工作簿中的工作表删除是不可逆的,无法撤销;数据删除和清除是两个不同的概念(这个点需要上机实践掌握);C 选项是数据清单的基本格式要求,第一行是文本,相当于表格的标题行(类似于数据库表中的字段名字)。若单元格中的数字超过 11 位时会显示为科学计数法格式;单元格有效数字位数是 15 位,单元格中数字超过 15 位时,超过部分全部显示为 0。

40.【答案】A

【解析】可以设置一张幻灯片中的对象有不同的动画,每个对象可以设置多个动画动作,所有动画有先后的播放顺序,可以根据需要调整顺序。幻灯片切换是换片时的效果,不是幻灯片中对象的效果。这类知识点是考核考生对使用工具的深入掌握。

41.【答案】B

【解析】在 Word 2010 中,可以通过按 Delete 键删除插入点后面的字符,按 Backspace 键删除光标前面的字符,还可以删除整个表格。

➡注意:在 Word 2010 中,如果选定了非表格对象,Delete 和 Backspace 这两个键都是删除选定对象的,作用相同。

42.【答案】A

【解析】PowerPoint 2010 中,幻灯片背景设置在"设计"选项卡中,固定界面,需要通过实践强化熟练记忆。注意功能区中没有"格式"选项卡。

43.【答案】B

【解析】Excel 2010 中,可以设置单元格中数字显示的小数位数,如果实际输入的数据小数位数多于设置的小数位数,则末位自动四舍五入后显示;单元格对应的编辑框中始终显示原始录入数字位数,也是实际计算时的依据。注意此题应该选 B,不是 D。

44.【答案】A

【解析】动作设置可以通过执行一个动作启动一个可执行程序或打开一个超链接。动画是放映视图中幻灯片对象的展示方式;切换是演示文稿播放时换片的设置;排练计时可以自动设置幻灯片切换的间隔时间。

45.【答案】D

【解析】"数据有效性"是用于设置单元格数据取值范围的,可以是数字或文本等,该功能在"数据"选项卡中。这是考核操作界面的题目。

➡小知识:数据有效性限制单元格的取值范围,不是保证数据正确。假设某个单元格分数范围设置为 0~100,如果输入的数值不在这个范围内则会报错,但是如果把本该是 90 的分数输入成了 80,是无法检测到错误的。

46.【答案】D

【解析】幻灯片从"随机线条"效果变换到下一张幻灯片,题干重点表述的是幻灯片切换,应该选择 D 选项。

47.【答案】C

【解析】网站制作完毕后需要经过发布操作,把网站文件发布到 Web 服务器上。一般网站工具软件中有相应的发布命令实现,如本小题的选项 C。本小题的题干描述不够清晰,不同的网站软件功能表述有区别,专升本考试目前指定的网站工具是 Dreamweaver CS5,注意 2021 年不再要求对 Dreamweaver 的具体考核。

48.【答案】B

【解析】Access 2010 中的查询是虚表,实际是一个过滤条件,本身不保存任何数据。报表是数据的输出形式,不是具体的物理数据表。所以只有 B 选项正确。

49.【答案】C

【解析】电子表格中的工作表可以隐藏、重命名、复制、移动、删除,没有针对工作表的剪切操作。

50.【答案】A

【解析】ASF(Advanced Streaming Format)是高级流格式的缩写,是 Microsoft 为 Windows 98 所开发的一种多媒体文件格式。ASF 是微软公司 Windows Media 的核心,是一种包含音频、视频、图像以及控制命令脚本的数据格式。利用 ASF 文件可以实现点播功能、直播功能以及远程教育,具有本地或网络回放、可扩充媒体类型等优点。

二、多项选择题(本大题共20小题,每小题1分,共20分)

51.【答案】AD

【解析】这个题是一个经常考核的点,计算机的工作特点有多个。B、C 显然不对。

52.【答案】AB

【解析】微机的主要性能指标有主频、字长、运算速度、内存大小等。C、D 不是主要性能指标。

53.【答案】BC

【解析】剪贴板的操作包括剪切、复制、粘贴。移动可以通过剪切+粘贴组合操作实现,复制或剪切前必须先选定操作对象。

54.【答案】CD

【解析】Word 2010 缩进设置一般有左缩进、右缩进、首行缩进、悬挂缩进、无缩进和对称缩进,没有两端缩进和分散缩进(如下图4所示)。这个题是考核对界面的熟悉程度的。

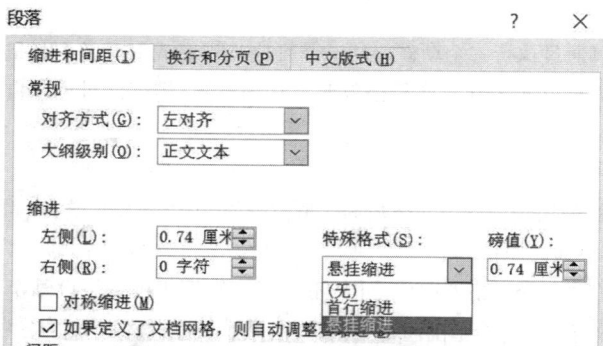

图4

55.【答案】CD

【解析】本题考核基础常识。注意掌握各种常见的输入输出设备。磁盘驱动器/磁盘既是输入设备也是输出设备。A/D 是把模拟信号转换成数字信号,属于输入设备;D/A 是把数字信号转换成模拟信号,属于输出设备。A 代表模拟信号,D 代表数字信号。

56.【答案】AC

【解析】存储器的读写速度,相对来说 CPU 速度最快,其次是内存,再次是外存。对于存储容量,相对来说 CPU 寄存器及高速缓存最小,其次是内存,再次是外存。外存容量大,存取速度慢,价格低,适合长久保存数据。

57.【答案】AD

【解析】BC 两个选项中单击的对象分别是任务栏和桌面,弹出的是对该对象(任务栏、桌面)的快捷菜单。资源管理器是 Windows 系统的工具,不会出现在这两个对象的右键菜单中。其他打开资源管理器的方式有:在开始按钮的右键菜单中选择"打开资源管理器";通过"运行"框执行"explorer.exe"命令;在一个文件夹上从右键菜单中选择打开等。

58.【答案】BD

【解析】Internet 提供多种信息服务功能,如文件传输、电子邮件、BBS、搜索引擎、远程登录等。

59.【答案】AC

【解析】Access 2010 数据库包含表、查询、窗体、报表、宏、模块。元组是关系数据表的一行,即记录;属性是关系数据表的一列,即字段。

60.【答案】AC

【解析】PowerPoint 2010 的幻灯片放映类型如下图 5 所示,有演讲者放映、观众自行浏览和在展台浏览。上机实践时注意掌握放映选项、放映范围以及换片方式的选择。

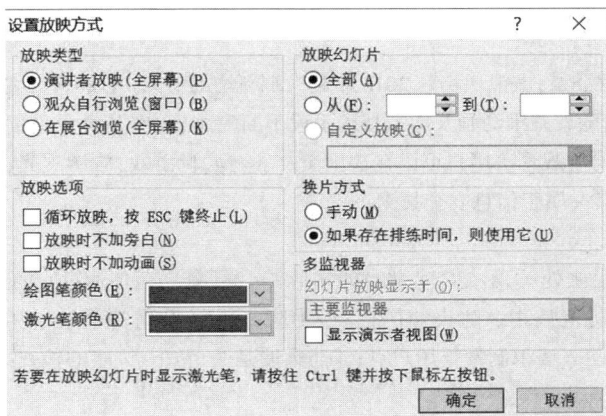

图 5

61.【答案】AB

【解析】打印机是可用资源,主机提供各种可用资源,它们都属于资源子网。网桥、集线器是联网设备,属于通信子网(注意有 7 种常见联网设备,其他如网卡、交换机、路由器、网关、中继器等)。建议掌握这些联网设备的工作层次及作用,如路由器工作在网络层,用于数据包的路径选择,网关用于连接不同体系结构的网络等。

62.【答案】CD

【解析】ABC 三个选择项只能择其一,图表类型修改命令是在"图表工具/设计"选项卡中的,所以 AB 不对。右键菜单是常用的方式。

63.【答案】BC

【解析】微型计算机中的总线包含地址总线、数据总线和控制总线。

64.【答案】AB

【解析】Word 2010 中,页面设置可以进行的设置操作包括纸张大小、页边距、纸张方向等信息,如下图 6 所示。批注和字数统计是具体的功能,不是针对页面的设置。

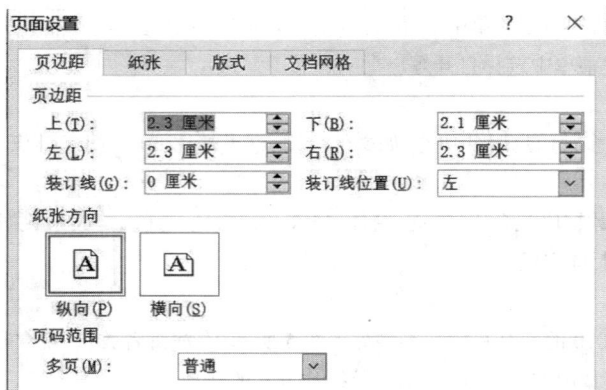

图 6

65.【答案】BC

【解析】Telnet 是远程登录;虚拟现实是 2018 年起大纲新增的考点,在 2017 年考过基本概念。虚拟现实(Virtual Reality)是指随着三维动画及虚拟技术手段不断完善,在电脑世界里创造了越来越逼真的现实环境,形成了另一个时空观念。用户可以在这里交友、购物、玩游戏、旅游观光,从事现实的或虚拟的各项活动。防火墙和 VPN 属于信息安全技术。

66.【答案】CD

【解析】防火墙的不足之处:①不能防范恶意的知情者;②不能防范不通过它的连接;③不能防备全部的威胁;④防火墙不能防范病毒。防火墙的优点:①防火墙能强化安全策略;②防火墙能有效地记录Internet 上的活动;③防火墙限制暴露用户点;④防火墙是一个安全策略的检查站。

67.【答案】BC

【解析】A 选项不正确,单机安全性相对网络更好保障;D 选项的电子邮件是传染病毒的一般性途径。

68.【答案】AB

【解析】Windows 7 操作系统的安全因素之一是系统漏洞,需要通过系统补丁完善;防火墙可以有效保障系统安全。C、D 不对,临时文件不一定影响系统安全,插件和脚本有时是必须的,和病毒等安全因素无必然联系。

69.【答案】BC

【解析】Authorware 是美国 Macromedia 公司(现已被 Adobe 公司收购)开发的一种多媒体制作软件,但不是操作系统;PhotoShop 是图片处理软件,也不是操作系统。Linux 和 Windows 都是操作系统,且支持多媒体。

70.【答案】BC

【解析】PowerPoint 2010 主要提供了三种母版:幻灯片母版、讲义母版和备注母版,如下图 7 所示。标题幻灯片是一种版式,是母版的一种。

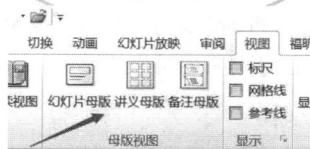

图 7

三、判断题(本大题共 20 小题,每小题 0.5 分,共 10 分)

71.【答案】B

【解析】事务处理、情报检索和知识系统等是计算机在信息管理领域的应用。高能物理、天气预报等属于计算机的科学计算应用。

72.【答案】B

【解析】Word 2010 中文档的分栏操作,A4 纸纵向默认最多能分为 11 栏,不同纸张大小和纸张方向允许的分栏数不同。

73.【答案】A

【解析】RAM 的特点是断电后所存的信息丢失且不可恢复。注意恢复不是再次从磁盘等介质中重新读出来。RAM 是随机读写/访问存储器,一旦断电其信息就没有了。

74.【答案】A

【解析】默认状态下,新建的 Excel 2010 工作簿中包含 3 个工作表。这个数目可以更改,范围是 1~255。注意电子表格工作簿中所含有的最多工作表数没有限制。

75.【答案】A

【解析】窗口的标题条双击操作可以实现窗口的最大化,处于最大化状态的窗口可以双击标题条还原。注意一个窗口的最大化和还原(确切的说法是向下还原)按钮不能同时出现,这是两个互斥的状态。

76.【答案】A

【解析】只有活动窗口可以直接在前台与用户进行直接交互。

77.【答案】B

【解析】MOV 和 RM 是视频文件。常见音频文件有 MP3、WMA、WAV 等。注意掌握各种常见多媒体文件的扩展名,如图片文件、音视频文件等。

78.【答案】B

【解析】Windows 7 的任务栏可以被拖动到桌面的四个边界,大小可以调整,但是不能超过屏幕尺寸的一半,可以设置为自动隐藏,可以设置其图标的大小。注意任务栏锁定时这些操作不能进行。注意区分窗口的状态栏和系统的任务栏。

79.【答案】B

【解析】SmartArt 等属于 Office 2010 的公用功能,在各个基本的 Office 2010 套件中是通用的,如艺术字、剪贴画、表格及自绘图等。

80.【答案】A

【解析】项目符号和编号一般用于条目文字,但是可以对 Word 2010 中所选定的段落设置项目符号和编号格式,图片也可以。

81.【答案】B

【解析】Excel 2010 的单元格区域可以重新命名,单元格区域命名不能和已有单元格及区域名字重复。

82.【答案】A

【解析】Windows 7 的回收站是一个系统文件夹,是硬盘的一部分,用户可以更改回收站的大小。U 盘没有回收站,硬盘有,有回收站意味着删除的文件可以恢复。U 盘文件删除后无法恢复,无论是否按住

Shift 键,都是彻底删除。

83.【答案】B

【解析】Windows 7 系统中对话框不能改变大小,注意一般对话框右上角只有一个关闭按钮(有的可能有帮助按钮),没有最大化和最小化按钮。

84.【答案】A

【解析】道德和法律不同,道德只能起到一定的约束作用,是指导性的;法律是有强制力的。违反道德一般只能受到谴责,但违反法律是可以制裁的。

85.【答案】A

【解析】在 Windows 7 中,文件名可以包含空格、文字、数字、符号等,只有 9 个符号不允许使用(英文输入法状态),分别是:<、>、∕、\、|、:、"、*和?。注意+号是可以使用的。

86.【答案】A

【解析】Excel 2010 中的自动填充,纯数字型数据按住 Ctrl 键,左键拖动填充柄时填充自动增 1 的序列,直接拖动填充柄时复制填充。注意掌握其他形式的数据填充规则,如日期型直接拖动填充柄时自增,按住 Ctrl 再拖动填充柄时会复制填充。

➡小知识:"自增"这种说法中的"增"是个相对概念。一般具有增减性的操作中,拖动时方向向下或向右是增加,向左或向上是减小,也有的是轮回变化。

87.【答案】B

【解析】锚记超链接是直接跳转到网页内的具体位置,不是根据链接载体划分的。

88.【答案】B

【解析】PowerPoint 2010 在幻灯片浏览视图看到的是幻灯片的缩略图,不能编辑单张幻灯片的具体内容;可以设置幻灯片的切换效果,可以改变幻灯片的先后顺序。在幻灯片浏览视图双击幻灯片进入编辑状态时,系统自动切换到普通视图。

89.【答案】A

【解析】Access 2010 是单文档软件,同一时刻只能打开一个数据库,每一个数据库中可以拥有众多的表。要想打开多个数据库,只能重复多次打开 Access 2010。

90.【答案】B

【解析】计算机网络中继器是用于延长网络物理距离的,具有信号的接收、放大、转发作用。调制解调器可以进行数字信号和模拟信号转换,是利用电话线上网的必备设备。

四、填空题(本大题共 20 小题,每小题 1 分,共 20 分)

91.【答案】裸机

【解析】不安装任何软件的计算机称为裸机。平时我们用的计算机至少安装了操作系统,一般称为虚拟机。

92.【答案】ASCII

【解析】计算机中英文字符的最常用编码是 ASCII 码,也就是西文符号的机内码,占用 1 个字节的存储空间。汉字是 2 个字节,汉字机内码就是汉字国标码每个字节最高位设为 1,所以汉字国标码的十六进制表示值加上 8080 就是汉字机内码值。这是一个稍有难度的考点,注意掌握。

93.【答案】数据源

【解析】Word 2010 中的邮件合并是一种格式套用,比如所有学生的入学通知书格式是一样的,但名字、专业不同。邮件合并是从数据源中取出指定的对弈字段值填充在格式文档中。

94.【答案】内存

【解析】剪贴板使用的是内存/主存中的一块存储区域,这里说的内存是 RAM 属性的,也是平时所说的计算机内存。

95.【答案】字长

【解析】字长表示 CPU 处理数据的能力,常见的有 32 位 CPU、64 位 CPU,早期的电脑有 8 位、16 位模式。字长越长,电脑的处理能力越高。

96.【答案】样式

【解析】Word 2010 自带的或由用户自定义的一系列排版格式的总和称为样式,包括字符格式、段落格式等,可以使用样式进行快速排版。系统样式可以改变,但不能删除,用户自定义样式可以删除。

97.【答案】DBMS

【解析】数据库管理系统,即 Database Management System,缩写为 DBMS。它是一种操纵和管理数据库的软件,用于建立、使用和维护数据库,对数据库进行统一的管理和控制,以保证数据库的安全性和完整性。

98.【答案】多用户多任务

【解析】Windows 7 毫无疑问是多任务。但关于是单用户还是多用户的问题存在争议。高职高专第 11 版教材说是多用户;第 10 版教材说是单用户;非高职高专教材第 10、11 版都认为是单用户。注意用户和账户是不同的概念。一个人到银行存款,他是一个用户,可以在银行开设多个账号/账户。基于 PC 机的操作系统应该是单用户。而 Windows 7 系统是微软公司推出的 PC 机系统,专升本考试指定平台系统是 Windows 7 专业版,认为是单用户多任务更合适。高职高专第 11 版教材认可 PC 机操作系统是单用户,认可 Windows 7 是 PC 版操作系统,但又认为 Windows 7 是多用户,有点自相矛盾。Windows Server 版是多用户多任务。

说明:本题答案存在争议,考生在山东省专升本考试答题中,建议此题按"Windows 7 是多用户多任务"作答,也就是以 2019 年的真题答案为准。

99.【答案】. XLSX

【解析】Office 2010 套件工具的文件名字都要掌握,包括模板文件等。. XLSX 是电子表格工作簿文件的默认扩展名。注意 Excel 2010 可以保存、打开扩展名为 . XLS 的低版本(Office 2003)电子表格文件。

100.【答案】数据清单

【解析】数据清单是指具有规范二维表特性的电子表格。注意掌握数据清单的基本规则。

101.【答案】盈亏图

【解析】Excel 2010 中有三种迷你图样式,即折线图、柱形图和盈亏图。固定功能,需要记住。迷你图必须是在一个单元格中的。

102.【答案】演示文稿

【解析】演示文稿的组成单位是幻灯片。注意演示文稿文件的扩展名。

103.【答案】页面设置

【解析】如下图8所示,该功能在页面布局选项卡中的页面设置组中最右侧的"分隔符"下,典型的界面考核,只能记住。结合上机实践,熟悉 Office 2010 的基础界面功能(一般是考核常见功能界面)。

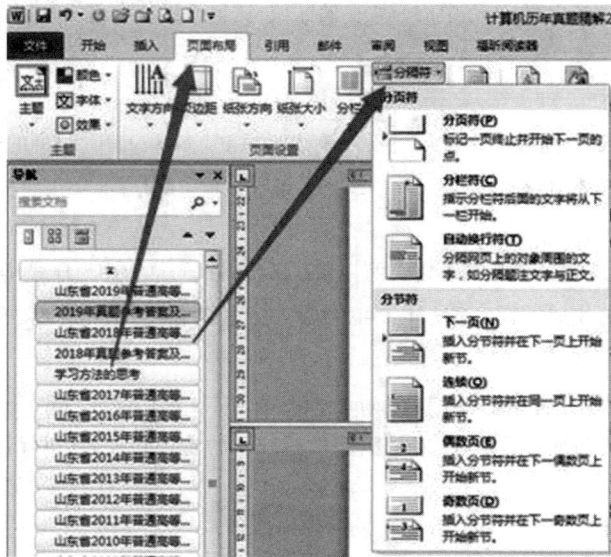

图 8

104.【答案】数据库

【解析】数据库是长期存放在计算机内的、有组织的、可表现为多种形式的可共享的数据集合。注意和文件的概念区分。

105.【答案】网站

【解析】网站是网页的组合,由主页引导访问站内其他网页。网站在 Web 服务器上是一个具体的文件夹。

106.【答案】ARPANet

【解析】ARPANet(也称为 ARPA 网)是一种广域网(WAN),一个连接整个美国的国防部机构的网络。它是由美国高级研究规划署(ARPA)提供资金,于 1969 年创建的,是互联网的前身。最初 ARPA 网仅用于政府研究机构和持有国防部研究合同的大学。

107.【答案】主频

【解析】CPU 的时钟频率称为主频,是计算机的主要性能指标,单位是 Hz(赫兹),或 MHz、GHz(吉兹)。

108.【答案】音频处理软件

【解析】Sound Forge 和 Audition 都是专业的音频处理软件。掌握其他常见的音视频处理软件,属于多媒体部分的基础知识,就像需要记住 Word 2010 的默认文档扩展名是 .DOCX 类似。

109.【答案】应用层

【解析】这是一个相对偏僻的考点,一般不容易记住。防火墙的分类有多种标准,按照防火墙保护网络使用方法的不同,可将其分为网络层防火墙、应用层防火墙和链路层防火墙。这个分类法中的三种类别都可以考核。

110.【答案】粘贴

【解析】Ctrl+V 组合键是粘贴操作,在 Office 中是通用的操作,在 Windows 中也是相同作用。其他如 Ctrl+X 是剪切组合键、Ctrl+C 是复制组合键、Ctrl+A 是选择全部组合键等,都要熟悉掌握,有很多操作组合键具有通用性。

山东省 2018 年普通高等教育专升本统一考试
计算机试题参考答案

一、单项选择题(本大题共 50 小题,每小题 1 分,共 50 分)

1.【答案】B

【解析】各种中文简称及英文缩写的对应关系需要记住。计算机辅助设计:CAD;计算机辅助制造:CAM;计算机辅助教学:CBE;计算机辅助测试:CAT。请掌握计算机应用领域中的其他相关知识,如天气预报属于哪类应用等。

2.【答案】D

【解析】存储程序工作原理是由冯·诺曼提出的,采用这种思想的计算机称为"冯·诺曼机",截至目前的计算机仍然采用这一原理。注意区分被称为"计算机之父"的巴贝奇。

3.【答案】C

【解析】RAM 是随机读写存储器,断电后数据丢失且不可恢复;ROM 是只读存储器,无论是否断电,信息都不会丢失;CD-ROM 指只读光盘;FROM 在本题中是混淆项。

4.【答案】C

【解析】无符号指的是 8 数据都是有效数据位,2^8 为 256,也就是说 8 个二进制位的 0、1 组合总共可以表示 256 种不同的组合,从 00000000 到 11111111,转换为十进制后最大数是 255,最小是 0。

5.【答案】C

【解析】bit 也称比特,即二进制位,每个字节包含 8 个比特。比特是计算机存储数据的最小单位,字节是计算机存储信息的基本单位。

6.【答案】C

【解析】硬盘的主要参数一般是存储容量和转速(机械硬盘,目前的 SSD 固态盘是电路控制存储读写的);内存的读写速度主要受内存本身的频率等因素影响;显示器的刷新速度即刷新频率,一般 60~80Hz 比较适合人眼的观看。计算机的主频是指 CPU 的时钟频率,是计算机运行速度的主要决定因素之一。

7.【答案】D

【解析】请熟记以下换算关系(是经常考点):
$1B=8bit$;$1KB=2^{10}B$;$1MB=1024KB=2^{20}B$;$1GB=1024MB=2^{30}B$;$1TB=1024GB=2^{40}B$。更大的单位有 PB($1024TB=2^{50}B$),1Petabyte 大约是 4 千亿页文本,PB 已经是很大的数量级,再大依次是 EB、ZB、YB、BB,一般很少涉及,主要记到 TB 级即可。

8.【答案】A

【解析】快捷方式是 Windows 提供的一种快速启动程序、打开文件或文件夹的方法,它是应用程序的快速连接,快捷方式的一般扩展名为 .LNK。一个对象可以建立多个快捷方式,快捷方式本身也是一个对象,可以再为它建立快捷方式。一个快捷方式只能对应一个特定对象。

9.【答案】B

【解析】基础知识点,也是考查考生对系统软件和应用软件的区分能力。Microsoft Office 是最常用的桌面办公应用软件;Linux、Mac OS、Windows 都是图形界面操作系统。对应这个知识点,注意教材阐述的某些系统软件,如诊断程序等,教材把查杀病毒程序和数据库管理系统都归为系统软件。

54

10.【答案】D

【解析】Windows 7 是多任务系统,多个程序可以同时运行,有的在后台,有的在前台。前台运行的程序一般是用户直接看到的界面程序。同一时刻只能有一个窗口处于活动状态,也就是当前窗口。非活动窗口是无法直接接受键盘鼠标输入的。

11.【答案】B

【解析】A 选项表示有下级级联菜单;B 选项表示弹出对话框;C 选项表示复选框;D 表示单选按钮。

12.【答案】A

【解析】对话框一般是不满屏的,拖动标题栏可以移动位置;对话框不允许改变大小;对话框标题框右侧一般仅有一个关闭按钮(有的会有"?"号,帮助按钮);窗口双击可以在最大化和还原之间切换,对话框不允许。

13.【答案】B

【解析】Windows 系统中文件名有 9 个限制使用的符号,分别是 / 、\ 、" 、* 、? 、: 、< 、> 、| ,这些都是英文半角符号。

14.【答案】C

【解析】一般文件属性有三个,分别是隐藏、只读和存档(档案)属性。Windows 7 中隐藏的文件是否能看到,取决于文件夹选项中隐藏文件是否允许显示。共享是一种权限设置,不是属性。

15.【答案】A

【解析】图片、剪切画、SmartArt 都是嵌入式对象。

16.【答案】A

【解析】等同于 Ctrl+Z 操作。Ctrl+Z 操作还可以恢复删除的文件或文件夹,在 Windows 7 的资源管理器中使用。

17.【答案】B

【解析】固定操作,需要熟悉功能区各个选项卡,通过上机实践强化。

18.【答案】B

【解析】参照教材介绍,熟悉各种视图的作用。页面视图是最常用的视图,能够显示全部内容,可以进行全部内容的编辑修改。大纲视图可以选择显示不同级别的标题(标题必须按样式约定规则)。其他两种视图方式参见教材。

19.【答案】D

【解析】2018 年真题答案为 C,真题答案是错误的!Excel 2010 中,一个工作簿包含的最多工作表数没有限制;新建工作簿中初始含有的工作表数最多 255 个。

20.【答案】C

【解析】Ctrl 键配合鼠标选择不连续的区域,Shift 选择连续的区域。其作用类似于在资源管理器中选择文件和文件夹。在 Word 2010 选择文本也可以使用这两个键配合鼠标操作。

21.【答案】D

【解析】单元格输入数字时,默认格式是"常规",这种情况下超过 11 位的数字会自动以科学计数法显示;如果设置为"数值"格式时,将会原样显示,此时超过 15 位的数字将显示为 0,有效数字位数为 15 位精度。

22.【答案】B

【解析】在 Excel 2010 中,可以在同一工作表中引用不同单元格,这是最基本的引用方式,引用格式为直接引用单元格区域即可;可以在同一工作簿中引用不同工作表中的单元格,引用格式为:工作表名!单元格地址,即工作表名称和单元格区域之间用"!"隔开,例如,在工作簿 Book1 的 Sheet1 中引用当前工作簿 Book1 的 Sheet2 工作表中的 E3:G5,可表示为 Sheet2!E3:G5;还能引用不同工作簿中的不同工作表的单元格区域,引用格式为[工作簿名]工作表名!单元格地址,跨工作簿引用时在工作表名字前面用"[ ]"界定的工作簿名字。例如,在工作簿 Book1 中引用工作簿 Book2 的 Sheet1 工作表中的 E3:G5,可表示为[Book2]Sheet1!E3:G5。注意单元格引用的所有间隔符号都是半角符号,如!、[]等。

单元格公式计算需要以"="开头。单元格地址中 $ 表示绝对引用,本题题干中无此要求;没有关于跨工作簿的特殊说明,就是在同一个工作簿中。所以本题只有 B 选项符合要求。

23.【答案】C

【解析】固定操作要求,记住这种方式,在上机实践中强化训练。

24.【答案】C

【解析】电子表格中默认情况下,日期分隔符使用"/"或"-"。例如,2018/2/16、2018-2-16、16/Feb/2018 或 16-Feb-2018 都表示 2018 年 2 月 16 日。若省略年号,则系统自动取当前电脑系统日期的年号。日期型默认自动右对齐(可以更改),具有自增减性,鼠标拖动这种单元格的填充柄时,会根据拖动方向自动填充增减日期,一般向右、向下为日期增加,向左、向上为日期减小。日期增减时系统会自动计算闰年闰月等情况,保证填充的日期是正确的。

输入分数时,需要先输入 0、空格,然后输入对应的分数值,分数会自动右对齐。若此单元格设置为数值格式,且小数部分为 1 位,则按规则输入分数后会显示为数值。如输入分数 1/2(0、空格 1/2),会显示为 0.5。

本题中直接输入"1/2"是日期格式,所以显示 1 月 2 日,年号为系统当前日期中的年号。"1/2"这种样式是日期样式,要求分子是月份,分母是日子,如果输入一个不存在的月份或日子,则识别为一个普通的字符串,自动左对齐,因为中间是"/",系统会认为是一个数字和其他符号的组合输入,不能确定为特定格式的时候,就认为是字符串。如输入"111/2",日期中没有 111 月,所以自动左对齐。

25.【答案】A

【解析】这四个选项都对计算机运行速度有一定影响,计算机的运行速度是一个综合因素,但是有主次之分。CPU 的性能起决定性影响,一般高性能的 CPU 会配置相应高性能的其他设置,如高速硬盘,较大的内存,高性能显卡等。

26.【答案】B

【解析】电子表格中单元格地址的引用方式有相对、绝对、混合引用和三维地址引用之分。单元格行列地址前没有 $ 标识的是相对引用;行或列其中一个有 $ 标识的为混合引用;行列前面都有 $ 的为绝对引用。

27.【答案】C

【解析】Excel 2010 的三种迷你图样式分别是折线图、柱形图和盈亏图。在"插入"选项卡的"迷你图"组中可以看到,这是固定的功能区选项卡操作,只能通过实践强行记忆。

28.【答案】C

【解析】计算单元格 C1 到 C10 中成绩超过 80 的人数是一个统计操作,需要使用 COUNTIF 函数,= 号开头,COUNTIF 函数第一个参数是统计区域地址,第二个参数是条件,如果条件是原值输入的话(条件可以是引用单元格),要求用引号标识。

29.【答案】A

【解析】GB 是存储容量单位;bps 是网络传输速度单位,注意此处的 b 是小写字母,和大写的 B 含义不同,表示每秒的比特数;MB/s 是数据传输单位,表示每秒传输多少 MB。

30.【答案】B

【解析】类似前面的电子单元格不连续区域选择操作,资源管理器中不连续的文件或文件夹选择,Word 文档中的不连续文本选择。

31.【答案】C

【解析】640×480×32/8/1024＝1200KB,也就是像素数和彩色位数的乘积得到图的总像素数,再除以 8 转换成字节,再除以 1024 换算成 KB。

32.【答案】B

【解析】熟悉各个功能区选项卡的作用,Word、Excel 类似要求。

33.【答案】C

【解析】.BAT 是批处理文件;.EXE 是可执行代码程序;.INI 文件是 Initialization File 的缩写,即初始化文件,是 Windows 的系统配置文件所采用的存储格式,统管 Windows 的各项配置,一般用户就用 Windows 提供的各项图形化管理界面就可实现相同的配置了。但在某些情况,还是要直接编辑 .INI 才方便,一般只有很熟悉 Windows 的用户才能去直接编辑,以免出错影响系统运行。

34.【答案】C

【解析】熟悉浏览视图的操作。A、B、D 都可以在幻灯片浏览视图下操作。

35.【答案】B

【解析】Access 的早期版本如 Access 2003 的数据库文件扩展名是 .MDB,Access 2010 及 Access 2016 是 .ACCDB。

36.【答案】D

【解析】前三个都是关系数据库管理系统,Unix 是操作系统。按教材归类,这四项都是系统软件。

37.【答案】C

【解析】行是记录(关系数据库理论中称为元组),列是字段(关系数据库理论中称为属性)。主键是数据表中能够区分不同记录的关键字段。

38.【答案】D

【解析】关系模型中实体间的联系有三种,分别是一对一、一对多、多对多。

39.【答案】C

【解析】空值字段、重复值字段、OLE 对象字段不能够区分不同记录。

40.【答案】C

【解析】这是 2020 年、2021 年大纲中提及的考点,实际在 2017 年的考试中就考过。考生会觉得有难度,但是必须掌握。考核 SELECT 语句的基本语法,详细语法说明参见教材。SELECT 语句的基础结构如下:

SELECT 要显示的结果 FROM 数据来源 WHERE 条件 ORDER BY 排序依据

41.【答案】B

【解析】确切地说是中国的教育机构。顶级域名 cn 表示中国,edu 表示教育机构。其他三个标志域名含义参见教材第 7 章。

42.【答案】D

【解析】DNS 域名服务负责进行域名到 IP 地址的转换。HTTP 是超文本传输协议,用于客户端浏览器访问服务器网页;TCP/IP 是传输控制/网际协议,是互联网络的基石,注意这是个协议集合,其中主要的协议是 TCP 传输控制协议和网际协议 IP,还包含有很多其他协议,如 UDP 等。

43.【答案】B

【解析】计算机网络按覆盖范围划分为局域网 LAN、广域网 WAN、城域网 MAN、因特网 Internet。

44.【答案】C

【解析】FTP 是 File Transfer Protocol 的英文简称,即文件传输协议,用于 Internet 上控制文件的双向传输,同时也是一个应用程序。传输控制协议是 TCP;超文本传输协议是 HTTP;邮件传输协议是 POP3(邮件接收)和 SMTP(邮件发送)。

45.【答案】D

【解析】前三个是网络连接设备。调制解调器就是平时所说的 Modem(猫),是负责进行数字信号和模拟信号转换的。作为一种计算机硬件,它能把计算机的数字信号转换成可用普通电话线传送的模拟信号(调制),而这些模拟信号又可被线路另一端的另一个调制解调器接收,并转换成计算机接受的数字信号(解调)。这一简单过程完成了两台计算机间的通信。目前一般很少使用 Modem。

46.【答案】C

【解析】IP 是网际协议;FTP 是文件传输协议;Telnet 是远程登录协议;HTTP 是超文本传输协议,负责在浏览器和 Web 服务器之间传输网页。

47.【答案】A

【解析】IPv4 协议下的 IP 地址由四部分十进制数组成,每部分都不超过 255。常用的有 A、B、C 三类,可通过第一个字节的取值范围来区分某个 IP 地址属于哪一类网络。第一个字节范围在 1~127 的属于 A 类网络地址,128~191 的属于 B 类网络地址,192~223 的属于 C 类网络地址。

48.【答案】D

【解析】WAV 是波形文件,音频格式。注意 Windows 7 的录音机文件格式为 .WMA,早期操作系统版本 Windows XP 的录音机文件格式为 .WAV。.GIF 是动画文件;.BMP 是位图文件;.JPG 是一种图片格式,以 24 位颜色存储位图,是有损压缩。

49.【答案】D

【解析】VPN 即虚拟专用网,是通过一个公用网络(通常是因特网)建立一个临时的、安全的连接,是一条穿过混乱的公用网络的安全、稳定的隧道。通常,VPN 是对企业内部网的扩展,通过它可以帮助远程用户、公司分支机构、商业伙伴及供应商同公司的内部网建立可信的安全连接,并保证数据的安全传输。虚拟现实技术是一种可以创建和体验虚拟世界的计算机仿真系统,它利用计算机生成一种模拟环境,是一种多源信息融合的、交互式的三维动态视景和实体行为的系统仿真,使用户沉浸到该环境中。

50.【答案】D

【解析】计算机发展四个趋势,分别是巨型化、网络化、微型化、智能化。

二、多项选择题(本大题共20小题,每小题1分,共20分)

51.【答案】BC

【解析】基础题,解析略。掌握其他常见的输出设备及输入设备。

52.【答案】AB

【解析】冯·诺依曼原理的基本思想是存储程序和程序控制。科学计算、人工智能是计算机的应用领域。

53.【答案】AC

【解析】"文件"菜单中没有"全选"项;Ctrl+C 是复制操作快捷键。

54.【答案】AD

【解析】回收站是硬盘的空间,内存是珍贵的,不会把废弃的文件存放到影响计算机运行的内存中;"还原"是回收站窗口中文件右键菜单的选项;用户可以根据情况设定回收站所占的硬盘比例。

55.【答案】BD

【解析】剪贴板是内存(RAM)的一块区域,其中可以是各种图片等,也可以是文字符号等,其中的信息断电丢失且不可恢复。同一个文件夹中的各个文件不能同名,文件与文件夹也不可以同名,上机实践时注意文件的扩展名。如图 1 中的文件夹 XX 和 Word 2010 文档 XX,在同一位置,有同学认为文件和文件夹可以同名,其实不是。因为 Word 2010 文档 XX 的完整文件名 XX.docx,只是因为设置了隐藏已知文件类型的扩展名(图 2)。此时如尝试把文件夹改名为 XX.docx,则系统会提示图 3 所示的错误。文件夹可以有扩展名。

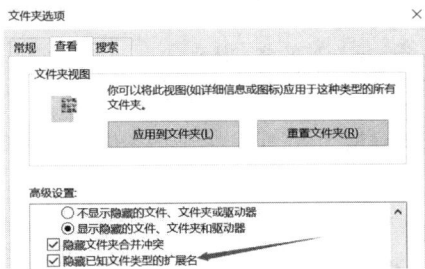

图 1

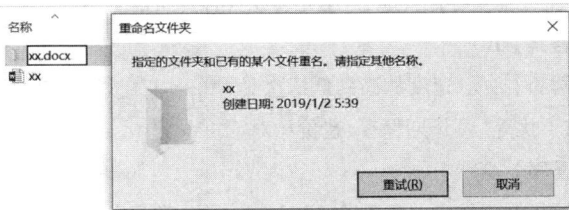

图 2

图 3

56.【答案】AD

【解析】基础题。Word 2010"字体"选项卡中中文方式显示的是字号,数字方式显示的是磅值。

57.【答案】AB

【解析】分栏在"页面布局"选项卡中;Word 中文字方向分为表格文字、艺术字文字、文本框文字方向。

58.【答案】AD

【解析】固定操作,需要记住,在实践中掌握。

59.【答案】AB

【解析】":"是时间分隔符;"\"是目录分隔符。

60.【答案】BD

【解析】纯数字型数据,左键拖动填充柄时是复制填充,按住 Ctrl 键,左键拖动填充柄,填充自动增 1 的序列;日期型数据时,按住 Ctrl 键,左键拖动填充柄为复制填充,直接拖动为自增填充。

61.【答案】CD

【解析】嵌入式图表和图表数据在一个工作表中,独立图表单独在一个图表工作表中;完整的图表通常由图表区、绘图区、图表标题和图例等几大部分组成,且图表建立后可以调整编辑修改。数据系列和图例的含义请在电子表格图表中实际操作中理解掌握。

62.【答案】AB

【解析】典型的基本操作题,考核上机操作技能。复制后的幻灯片粘贴时,如果选择“使用目标主题”则粘贴后生成的幻灯片放弃原来的主题,使用目标位置的幻灯片主题;如选择“保留源格式”则粘贴后生成的幻灯片仍然保留原来的主题;如果选择“图片”,则把复制的幻灯片以图片的形式插入到当前位置。

63.【答案】BD

【解析】数据库中最常见的数据模型有三种,即层次模型、网状模型和关系模型。这是一个基本的考核点,必须记住。同时注意多了解关系模型的相关知识,如基本的关系操作、关系的基本性质、常见的关系数据库等。

64.【答案】AB

【解析】防火墙在网络边界上,通过建立起网络通信监控系统来隔离内部和外部网络,以阻挡通过外部网络的入侵。它决定网络内部服务中哪些可被外界访问,外界的哪些人可以访问哪些内部服务,同时还决定内部人员可以访问哪些外部服务。防火墙不能防范病毒,也不能防范来自内部网络的攻击和安全问题。

65.【答案】AD

【解析】多媒体的媒体元素指的是文字、声音、图形、图像和动画及视频等多种媒体信息,不包括多媒体硬件。光盘是存储介质,声卡是多媒体计算机的基本硬件。注意掌握常见的多媒体硬件。

66.【答案】BD

【解析】存取速度从高到低依次是 CPU、内存、外存,外存相对最慢,但容量大,合适的条件下(如没有电磁干扰等)可长期保存,造价相对低。

67.【答案】AC

【解析】工作表一旦删除不能恢复;可以隐藏或取消隐藏;电子表格中工作表是工作簿的组成结构部分,不是文本或对象属性的操作,误删或隐藏操作后不能通过撤销恢复。注意工作簿中电子表格不能全部隐藏,至少保持一个可见的工作表;打开的多个工作簿可以同时全部隐藏。

68.【答案】CD

【解析】高级筛选的条件区域至少有两行,即字段名和条件表达式;同在一行的条件是“与”的关系,跨行的条件是“或”的关系;条件字段必须用和数据清单中的字段一致。高级筛选是一项很实用的操作,过滤能力在普通筛选之上,请上机实践掌握,以备实用之需。

69.【答案】BC

【解析】矢量图是根据几何特性来绘制图形,矢量可以是一个点或一条线,矢量图只能靠软件生成,文件占用内在空间较小,因为这种类型的图像文件包含独立的分离图像,可以自由无限制地重新组合。它的特点是放大后图像不会失真,和分辨率无关,适用于图形设计、文字设计和一些标志设计、版式设计等。

点阵图,也叫作位图、栅格图像、像素图,简单说,就是最小单位由像素构成的图,缩放后会失真。构成位图的最小单位是像素,位图就是由像素阵列的排列来实现其显示效果的,每个像素有自己的颜色信息,在对位图图像进行编辑操作的时候,可操作的对象是每个像素,可以改变图像的色相、饱和度、明度,从而改变图像的显示效果。

70.【答案】BD

【解析】计算机病毒的特征主要有可执行性、破坏性、传染性、潜伏性、针对性、衍生性、抗反病毒软件性、寄生性、隐蔽性等,注意病毒没有免疫性。木马是病毒。

三、判断题(本大题共 20 小题,每小题 0.5 分,共 10 分)

71.【答案】B

【解析】剪贴板即 Clipboard,是内存中的一块公共区域,用于存放剪切、复制的内容,实现应用程序内部或者在多个应用程序之间交换数据,主要的操作有三种:剪切、复制、粘贴。使用"复制"和"剪切"都可以将所选择的对象送入剪贴板以备粘贴。在 Windows 资源管理器中"剪切"的文件只能粘贴一次(即粘贴后剪贴板清空),但在 Office 2010 中剪切的内容可以多次粘贴。

和剪贴板相关的快捷键:剪切(Ctrl+X)、复制(Ctrl+C)、粘贴(Ctrl+V)、PrintScreen 将当前屏幕的内容作为图片复制到剪贴板;Alt+PrintSreen 将当前活动窗口以图片的形式复制到剪贴板。

72.【答案】B

【解析】Windows 中在同一个文件夹下不允许有两个完全同名的文件或文件夹,在不同的磁盘或文件夹下是可以的。如有一个 C:\a. txt,还可以有一个 D:\a. txt。注意 Windows 7 系统的文件名不区分大小写,有的系统文件名是区分大小写的。

73.【答案】A

【解析】本题内容稍有深度,需要考生了解几种不同的操作系统特性。分时就是多个任务或用户按一定规则轮番使用处理器,采用时间片轮转方式处理服务请求。

Windows 不完全是分时系统,但是有分时工作方式。Windows 系统现在已形成一个多系列、多用途的操作系统集合。严格上说它的本质应该是多种集合的操作系统,它在运行过程中,根据不同的进行会有实时响应和分时响应,部分功能中,它也可以实现分布式操作。同时,根据它的版本和用途不同,也有网络操作系统版本。

分时系统是按 CPU 资源分配方式来分的。像 Windows 7 这一类多任务操作系统,实际上 CPU 资源被分成了无数个极短的时间片,然后轮流分配给运行中的程序。用户感觉任务是同时执行的,而实际上是以极短的时间间隔不断交替执行的。

74.【答案】B

【解析】在备注页视图下,可以插入文本,也可以插入表格、图表、图片等对象。

75.【答案】A

【解析】如下图 4 所示,以 Word 2010 为例,默认每隔 10 分钟自动保存一次文件,可以修改这个间隔时间,范围为 1～120 分钟。

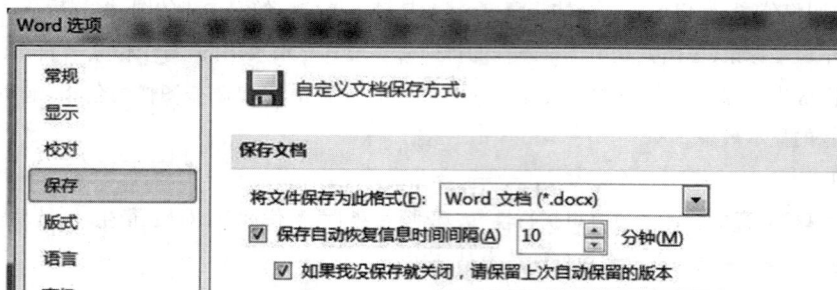

图 4

76.【答案】A

【解析】选中格式源,单击格式刷后只能进行一次格式粘贴,双击格式刷后可以多次格式粘贴;使用完成后再次单击格式刷或按 Esc 键,取消粘贴格式状态。

77.【答案】A

【解析】也可在 Word 2010 状态栏单击"插入/改写"进行状态转换,有时改写也称为覆盖。

78.【答案】B

【解析】四舍五入显示在单元格中,是显示格式要求。点击该单元格,会在公式编辑栏显示舍入前的精确数据,计算也是按舍入前的数据进行。

79.【答案】A

【解析】工作表一旦删除不能恢复,电子表格中工作表是工作簿的组成结构部分,删除后不能通过撤销恢复。

80.【答案】A

【解析】数据删除(不是单元格删除)仅仅是删除数据,不包括格式等信息。如单元格数据格式为红色加粗,删除数据内容后再次输入新的数据,新数据仍然是红色加粗;清除操作包含全部清除、清除格式、清除内容、清除批注和清除超链接。清除内容相当于删除数据操作。

81.【答案】B

【解析】Excel 2010 和 Word 2010 等其他 Office 2010 套件工具一样,有丰富的排版功能。电子表格允许设置页眉、页脚等。

82.【答案】A

【解析】基本操作技能,需要通过实践操作强化。

83.【答案】A

【解析】这句话是教材原文。数据清单是数据库性质的,第一行的文本相当于数据表中的字段名,也就是列名。电子表格中的数据处理可以没有字段名行,但是如果是按照数据清单的方式就必须设置字段名行,这样才能够进行汇总、排序、筛选等操作。

84.【答案】B

【解析】选定主题,右键单击出现的快捷菜单中允许设置当前主题应用于全部幻灯片或当前幻灯片。

85.【答案】B

【解析】表格本身是不能建立超链接的,表格中的内容可以建立超链接。如下图 5 所示,选中表格后,右键菜单中"超链接"的功能是灰色的。

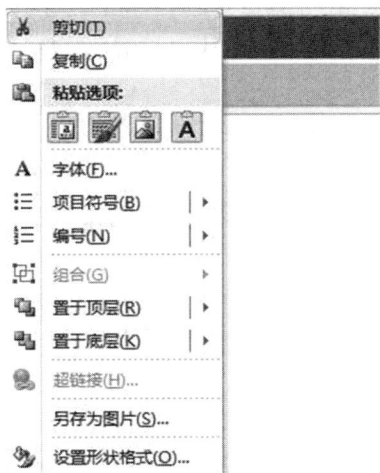

图 5

86.【答案】A

【解析】固定功能,如下图 6 所示。

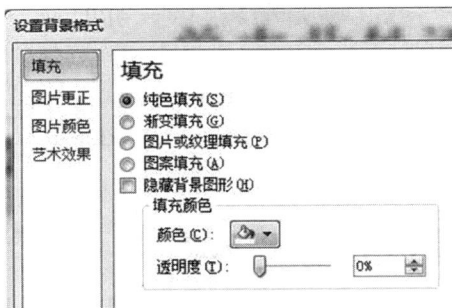

图 6

87.【答案】B

【解析】Access 2010 数据表的结构中数据类型字段是用户设置的,可以进行修改。就像电子表格中图表的各个属性项,只要是建立选择的项目,在建立后基本都可以修改,这是 Office 2010 工具的人性化体现,也是必需的基本功能。

88.【答案】B

【解析】Access 2010 不是多文档窗口软件,同一时刻只能打开并运行 1 个数据库。在一个数据库中,可以拥有众多的表、查询、窗体、报表、宏和模块等数据库对象。

89.【答案】B

【解析】计算机网络中的传输速度一般是按比特计量的,bps 是 bit per second,所以我们平时所说的网络速度为 100Mbps,而不是 100MBps,MBps 是兆字节/秒,是大写的 B,Mbps 是兆比特/秒,是小写的 b。

90.【答案】A

【解析】美国国防部高级研究计划局(ARPA,Advanced Research Projects Agency)于 1968 年主持研制,建立该网最初是出于军事目的,保证在现代化战争情况下,仍能够利用具有充分抗故障能力的网络进行信息交换,确保军事指挥系统发出的指令能够畅通无阻。到 1972 年,有 50 多家大学和研究所与 ARPA 网连接,而到 1983 年,入网计算机达到 100 多台。ARPA 网的建成标志着计算机网络的发展进入了第二代,它也是 Internet 的前身。

四、填空题(本大题共 20 小题,每小题 1 分,共 20 分)

91.【答案】ENIAC,或埃尼阿克

　　【解析】注意英文名字,有时考核选择题,给出其他混淆项,如 EDSAC 等。

92.【答案】1

　　【解析】ASCII 码字符是西文符号,每个符号在计算机中占 1 个字节,汉字占 2 个字节。

93.【答案】软件系统和硬件系统

　　【解析】基础知识点。

94.【答案】99

　　【解析】利用安全展开式:$01100011 = 1 \times 2^6 + 1 \times 2^5 + 1 \times 2^1 + 1 \times 2^0 = 64 + 32 + 2 + 1 = 99$。

95.【答案】Alt+Tab 或 Alt+Esc

　　【解析】固定操作键组合,需要记住。

96.【答案】.DOCX

　　【解析】送分题,注意和早期版本区别,同时掌握其他 Office 2010 的工具套件默认文档的扩展名。

97.【答案】选择性粘贴

　　【解析】单元格有内容和格式两部分内容,复制后在粘贴时可以进行选择,具体操作方式是定位到目标单元格,从功能区选择"粘贴"下的"选择性粘贴"进行操作。注意电子表格中可以粘贴列宽,但是不能粘贴行高,如下图 7 所示。

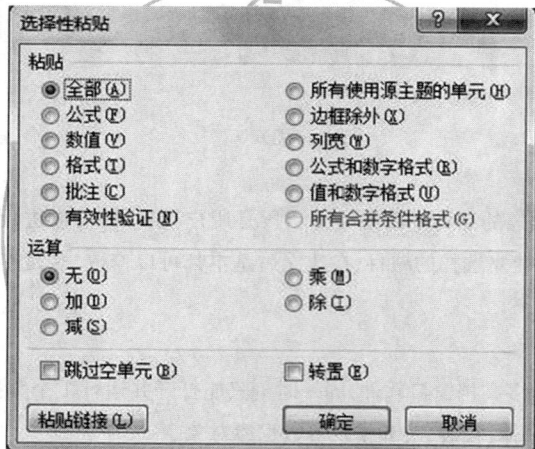

图7

98.【答案】数据有效性

　　【解析】用于限制单元格的取值范围,但不保证范围内的数据是正确的。比如职工年龄限制在 18~60 之间,如果输入的年龄不在这个范围内,则输入不成功,数据有效性规则起作用。但是把某个人的年龄输入成了 50,实际他的年龄是 40 岁,这种情况数据有效性规则不起作用。

99.【答案】平均值

【解析】考核函数的熟悉程度，只要知道AVERAGE单词的英文含义，就能正确回答这个题目。但有的题目出题考核进行函数填空，难度稍大，需要考生熟悉相关函数的具体使用，如参数规则等，常见的函数一般会考核IF、SUM、COUNTIF、RANK(难度稍大，牵扯到相对地址和绝对地址的使用问题)、MAX、AVERAGE等。

100.【答案】单变量求解

【解析】新大纲增加的考点，山东省2017年之前考试几乎没有考核这个点。一般不要求会具体操作(难度稍大)，知道这三个选项卡功能即可。

101.【答案】排练计时

【解析】排练计时实际是根据播放过程自动设置换片时间，可以手动设置。排练计时形成的换片时间可以再手工修改。

102.【答案】占位符

【解析】考查对占位符的基本认识。占位符是PPT中最基本的对象，实际操作中一直在使用，但好多考生会忽略这个概念。实际在PPT幻灯片上的标题及正文，或者是图表、表格和图片等对象都是放在占位符中的。

103.【答案】动画

【解析】基础操作，题干信息也已经暗示出动画的信息。需要明确知道该选项卡的名称，是最基础的考查。

104.【答案】实体

【解析】关系模型中的基本概念，需要记住，再如联系的种类(一对一、一对多、多对多)

105.【答案】超文本传输协议

【解析】准确记住，这是基本概念。其他如HTML、DNS、FTP、Telnet、TCP、IP、SMTP等。

106.【答案】Alt

【解析】固定操作组合键，只能记住。

107.【答案】首行缩进

【解析】题干文字表述已经体现答案，关键是考生是否知道专业的描述术语，还有"无缩进"和"悬挂缩进"两种段落缩进格式。熟悉图8的各个项目，注意下拉框的选项，字体框类似。

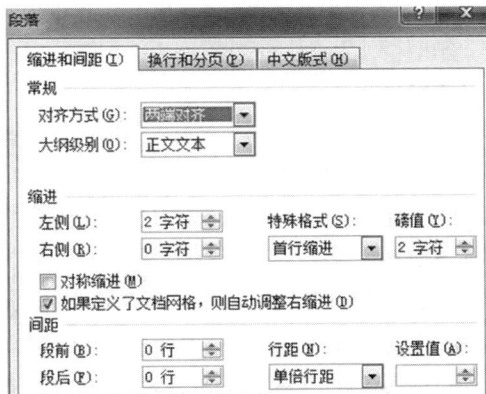

图8

108.【答案】资源共享

【解析】计算机网络是指将一群具有独立功能的计算机通过通信设备及传输媒体互联起来，在通信软件的支持下，实现计算机间资源共享、信息交换或协同工作的系统。资源共享是最基本最本质的特征。

109.【答案】剪切

【解析】Ctrl+X是剪切快捷键、Ctrl和C是复制快捷键、Ctrl+P是粘贴快捷键；剪切和复制的前提是必须选定对象，否则菜单项为灰色，执行此快捷键也没有对象可复制或剪切。

110.【答案】运算器

【解析】微机和普通计算机结构原理是一致的。硬件五大组成部分，CPU由运算器和控制器组成。CPU和存储器合称为主机，这里的"主机"是功能表述，不是平时所说的台式机的主机箱。

山东省 2017 年普通高等教育专升本统一考试
计算机试题参考答案

一、单项选择题(本大题共 50 小题,每小题 1 分,共 50 分)

1.【答案】D

【解析】信息技术是指人们获取、存储、处理、传递、开发和利用信息资源的相关技术。信息技术能够扩展人类信息功能。信息技术和计算机技术、通信技术、传感技术、网络技术密切相关,但又有区别。计算机在现代信息处理技术中起到了关键作用。

2.【答案】A

【解析】十六进制书写比二进制方便,类似于十进制方式,10000 可以表示成 1 万,显然后者更简洁方便。BD 选项不对。C 选项不正确,任何一个十六进制数可以和二进制相互转换,反之亦然。

3.【答案】C

【解析】1946 年世界上第一台电子计算机 ENIAC 在美国诞生,但当时的计算机功能有限,无法广泛应用,不能说从 1946 年就开始了计算机时代。ENIAC 不是冯·诺依曼机,没有采用存储程序控制原理,也没有采用二进制。世界上第一台投入运行的具有存储程序控制的计算机是英国人设计并制造的 EDSAC。本题考核的一些知识点超出的教材内容,属于拓展知识考核。

4.【答案】D

【解析】"溢出"是计算机专业领域的术语,表示数值超出了机器所表示的范围。这类知识点需要记住,专升本考试考核这样的考点属于超纲,2021 年起大纲强调考核考生的计算机应用能力,这类题目一般不会出。

5.【答案】C

【解析】主板上的 CMOS 芯片的主要用途是储存时间、日期、硬盘参数与计算机配置信息。计算机启动时屏幕快速闪过的黑屏白字符界面是启动时的系统自检,电脑的系统时间、硬盘参数及启动密码等都存储在 CMOS 中,CMOS 芯片有一块纽扣电池供电,这块电池需要定期更换。

6.【答案】C

【解析】计算机程序设计语言分为机器语言、汇编语言和高级语言三个阶段,其中机器语言和汇编语言都属于低级语言。机器语言是二进制代码语言,机器可以直接识别执行,效率高。汇编语言是助记符语言,需要进过汇编程序处理后才能被机器执行。这两种语言都是面向机器的,可移植性差。高级语言的语法规范接近于人的思维模式,需要经过编译或解释后被机器执行,可移植性强。

7.【答案】A

【解析】操作系统的四个主要特性分别是并发性、共享性、异步性和虚拟性,异步性也称为不确定性。

8.【答案】B

【解析】Windows 7 中可以对文件或文件夹创建快捷方式。快捷方式是一个文件,其扩展名为 .LNK。快捷方式文件一般存放在本机,可以指向任何本机或网络的对象。快捷方式删除时,其指向的对象不受影响。注意掌握创建快捷方式的具体操作。鼠标右键拖动文件或文件夹到目标位置松手时,可以从右键菜单中选择创建拖动对象的快捷方式。

9.【答案】B

【解析】回收站是硬盘的空间,剪贴板是内存的空间,属于 RAM。Windows 7 中用户可以对活动窗口移动位置、改变大小,非活动窗口不在顶层,不能实施这些操作。同一时刻只有一个窗口处于活动状态。屏幕保护也是一个程序,运行时占用 CPU 资源,屏保程序运行时,原来的活动窗口不会自动关闭。桌面上的图标可以按用户的意愿进行排列。

10.**【答案】**B

【解析】使用 Windows 7 系统必须用某个账号登录,Windows 7 通过账户控制不同用户的权限。具有相应权限的账户可以创建新的账户,但不是所有账户都有这个权限。Windows 7 可以对账户直接授权,也可以对账户组授权,组员自动具有该组的权限。

11.**【答案】**D

【解析】Windows 7 中最小化的窗口,其对应程序转入后台执行,不会终止,如音乐播放等。

12.**【答案】**C

【解析】控制面板是 Windows 7 运行环境的若干工具软件的组合工具集,可以进行各种系统工作环境的设置,如键盘的响应速度、鼠标的双击速度、桌面背景、电源特性、软件的安装与卸载等。CMOS 的设置程序不是 Windows 7 的功能。

13.**【答案】**B

【解析】Windows 的"资源管理器"窗口中,如果想一次选定多个分散的文件或文件夹,按住 Ctrl 键,用鼠标左键逐个选取。Ctrl 键和鼠标组合可以选择多个不连续的文件或文件夹,Shift 键和鼠标组合可以选择连续的文件或文件夹。选定的多个文件或文件夹可以再按 Ctrl 键取消选定。

14.**【答案】**C

【解析】Word 2010 是多文档窗口,文件选项卡中的"关闭"功能是关闭当前打开的文档,不是关闭 Word 2010 软件。这一操作特性和 Excel 2010、PowerPoint 2010 一样。Access 2010 是单文档窗口,同一时刻只能打开运行一个数据库文件,其"文件"选项卡中的"关闭数据库"功能可以关闭当前打开的数据库文档,不退出 Access 2010。

15.**【答案】**C

【解析】Word 2010 文档默认的文件扩展名是 .DOCX。这属于基础知识点,类似要掌握 Excel 2010(.XLSX)、PowerPoint 2010(.PPTX)、Access 2010(.ACCDB)等文档默认扩展名。.TXT 是文本文件扩展名。

16.**【答案】**B

【解析】Word 2010 中的视图有页面视图、阅读版式视图、Web 版式视图、大纲视图和草稿视图,只有页面视图才可以显示出页眉、页脚等信息,页面视图下看到的是和打印效果一致的视图方式。Word 2010 中没有普通视图(PowerPoint 2010 有)。

17.**【答案】**C

【解析】Word 2010 中改变表格的大小,可以通过多种方式,如调整表格的行高、列宽等。拖动表格右下端的缩放手柄可以快速调整表格大小。拖动表格左上方的移动手柄可以移动表格,不能改变表格大小。

18.**【答案】**B

【解析】Word 2010 中,超级链接在"插入"选项卡下,和 Excel 2010、PowerPoint 2010 中相同。

19.**【答案】**B

【解析】Ctrl+Alt+P 可以快速切换到页面视图,这是 Word 2010 中的固定操作组合键,记住即可。一般较少考核这种相对冷门的组合键功能,其他如保存、打开文件等常见操作组合键必须记住,是基本考点。

20.【答案】A

【解析】Ctrl+F6 在 Word 2010 的多个文档窗口之间切换的组合键,同上题要求,记住即可。注意此处不能是 Alt+Tab、Alt+Esc 组合键,该组合键是在所有打开的程序窗口之间切换,不是仅在 Word 2010 的多个文档窗口之间切换。

21.【答案】C

【解析】Windows 7 中各种文档编辑软件的打开文档操作都是指把文档从磁盘调入内存,并显示出来。

22.【答案】C

【解析】Excel 2010 允许在打印时设置打印份数、调整打印方向和进行其他相关的页面设置。打印时可显示预览效果。

23.【答案】B

【解析】Excel 2010 中跨工作表引用的规则是"工作表名!单元格区域",工作表名和单元格区域之间用"!"隔开。跨工作簿的地址引用称为三维地址引用,规则是"[工作簿名]工作表名!单元格区域",也就是工作簿名用中括号界定、工作表名和单元格区域之间用"!"隔开。

24.【答案】C

【解析】Excel 2010 工作簿以文件的形式存在磁盘上,其中至少含有 1 个可见的工作表,工作簿中含有的最多工作表数目没有限制。工作表不能够独立以文件的形式存盘,必须存在于工作簿中。工作表规模固定 1048576 行、16384 列,列编号从 A 到 XFD。

25.【答案】A

【解析】求和函数是 SUM( )单元格中要求计算必须以"="开头。本题的选项中只有 A 正确。注意此题可以有多种答案,如"=A1+A2+A3+A4+A5+A6+A7+A8+A9+A10""=SUM(A1:A5)+SUM(A6:A10)"等。这样的单选题可以改为多选题,考核考生对电子表格计算规则和函数的深入理解。

26.【答案】C

【解析】将 Word 2010 中多段文字粘贴到 Excel 2010 中后,它们占用同一列的不同行的单元格,默认一个段落占用一个单元格。

27.【答案】D

【解析】Excel 2010 中的拼写检查功能在"审阅"选项卡中,这与 Word 2010、PowerPoint 2010 相同。注意掌握"审阅"选项卡中的字数统计(仅 Word 2010 有)、批注等功能。此题考核 Office 2010 的功能区界面结构,平时注意多进行上机实践。

28.【答案】A

【解析】PowerPoint 2010 的普通视图左侧的大纲窗格中可以修改文字,也可以进行文字的格式设置,格式设置的效果在幻灯片窗格显示。大纲窗格不能对图表、文本框等对象进行操作,这些对象不显示在大纲窗格中。

29.【答案】A

【解析】PowerPoint 2010 中可以对插入的图片、剪贴画、屏幕截图等进行各种编辑操作。

30.【答案】B

【解析】PowerPoint 2010 中可以对插入的表格进行各种操作,如增删行列、合并拆分单元格、边框设置、样式等。插入幻灯片中的表格被选定时,功能区会出现"表格工具"选项卡,可以进行相关设计及布局操作。

31.【答案】A

【解析】PowerPoint 2010 文档默认的文件扩展名是 . PPTX,这属于基础知识点,注意PowerPoint 2010 文档可以保存为 . PPSX 格式,这种文档可以直接放映。掌握 PowerPoint 2010 其他可以保存的常见文件格式,如视频、JPG、PDF 等。类似要掌握 Excel 2010(. XLSX)、Word 2010(. DOCX)、Access 2010(. ACCDB)等的默认文档扩展名。. TXT 是文本文件扩展名,如记事本软件的文件扩展名就是 . TXT。

32.【答案】C

【解析】PowerPoint 2010 中幻灯片母版即版式,总共有 1 个主版式和 11 个其他版式。11 个其他版式是标题幻灯片、标题和内容、节标题、两栏内容、比较、仅标题、空白、内容与标题、图片与标题、标题和竖排文字、垂直排列标题与文本,除标题幻灯片外其他统称为"普通幻灯片"。

33.【答案】A

【解析】打包功能可以把当前演示文稿及嵌入的音视频等和播放器一起打包,在其他大多数计算机上直接播放,无需安装 PowerPoint 2010 软件。PowerPoint 2010 中这一功能在"文件"选项卡的"保存并发送"下的"将演示文稿打包成 CD"中。

34.【答案】A

【解析】Ctrl+B 把选定的文本格式设置为加粗,Word 2010 和 Excel 2010 相同。

35.【答案】D

【解析】BASIC 是一种高级程序设计语言。Oracle、Microsoft SQL Sever、Microsoft Access 等都是常见的关系数据库管理系统。

36.【答案】A

【解析】参见教材关于 SELECT 的基本语法说明。"＊"表示要查询全部字段,FROM 后指定源数据表,这个参数必须指定,不能省略。

37.【答案】A

【解析】数据库管理系统是一种操纵和管理数据库的系统软件,这是数据库管理系统的定义。

38.【答案】B

【解析】E-R 方法中的 E 是 entity,即实体;R 是 relation,即联系。E-R 即实体-联系。

39.【答案】B

【解析】事务是一个关系数据库理论中的概念。事务运行管理包括提供事务运行管理、数据完整性检查和系统恢复功能,不包括运行代码分析。

40.【答案】D

【解析】Access 2010 中,查询的数据可以来自一个或多个表,也可以来自其他查询。查询本身是一个条件过滤器,也称为"虚表",不实际存储数据,但可以作为数据源。

41.【答案】C

【解析】关系数据库中的多个数据表相互独立,之间可以有联系也可以没有联系。表的名字和表之间的联系无关。

42.【答案】D

【解析】多媒体的四个主要特征是多样性、集成性、交互性和实时性。这是一个基础考点,记住这四个特性的名字即可。注意不要和流媒体的特性混淆了,流媒体有三个特性,分别是实时性、时序性和连续性。

43.【答案】A

【解析】.MOV 是视频文件格式,其他三个都是图像文件格式。

44.【答案】B

【解析】注意这一类题目的计算。图像 1280×1024 的分辨率是像素点数,每个像素点占 1 个比特。8:8:8 指的是每个像素点的颜色表示,也就是每个像素点用红绿蓝三原色标识,各 8 个二进制位表示,共 24 个比特表示颜色组合。所以文件大小为像素数和颜色位数的乘积,再转化成对应的计量单位,如 MB 等。本题具体计算为 1280×1024×24＝31457280,得到这个图的比特数,这个数字再除以 8 转成字节数,然后除以 1024 转成 KB,再除以 1024 转成 MB(因为本题的选项都是 MB)。31457280/8/1024/1024 ＝3.75MB。

45.【答案】B

【解析】图形文件是矢量文件,由程序控制生成,比图像文件小,显示速度快,不失真。其他三个选项的内容是图形和图像的各自特性,都是正确的,记住这些知识点。平时使用的手机、相机等生成的都是图像文件,是位图图像,分辨率和颜色数决定文件的大小和清晰度。

46.【答案】B

【解析】IP 是 TCP/IP 体系的网际层协议,网际层是 TCP/IP 体系的名字,相当于 OSI 体系中的网络层。TCP/IP 协议的分 4 层,自下而上分别是网络接口层、网际层、传输层和应用层。OSI 体系结构有 7 层,自下而上依次是物理层、数据链路层、网络层、传输层、会话层、表示层和应用层。这两种体系结构存在一种对应关系,TCP/IP 协议体系结构是实际的计算机网络构造依据,OSI 体系结构是一种理论的研究标准,出现的比 TCP/IP 体系结构晚。

47.【答案】A

【解析】Internet Explorer 是微软公司的 Web 浏览器。

48.【答案】B

【解析】快速以太网支持 100Base-TX 是一种早期的网络,其中的 100 指的是传输速率为 100Mb/s,注意是"Mb",不是"MB"。平时家用宽带说的 100 兆是"兆比特",不是"兆字节",这是商业网络速度的标识规范。用 360 软件测速时,家用 100 兆(100Mb/s)的网络速度显示大约 16 兆(16MB/s)左右。

49.【答案】C

【解析】常用的域名就是一个字符方式标志的网络网址,它和主机的网络地址直接关联,通过 DNS 域名服务器进行转换。域名具有层次结构,必须是唯一的,不能有重复。如 WWW.SDNU.EDU.CN 表示是中国(CN)教育网(EDU)、山东师范大学(SDNU)的主机(WWW)。注意 WWW 一般在域名中表示主机,但域名中的主机名可以不是 WWW。

50.【答案】D

【解析】传递信息的机密性和加密技术相关,不是由数字签名决定的。数字签名技术是保证信息发送不可抵赖、确认信源及信息完整。

二、多项选择题(本大题共20小题,每小题1分,共20分)

51.【答案】AD

【解析】把四个选项用按权展开式计算(具体规则参见高职高专第 11 版教材第 1 章第 3 节)。

52.【答案】CD

【解析】显示器和绘图仪属于输出设备,鼠标和扫描仪属于输入设备。要熟练掌握计算机的常见输入输出设备,注意区分 A/D 和 D/A 设备。

53.【答案】AD

【解析】Windows 7 控制面板中的"添加或删除程序"功能可以添加新程序,也可以对已经安装的程序进行更改或删除(卸载)。Windows update 是一个单独的选项,对 Windows 系统进行更新,不在"添加或删除程序"中。

54.【答案】AB

【解析】Windows 的文件夹可以显示文件、文件夹及各种设备。操作系统根据文件扩展名建立和应用程序的关联,如 .DOCX 自动关联到 Word。文件夹采用层次化的逻辑结构,但层次的多少和存储空间没有直接关系。删除文件夹将把该文件夹下的所有内容一并删除。

55.【答案】BC

【解析】磁盘碎片是机械磁介质硬盘才会有的,由于频繁增删文件造成的,指的是文件不连续存储,整理碎片可以提高磁盘的读写效率。近两年新兴的 SSD 固态盘是电路控制读写及存储,不会有磁盘碎片的问题产生。

56.【答案】AB

【解析】Word 2010 中,页面设置主要包括文字方向、页边距、纸张方向、纸张大小、分栏、分隔符、行号等设置,如图 1 所示。

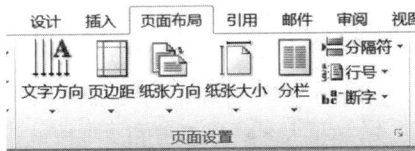

图 1

57.【答案】BD

【解析】Word 2010 中插入表格可以通过"插入"选项卡操作,可以自动插入最多 10 列 8 行的表格,可以指定规模最大的 63 列、32767 行的表格,可以插入电子表格,也可以把符合规范的文本转换成表格。表格中的单元格可以合并和拆分,表格中的数据可以排序,但不能筛选。在"表格工具/设计"选项卡中,可以进行边框及底纹的设计,这个功能不是在"表格工具/布局"选项卡。熟练掌握"表格工具"下"设计"和"布局"两个选项卡的各种操作。

58.【答案】AD

【解析】Word 2010 中选择文本区域的各种操作参见高职高专第 11 版教材 82~83 页的内容。本题中 AD 选项的表述不够规范,严格地说,应该是"在文本行左侧单击鼠标左键可以选择一行文本","在文档左侧文本选定区,三击鼠标左键可以选择整篇文本"。插入点在段落内的时候,双击鼠标选择一个词,三击鼠标选择一段。其他键盘鼠标组合、鼠标独立操作、键盘快捷键等都可以实现各种需求的选择,需要熟练掌握。

59.【答案】AB

【解析】对于已经选定的单元格,Ctrl+C 组合键和开始选项卡的"复制"按钮都可以实现复制,还可以使用右键菜单的选项等。

60.【答案】AC

【解析】通配符"e? c * "表示第 1 个字母为"e"、第 3 个字母为"c"、后续可以有多个其他字符。符合题意的只有 AC。

61.【答案】AB

【解析】本题考核对 Excel 2010 界面功能区的掌握程度。"退出"命令属于"文件"选项卡,"新建批注"功能在"审阅"选项卡中。

62.【答案】AB

【解析】删除单元格命令把单元格和单元格内的所有内容都删除了,格式也就不存在了。Delete 键只是删除单元格中的内容,格式、批注等会保留。清除命令可以选择清除批注、清除内容、清除格式、清除超链接,或选择全部清除(本操作把单元格格式恢复到系统默认状态)。

63.【答案】BD

【解析】PowerPoint 2010 中的动画效果可以预览,一个对象可以设置多个动画效果,动画刷可以方便地复制动画效果。动画文本发送时,可整批发送,也可以按字母发送。

64.【答案】BD

【解析】Access 2010 中字段的数据类型有 12 种选择,分别是文本、备注、数字、日期/时间、货币、自动编号、是否、OLE 对象、超链接、附件、计算和查阅向导。没有逻辑和通用两种类型。本质上讲"是否"就是逻辑型的一种表示,"OLE 对象"可以认为是通用型。本题给出的答案严格按照 Access 2010 中字段可选类型名字,所以 BD 不对。

65.【答案】A

【解析】Access 2010 窗体中控件的常用属性根据控件的不同有所不同。数值型字段控件有"有效性规则"属性,也可以设置"格式"属性,文本字段控件有"默认值"属性。这个题 2017 年真题答案是 AC,正确的答案是 A,索引是数据表字段的属性,不是窗体空间的属性(Tab 键索引除外)。这种题目严格说没有超出大纲要求,但是很少考核。

66.【答案】AC

【解析】画报和电视是具体实物,是媒体的载体,本身不是计算机领域"多媒体"概念中的媒体。多媒体包含的媒体元素包括文字、图形图像、声音、视频等。

67.【答案】AB

【解析】多媒体创作工具是用来方便人使用的,可以简化多媒体创作过程,提高工作效率,不要求创作者必须掌握多媒体程序设计技术,也可以达到和多媒体程序设计一样的效果。

68.【答案】BC

【解析】图片上的超链接位置称为热区或热点,一幅图片可以划分多个区域,链接到不同的目标,也可以整体链接到一个目标。可以在图片中添加文本热点。

69.【答案】BD

【解析】"好"的口令就是不容易被破解的口令,需要有一定的复杂度,最好包括数字、字母、特殊符号等,而且也有一定的长度。

70.【答案】CD

【解析】按照防火墙保护网络使用方法的不同,防火墙可分为应用层防火墙和链路层防火墙和网络层防火墙。防火墙的其他分类规则较为复杂,一般了解即可。

三、判断题(本大题共 20 小题,每小题 0.5 分,共 10 分)

71.【答案】A

【解析】这句话是教材原文内容,在第 1 章第 4 节第 19 页。

72.【答案】B

【解析】汉字在计算机内部表示方式称为机内码。注意西文机内码是 ASCII 码。

73.【答案】B

【解析】计算机的运行速度是个综合指标,和 CPU、主存大小、主存频率、字长、硬盘转速等都有关系。

74.【答案】A

【解析】右键拖拽可以实现快捷方式的创建。

75.【答案】B

【解析】Windows 7 的对话框不能改变大小,没有最大化、最小化操作。

76.【答案】B

【解析】操作系统是系统软件。掌握教材提到的其他系统软件和应用软件。

77.【答案】A

【解析】Word 2010 是文字处理软件,也可以在文稿中插入并编辑图片,还有表格等其他编辑功能。

78.【答案】B

【解析】Word 2010 中"审阅"选项卡下有"字数统计"功能。

79.【答案】B

【解析】在 Word 2010 中把表格转化成文本,具体操作为"表格工具/布局"下的"数据"组里的"转换为文本"命令。

80.【答案】A

【解析】Excel 2010 工作表由行、列组成,行列交叉点的位置称为单元格,是 Excel 2010 工作表最基本的数据单元。

81.【答案】A

【解析】Excel 2010 能进行各种算术运算、比较运算,能够进行文字连接运算,运算符号是 &。各种函数也可以进行文本处理,如 LEFT( )、RIGHT( )、MID( )等。

82.【答案】B

【解析】工作簿包含多个工作表,同一工作簿中的工作表不能同时全部隐藏,可以对工作表进行新建、删除、复制、移动、切换和重命名等操作。

83.【答案】A

【解析】在 PowerPoint 2010 中按功能键 F7 的功能是拼写检查,这是固定功能键,与 Word 2010、Excel 2010 相同。

84.【答案】B

【解析】在 PowerPoint 2010 中,无法在一屏内同时观看多张幻灯片的播放效果。打印预览是打印前的效果,不是播放时的动态效果。幻灯片浏览视图展示的多张幻灯片的缩略图,也不是播放效果。

85.【答案】B

【解析】Access 2010 的数据库类型是关系数据库。

86.【答案】A

【解析】在 Access 2010 中,同一表中的 2 个及以上字段不允许同名,这是关系的基本性质。

87.【答案】A

【解析】Internet 采用的是 TCP/IP 体系结构,TCP/IP 是互联网的基石。

88.【答案】B

【解析】子网是一种逻辑划分;局域网是一种物理划分,根据网络覆盖范围划分的。

89.【答案】B

【解析】信息高速公路的英文简称是 NII,也称为国家信息基础设施,指进行高速信息传输的通信基础设施。

90.【答案】B

【解析】网页背景颜色是在网页最底层的,不会覆盖背景图片。

四、填空题(本大题共 20 小题,每小题 1 分,共 20 分)

91.【答案】空演示文稿

【解析】PowerPoint 2010 启动后,自动新建一个空的演示文稿,命名为"演示文稿1"。注意掌握 Word 2010 和 Excel 2010 启动时自动新建的文档名称。

92.【答案】备注页视图

【解析】PowerPoint 2010 中有普通视图、幻灯片浏览视图、幻灯片放映视图、备注页视图和阅读视图,还有幻灯片母版视图。

93.【答案】备注型

【解析】备注型一般是较多的文本内容,不适合建立索引。

94.【答案】删除

【解析】。Access 2010 中的操作查询分为更新查询、生成表查询、追加查询和删除查询。更新查询用于更改表中的字段值;生成表查询是把查询的结果存储到一个新的表里;追加查询是在表的尾部添加新的记录;删除查询是删除表中符合条件的记录。

95.【答案】Web 版式

【解析】在 Word 2010 中,Web 版式视图以网页的形式来显示文档中的内容,这种视图模式窗口只能显示水平标尺,不能显示垂直标尺。

96.【答案】最大化与向下还原

【解析】在 Word 2010 中,双击标题栏可以使窗口在"最大化"与"向下还原"之间进行切换。2017 年真题的答案是"最大化与非最大化",欠妥当。

97.【答案】引用无效

【解析】Excel 2010 中单元格中出现了"#REF!"标记说明单元格计算时有引用错误。

98.【答案】给定条件

【解析】COUNTIF( ) 为统计区域中满足条件单元格个数的函数,注意和 COUNT(统计单元格区域内含有数字的单元格个数)的作用区分。

99.【答案】100111011

【解析】按每位 8 进制数转换成等值的 3 位二进制规则进行,最后去掉整数部分最左侧的 0 和小数部分最后的 0。4 转换成 100,7 转换成 111,3 转换成 011,结果是 100111011。

100.【答案】RAM

【解析】RAM 中的数据断电全部丢失,不可恢复。ROM 中的信息断电不丢失。

101.【答案】MHz

【解析】主频是指计算机时钟信号的频率,以赫兹/Hz 为基本单位,更大的单位是兆赫兹/MHz 或吉兹/GHz。本题给出的答案是兆赫兹/MHz,实际目前的计算机一般以吉兹/GHz 为主频度量单位。

102.【答案】1

【解析】ASCII 码在计算机内部表示一个符号要占用 1 个字节。

103.【答案】关闭窗口

【解析】Windows 系统中,组合键 Alt+F4 的通用功能是关闭窗口。在所有窗口都关闭的状态下,按 Alt+F4 组合键可以关机。

104.【答案】对话框

【解析】Windows 菜单中有些命令后带有省略号(…)的选项点击后会弹出一个对话框。

105.【答案】教育

【解析】域名系统中 EDU 表示教育机构,大小写均可;GOV 表示政府部门,COM 表示商业机构。掌握其他一些国家或地区的重要域名,如我国的国家顶级域名是 CN。

106.【答案】IP 地址

【解析】在 Internet 上主机分配的唯一的 32 位地址称为 IP 地址或网际地址。

107.【答案】有穷性

【解析】计算机的算法具有可行性、有穷性、确定性和输入、输出,共 5 个特性。

108.【答案】主页

【解析】一个网站的首页又称为主页。注意主页不一定是信息量最大的网页,是一个网站的入口,可以信息量最大,也可以不是最大,如百度的主页。

109.【答案】虚拟现实

【解析】Virtual Reality 的虚拟现实,这是 2021 年大纲的新一代信息技术考点,在 2017 年到 2020 年之间都有相关题目考核。注意掌握大数据、云计算、区块链、人工智能等术语。

110.【答案】.WAV

【解析】波形音频文件是真实声音数字化之后形成的文件,扩展名为 .WAV,也是 Windows XP 系统中录音机文件的默认扩展名。Windows 7 系统中录音机文件的默认扩展名是 .WMA,Windows 7 系统中支持多种音频格式文件,包括 .WAV、WMA、MP3 等。

山东省 2016 年普通高等教育专升本统一考试
计算机试题参考答案

一、单项选择题(本大题共 50 小题,每小题 1 分,共 50 分)

1.【答案】C

【解析】第一台电子计算机是 1946 年在美国诞生的,中文译名为埃尼阿克,英文简称为 ENIAC,注意是大写。ENIAC 采用十进制模式,没有存储器,开辟了信息时代,把人类社会推向了第三次产业革命新纪元。注意当时没有"计算机文化"的概念。

2.【答案】B

【解析】程序存储和程序控制是冯·诺依曼原理的主要思想。计算机领域有个著名的奖项是"图灵奖",但图灵和冯·诺依曼都不是"计算机之父",被称为"计算机之父"的是巴贝奇,他提出了通用数字计算机的设计思想。

3.【答案】B

【解析】十六进制 6A 用按权展开式计算,对应的十进制数值为 106。给定的数是 152,二进制数里没有 2、5,四进制数里没有 5,这四个选项就只有 B 合适了,八进制的 152 转换成十进制数是 106,可以验证。

4.【答案】D

【解析】掌握基本的数据存储单位转换规则。1B 为 8 个比特,也就是 8 个二进制位。1KB = 1024B,1MB = 1024KB,1GB = 1024MB,1TB = 1024GB,1PB = 1024TB。

5.【答案】D

【解析】内存、CPU 都不属于外部设备。一般运算器、控制器和内存储器合称为主机(从功能角度的表达,不是普通台式机的主机箱),运算器、控制器和内存储器都属于内部设备。

6.【答案】B

【解析】C 语言是高级语言,常见的高级语言还有 C++、JAVA、C#等。汇编语言和机器语言都是低级语言,是面向机器的,可移植性差。所有计算机语言中,机器语言执行效率最高,可以被机器直接识别。

7.【答案】A

【解析】Windows 7 中,具有只读属性的文件不能被修改保存。用户可以更改的文件属性有只读、隐藏和存档(档案)属性。PowerPoint 2010 中把演示文稿标记为最终状态后,文件自动具有了只读属性。

8.【答案】B

【解析】在 Windows 7 的资源管理器窗口中选定的文件,要取消选定状态,可以按住 Ctrl 键,再用鼠标左键依次单击各个要取消选定的文件即可。

9.【答案】C

【解析】Windows 7 中,各个输入法之间切换默认情况下应按 Ctrl+Shift 组合键。用户可以修改这个功能键。

10.【答案】B

【解析】Windows 7 中,PrintScreen 键的作用是把整个计算机屏幕的画面复制到剪贴板上。如果按下 Alt+PrintScreen 组合键,则只取活动窗口。如果当前屏幕显示的是桌面,则这两个按键的作用相同,都是取全屏。

11.【答案】B

【解析】Windows 7中,鼠标右键单击桌面空白处,弹出的快捷菜单中没有"调整日期/时间"命令,"调整日期/时间"不是桌面的属性。右键菜单中含有的操作选项是对右键单击对象允许进行的操作。

12.【答案】C

【解析】Windows 7中的附件有计算器、记事本、写字板、画图、录音机等,网上邻居不在附件中。

13.【答案】B

【解析】Windows 7自带的网络浏览器是Internet Explorer,简写为IE,一般是大写。Firefox是一种第三方的浏览器,CuteFTP是一种FTP工具,Netscape是网景公司的浏览器,目前使用较少。

14.【答案】C

【解析】Word 2010是多文档软件,可以同时打开多个文档,互不影响。当前已打开一个文件,可以直接打开另一个文件或更多文件。

15.【答案】C

【解析】Word 2010功能区"视图"中的"窗口"组有一个"拆分"功能,可以把当前文档窗口拆分成上下两部分,这两部分同时显示同一个文档。注意窗口拆分不是分成两个窗口。

16.【答案】C

【解析】Word 2010中,文本被剪切或复制后都临时存放在剪贴板中。

17.【答案】A

【解析】Word 2010中,要使文档各段落的第一行左边空出两个字符位,是通过段落格式的"首行缩进"功能实现。左缩进和右缩进是段落的整体缩进。悬挂缩进是段落其他行相对于首行往右缩进,首行字符在左侧突出。

18.【答案】D

【解析】Word 2010格式刷既可以复制字体格式,也可以复制段落格式。PowerPoint 2010的动画刷复制对象的动画格式,使用方式和格式刷相同,有单击和双击之分。

19.【答案】A

【解析】在Word 2010中,当鼠标指针在表格线上变为双箭头形状(实心箭头)时拖动鼠标,可以改变表格的行高与列宽,也可以通过"表格属性"对话框进行精确设置。

20.【答案】D

【解析】页面设置有文字方向、纸张方向、页边距、纸张大小、分栏等各种操作,它们都会对文档内容的位置产生影响。一般是先进行页面设置,然后再对页面中的文本、图像、表格等对象进行排版。

21.【答案】C

【解析】Excel 2010新建工作簿中默认的工作表个数为3,用户可以更改这个默认值,范围是1~255。工作簿中至少含有1个可见的工作表,工作簿中可以含有的最多工作表数没有限制。工作簿含有多个工作表时,可以隐藏部分工作表,但不能够全部隐藏,至少有1个可见的。

22.【答案】C

【解析】在Excel 2010单元格中,输入分数的规则是先输入0、空格,然后再输入分数,回车后默认右对齐。另外一种方式是先设置单元格的格式为"分数",然后直接输入分数即可。若单元格中原来就是分数,删除内容后可以直接输入分数,系统仍然识别为分数。

23. 【答案】C

【解析】"八月"是系统内置的序列中的,系统会根据拖动的方向进行增减填充。一般向下、向右拖动是增,向上、向左拖动是减。

24. 【答案】C

【解析】Excel 2010中文本连接运算符是 &。

25. 【答案】C

【解析】Excel 2010中单元格显示一个或多个"####"的原因是单元格所含的数字、日期或时间比单元格宽或者单元格的日期时间公式产生了一个负值。

26. 【答案】A

【解析】在 Excel 2010 中工作表中输入数据时,Alt+Enter 组合键可以实现在单元格内换行。

27. 【答案】D

【解析】Excel 2010中根据数据表制作的图表生成后或在生成时,可以进行各种属性设置,包括图表的标题、坐标轴信息、网格线、数据系列、图表类型等。

28. 【答案】C

【解析】PowerPoint 2010 有普通视图、幻灯片放映视图、幻灯片浏览视图、备注页视图、阅读视图、母版视图。注意 PowerPoint 2010 没有页面视图,也没有大纲视图(PowerPoint 2016 中有大纲视图)。幻灯片浏览视图方式下展现的是幻灯片的缩略图,不能对幻灯片的内容进行编辑,但可以设置幻灯片的切换效果,可以方便地增减、删除、复制、移动幻灯片。注意掌握各种视图的特性,这是经常性考点。

29. 【答案】A

【解析】PowerPoint 2010 幻灯片中,可以直接插入音频、视频、动画等多媒体素材,但 Flash 动画不能直接插入。

30. 【答案】D

【解析】幻灯片浏览是一种动态效果,只有在演示文稿播放时体现,不能打印出来。演示文稿打印时可以选择直接打印幻灯片、备注页或讲义形式。

31. 【答案】B

【解析】PowerPoint 2010 是一个演示文稿制作工具软件,文字处理、图形处理、表格处理不是其主要目标功能,演示文稿中可以进行文字、图形和表格的处理,是为了生动的展示幻灯片。

32. 【答案】B

【解析】在 PowerPoint 2010 中添加新幻灯片的组合键 Ctrl+M,注意 Ctrl+Shift+M 组合键也可以。

33. 【答案】A

【解析】PowerPoint 2010 有普通视图、幻灯片放映视图、幻灯片浏览视图、备注页视图、阅读视图、母版视图,其中普通视图、幻灯片浏览视图和幻灯片放映视图为 3 种基本视图。幻灯片视图是个统称,不是一种具体的视图方式。注意 PowerPoint 2010 没有页面视图,也没有大纲视图。

34. 【答案】C

【解析】PowerPoint 2010 放映文件的扩展名为 . PPSX,这种格式的文件可以直接用播放器播放。. PPTX 文件可以另存为 . PPSX 格式文件。

35. 【答案】D

【解析】一般数据库类型有层次、网状和关系三种,最常见的数据库类型是关系数据库。

36.【答案】B

【解析】DBA 是指数据库管理员,DBMS 是数据库管理系统,DB 是数据库。考生要熟记这些术语中英文对照关系。

37.【答案】A

【解析】数据库系统包含了数据库和数据库管理系统。一般认为数据库系统有四个组成部分,分别是硬件系统、软件系统、数据库应用系统和各类人员,其中的系统软件包括操作系统、数据库管理系统等。

38.【答案】C

【解析】目前使用广泛的数据库查询语言是 SQL 语言。其他三个选项都是程序设计语言,不是数据库查询语言。

39.【答案】A

【解析】筛选是从数据表中过滤出符合条件的记录,投影是对字段的选取。

40.【答案】D

【解析】Access 2010 中,字段的有效性规则主要用于限定数据的取值范围。这里"有效"的含义是取值范围正确,例如职工的年龄合法范围在 16~60 岁之间,有效性规则可以限定这个取值范围。但是如果把一个员工的年龄由 38 岁错误地输入为 48 岁,这个数据则是有效的,但不是正确的,有效性规则发现不了这种错误。

41.【答案】C

【解析】Access 2010 中,用来定义数据打印效果的是报表,报表的结果一般打印到纸上或显示在屏幕上。

42.【答案】B

【解析】多媒体的特点主要有四个,分别是多样性、集成性、交互性和实时性。

43.【答案】D

【解析】.WMV 是视频文件,是 Windows Media Video 的缩写。

44.【答案】A

【解析】匿名 FTP 服务,用户登录时常常使用 anonymous 作为用户名。为了安全,一般情况下 FTP 服务器会关闭这个账号。

45.【答案】D

【解析】利用电话线上网,计算机必须通过 Modem(即调制解调器,也称为"猫")连接网络,这个设备负责进行数字信号和模拟信号的转换。

46.【答案】B

【解析】"电子邮件到达"指的是电子邮件通过网络传输到达接收者的邮件服务器,并存储在该服务器上,等待邮件接收者开机登录时接收。收件人不开机登录,该邮件将一直存储在收件者的邮件服务器上。

47.【答案】A

【解析】TCP 是传输控制协议的缩写,IP 是网际协议的缩写。

48.【答案】D

【解析】网址中的 HTTP 指的是超文本传输协议。FTP 指的是文件传输协议。TCP/IP 指的是传输控制/网际协议。

49.【答案】D

【解析】互联网通常使用的网络通信协议是 TCP/IP,TCP/IP 是互联网的基石。

50.【答案】B

【解析】电子邮件地址的正确格式是:用户名@邮件服务器地址。

二、多项选择题(本大题共 20 小题,每小题 1 分,共 20 分)

51.【答案】AB

【解析】ROM 是只读存储器,其中的信息可以反复多次读出。硬盘属于外存储器。CPU 不能直接与外存储器交互,必须通过内存。RAM 中的信息断电丢失不可恢复。注意高速缓存和寄存器中的信息都是断电丢失不可恢复的。

52.【答案】BC

【解析】Windows 和 Unix 是操作系统。

53.【答案】BD

【解析】Windows 中同一文件夹位置不允许文件和文件夹重名,文件名允许有汉字,文件和文件夹可以没有扩展名,也可以有扩展名。通配符用于表示一类文件,但是不能用于具体的文件命名。

54.【答案】AB

【解析】在 Windows 7 中,可以用 Alt+F4 组合键关闭窗口,也可以点击窗口右上角的"关闭"按钮。

55.【答案】AC

【解析】快捷方式是 Windows 提供的一种快速启动程序、打开文件或文件夹的方法,它是应用程序的快速连接,快捷方式的扩展名为 .LNK。一个对象可以建立多个快捷方式,快捷方式本身也是一个对象,可以再为它建立快捷方式。一个快捷方式只能对应一个特定对象。快捷方式文件一般放置在本机,可以在桌面或某个磁盘文件夹中。删除快捷方式时,其指向的对象不会删除。

56.【答案】AD

【解析】Word 2010 中表格的数据可以排序,不能筛选。表格中可以插入图形等对象,也可以嵌套表格。

57.【答案】AC

【解析】在 Word 2010 中,选定整篇文档的方法很多,可以直接按组合键 Ctrl+A;可以将鼠标移动到文本选定区,按住 Ctrl 单击鼠标左键;可以在文本选定区三击鼠标;可以用"开始"选项卡中"编辑"组中的"选择"命令。"视图"选项卡中没有"全选"命令;鼠标在文档编辑区中三击是选择当前段落。

58.【答案】CD

【解析】在 Word 2010 中,查找与替换范围可以是全部,可以是向上或向下;查找与替换时可以区分全角/半角,可以区分大小写字母,可以对段落标记、分页符等格式符号进行查找与替换。可以通过替换实现删除操作。

59.【答案】BD

【解析】Word 2010 中,页眉、页脚可以是文字或图片等,可以设置各种格式,可以奇偶页不同。页眉、页脚分别位于页的上面和下面,不能同时编辑。

60.【答案】BD

【解析】Excel 2010 工作簿含有的最多工作表数没有限制,可以跨工作簿对工作表进行复制和移动。工作表的复制和移动是完全复制和移动,包括数据和排版格式。工作表不能独立存在,必须存在于工作簿中。

61. 【答案】BD

【解析】Excel 2010 中单元格区域的表示规则是使用矩形区域的对角单元格地址,中间用":"连接,如 A1:B3 表示 A1、A2、A3、B1、B2、B3 六个单元格组成的区域。","表示两个单元格区域的并集。

62. 【答案】AB

【解析】Excel 2010 中,要选定单元格区域可以利用鼠标拖动,或 Shift 键、Ctrl 键和鼠标操作组合。单元格区域选择操作没有右键拖动的方式。按下 Ctrl 键不能同时向两个方向拖动。

63. 【答案】AD

【解析】B 选项的错误在于两个单元格中间有两个运算符号,C 选项的错误在于中间的工作表不能用双引号界定。

64. 【答案】AD

【解析】在 PowerPoint 2010 中,控制幻灯片外观可以使用设计模板或母版。字体和文本颜色不是幻灯片外观,是幻灯片中具体对象的格式。

65. 【答案】BC

【解析】Access 2010 中的操作查询分为更新查询、生成表查询、追加查询和删除查询。更新查询用于更改表中的字段值;生成表查询是把查询的结果存储到一个新的表里;追加查询是在表的尾部添加新的记录;删除查询是删除表中符合条件的记录。

66. 【答案】CD

【解析】. JPEG 是图像文件格式,. MAX 是 3D max 文件格式。. AVI、WMV 都是视频文件。

67. 【答案】AD

【解析】色彩的三要素分别是色相(色调)、饱和度(纯度)和明度。

68. 【答案】BD

【解析】. HTML 和 . HTM 是网页文件格式。

69. 【答案】AB

【解析】IPv4 由 32 位二进制数组成,为方便使用,每 8 位二进制一组用三个点隔开,形成四个地址段。进一步把每个段的 8 位二进制数转换成十进制数,范围在 0~255 之间。以上选项中 C 选项的第一个数字超过了 255,D 选项中有五个数字,都不符合 IPv4 地址的规范。

70. 【答案】AB

【解析】SMTP 是简单邮件传输协议,用于邮件发送;POP 是邮局协议,用于接收邮件。HTTP 是超文本传输协议;FTP 是文件传输协议。

三、判断题(本大题共 20 小题,每小题 0.5 分,共 10 分)

71. 【答案】B

【解析】世界上第一台计算机的电子元器件是真空管,也称为电子管。

72. 【答案】B

【解析】所有的十进制整数可以准确地转换为二进制整数。十进制小数不一定能够完全精确地转换成二进制小数。有的小数按照转换规则不断乘以 2、取小数部分再乘以 2,如此往复后得不到最终小数部分为 0 的情况,只能按要求的精确位数截止运算,这种情况转换出的二进制小数和十进制小数不是完全相等的。

73.【答案】A

【解析】一个字节,也就是 Byte,有 8 个比特,比特就是二进制位。

74.【答案】B

【解析】Windows 7 中,按住 Shift 键删除的文件和文件夹不放入回收站,是直接彻底删除。

75.【答案】A

【解析】Windows 7 的任务栏可以被拖动到桌面的四个边界,大小可以调整,但是不能超过屏幕尺寸的一半,可以设置为自动隐藏,可以设置其图标的大小。注意任务栏锁定时这些操作不能进行。

76.【答案】A

【解析】Windows 7 中打开的多个窗口同时只能有一个处于活动状态,称为当前窗口/活动窗口。

77.【答案】B

【解析】Word 2010 中,选定表格后按 Delete 键,表格内容被删除;若按 Backspace 键则表格被删除。

78.【答案】A

【解析】分栏操作的功能区选项在"页面布局"选项卡中的"页面设置"组中,注意不同的纸张类型、纸张方向允许进行的最大分栏数不同。栏宽可以由用户根据纸张情况设置。

79.【答案】B

【解析】Word 2010 中设置打印范围时,页码之间的"-"号表示左右页码连续,","号表示独立页。注意都是英文半角符号。1-3,5-7,20 表示要打印 1、2、3、5、6、7、20 页。要打印第 1,3,5,6,7 页和 20 页,正确的设置方式有多种,比如"1,3,5,6,7,20""1,3,5-7,20"。

80.【答案】B

【解析】Excel 2010 中当前单元格的地址显示在名称框中。

81.【答案】B

【解析】Excel 2010 中,筛选后的表格只含有满足条件的行,其他行被隐藏,不是删除。

82.【答案】A

【解析】Excel 2010 中,对于已经建立的图表,如果源工作表中的数据发生变化,图表将相应更新,但反之不行。

83.【答案】B

【解析】Word 2010 不能制作幻灯片。

84.【答案】A

【解析】PowerPoint 2010 中的母版分为 3 类,分别是幻灯片母版、讲义母版和备注母版。

85.【答案】A

【解析】Access 2010 可以直接操作 Excel 2010 工作表中的数据,Word 2010 中也可以嵌入电子表格并直接操作。

86.【答案】B

【解析】Access 2010 中的查询与数据表之间区别较大,表中实际存储数据,而查询是虚表,是一个过滤条件,并不实际存储数据。

87.【答案】A

【解析】矢量图形是程序控制生成,可以任意缩放而不变形。图像是位图,清晰度和分辨率有关,放大后的图像会失真。

88.【答案】B

【解析】路由器的英文简称为 ROUTER,HUB 是集线器的简称。

89.【答案】A

【解析】计算机病毒的主要传播途径是网络和优盘,这是目前病毒传播的重要,也是主要途径。

90.【答案】B

【解析】主页是访问网站的第一个页面,但不一定是信息量最大的网页。

四、填空题(本大题共 20 小题,每小题 1 分,共 20 分)

91.【答案】动作

【解析】幻灯片中播放跳转的常见方式是通过动作按钮和超链接。

92.【答案】. POTX

【解析】PowerPoint 2010 模板文件的扩展名为 . POTX。

93.【答案】乐器数字接口

【解析】英文简写为 MIDI,中文含义是乐器数字接口,是一种电子乐器之间以及电子乐器与电脑之间的统一交流协议。MIDI 文件体积较小,但不支持真人原唱或者人声。

94.【答案】运动图像专家组

【解析】MPEG 的中文意思是运动图像专家组。

95.【答案】. ACCDB

【解析】Access 2010 的数据库文件默认扩展名为 . ACCDB。

96.【答案】OLE

【解析】Access 2010 的字段数据类型中,OLE 字段可以存储图片、声音和影像。

97.【答案】BODY

【解析】HTML 语法规范中定义网页主体的标记符是<BODY> </BODY>,大小写均可。

98.【答案】网络配置

【解析】IPConfig 命令用于检查当前电脑的网络配置信息。注意 PING 命令用于检查当前电脑的网络连接信息。

99.【答案】物理隔离

【解析】国务院办公厅明确把信息网络分为内网(涉密网)、外网(非涉密例)和因特网三类,而且明确提出内网和外网要物理隔离。

100.【答案】A

【解析】网络内主机数量最多的 IP 地址为 A 类地址,A 类网络规模最大。主机数量最少的是 C 类网络,每个 C 类网络中最多有 254 台主机。

101.【答案】ASCII

【解析】英文字符编码形式采用 ASCII 码。

102.【答案】算术运算

【解析】计算机的运算器主要是进行算术运算和逻辑运算。

103.【答案】地址

【解析】内存单元的编号称为地址,按字节编址。

104.【答案】编译

【解析】高级语言编写的程序翻译成机器语言程序,有编译和解释两种形式。

105.【答案】运算速度

【解析】MIPS 是每秒钟执行的百万条指令数,是来衡量计算机性能的度量单位,用来描述计算机的运算速度。

106.【答案】处理机管理

【解析】操作系统的主要功能包括处理机管理、存储管理、设备管理、文件管理、作业管理,还能提供用户接口,也称为人机接口。

107.【答案】. DOCX

【解析】Word 2010 文档默认的扩展名为 . DOCX ,大小写均可。

108.【答案】Enter/回车

【解析】注意是在表格行外侧的段落标记处按回车键,不是单元格里面。

109.【答案】= A4+ $ B $ 3

【解析】D5 单元格中有公式" = A5+ $ B $ 4",删除第 3 行后,电子表格从第 4 行往前依次递补。D5 单元格也就成了 D4 单元格,里面的公式和列相关的信息不变,和行相关的都要减1,无论相对还是绝对。

110.【答案】排序

【解析】Excel 2010 中进行分类汇总前必须按照分类关键字排序。

山东省 2015 年普通高等教育专升本统一考试
计算机试题参考答案

一、单项选择题(本大题共50小题,每小题1分,共50分)

1.【答案】B

【解析】信息技术是指人们获取、存储、传递、处理、开发和利用信息资源的相关技术。注意记住这个基本概念,同时掌握和信息技术相关的其他技术。信息技术能够扩展人类信息功能。信息技术和计算机技术、通信技术、传感技术、网络技术密切相关但有区别,计算机在现代信息处理技术中起到了关键作用。

2.【答案】C

【解析】字长表示 CPU 处理数据的能力。CPU 一次存取、加工和传送的数据称为字,该字的二进制位数称为字长。字长是衡量计算机性能的重要指标:字长越长,速度越快,精度越高。常见的 CPU 字长有 32 位、64 位,早期的电脑有 8 位、16 位模式。类似于马路,车道越多,通过能力越强。这是经常性考点。

3.【答案】A

【解析】国标码 GB2312-80 是我们国家制定的汉字交换码标准。

4.【答案】C

【解析】输出汉字字形的清晰度与汉字点阵的规模有关。点阵是像素构成,点阵数越大,清晰度相对越高,同时占用的磁盘存储量也越大。一个 24×24 点阵的汉字要占用 24×24/8＝72 字节的存储空间。注意这是点阵字形码的存储空间,和一个汉字占 2 个字节的机内码不同。

5.【答案】B

【解析】冯·诺依曼计算机工作原理的核心是存储程序和程序控制。

6.【答案】D

【解析】机器语言中的每个指令都是二进制形式的指令代码。计算机只能直接识别二进制,机器语言是二进制代码语言。

7.【答案】A

【解析】程序是一组排列有序的计算机指令的集合。将程序输入到计算机并存储在外部存储器中,控制器将程序读入内存储器并运行程序,控制其按照顺序取出存放在内存中的指令,然后分析指令、执行指令。

8.【答案】D

【解析】计算机软件通常分为系统软件和应用软件两大类。

9.【答案】C

【解析】高级语言编写的程序翻译成机器语言程序,有编译和解释两种形式。用高级语言编写的程序称为高级语言源程序,计算机也不能直接执行,需要编译程序或解释程序处理后执行。编译程序是将用高级程序设计语言书写的源程序,翻译成等价的机器语言表示的目标程序的翻译程序;解释程序是将高级语言书写的源程序作为输入,解释一句后就提交计算机执行一句,并不形成目标程序。

10.【答案】A

【解析】算法可以看作由有限个步骤组成、用来解决问题的具体过程描述,实质上反映的是解决问题的思路。算法具有有穷性、可行性、确定性、输入和输出等重要特征。详细解释如下:算法(Algorithm)是指解题方案的准确而完整的描述,是一系列解决问题的清晰指令,算法代表着用系统的方法描述解决

问题的策略机制。也就是说能够对一定规范的输入,在有限时间内获得所要求的输出。一个算法应该具有以下五个重要的特征:

有穷性:是指算法必须能在执行有限个步骤之后终止;

确定性:算法的每一步骤必须有确切的定义,不能有二义性;

输入项:一个算法有 0 个或多个输入,以刻画运算对象的初始情况,所谓 0 个输入是指算法本身定出了初始条件;

输出项:一个算法有一个或多个输出,以反映对输入数据加工后的结果,没有输出的算法是毫无意义的;

可行性:算法中执行的任何计算步骤都是可以被分解为基本的可执行的操作步,即每个计算步都可以在有限时间内完成(也称为有效性)。

11.【答案】A

【解析】计算机内部信息处理采用二进制,输入设备一定是把各种原始信息转化为二进制才能被计算机接受处理。

12.【答案】B

【解析】CPU 和其他部件之间的联系是通过系统总线实现的。总线(Bus)是计算机各种功能部件之间传送信息的公共通信干线,按照计算机所传输的信息种类,计算机的总线可以划分为数据总线、地址总线和控制总线,分别用来传输数据、数据地址和控制信号。

13.【答案】D

【解析】快捷方式是一个文件,可以放置在本计算机的任何文件或文件夹位置。快捷方式主要是为了方便,如果放置网络计算机上是没有实际意义的,达不到使用时的快捷方便。ABC 都不正确,D 选项稍有争议,"本计算机的任何位置"表述不太合适。

14.【答案】D

【解析】Windows 7 中,放入回收站中的内容可以恢复到原处,也可以彻底删除,回收站是硬盘的空间的一部分。

15.【答案】D

【解析】关于 Windows 7 是多用户还是单用户的问题(肯定是多任务),存在争议。山东教育厅指定的计算机专升本高职高专教材第十版认为是单用户,第十一版认为是多用户(这两版教材都是考试参考教材)。非高职高专版教材第十版和第十一版都认为是单用户。由于 Windows 7 是个人计算机操作系统(面向 PC 机的操作系统应该是单用户,这是高职高专的两版教材共同的观点),所以应该认为是单用户更合适。Windows 系列的 Server 版可以认为是多用户。2019 年的考试中填空题第 98 题,答案认为是多用户多任务,有待商榷,也与出题老师的观点有关,如前所述,本身教育厅指定的两版参考教材就自相矛盾。特别注意用户和账户是不同的概念。实际考试中遇到此题,建议考生按 2019 年第 98 题的答案作答,即认为 Windows 7 是多用户多任务操作系统。

16.【答案】D

【解析】在 Windows 7 的应用程序窗口中,选中末尾带有省略号的选项,系统将弹出一个对话框。

17.【答案】A

【解析】Windows 7 的系统工具中,磁盘碎片整理程序的功能通过把离散存储的文件整理为连续存储的方式,提高文件的读写效率,从而提高系统的运行速度。磁盘碎片的含义是磁盘空闲空间分散且都比较小,以至于一般的文件在一个空闲位置存不下,必须把一个文件拆成多个部分、存储在不同的地方,因此磁盘碎片也称为文件碎片。磁盘碎片整理并不能增加磁盘的可用空间,只是把不连续存储的文件尽力变成连续存储的方式,提高磁盘的读写速度。

18.【答案】B

【解析】格式刷是可用于快速复制对象格式的工具,可将字符和段落的格式复制到其他文本上。Word 2010 中编辑文本时可以使用格式刷复制文本的格式。单击格式刷可以复制粘贴一次格式,双击格式化可以多次重复粘贴同一格式,使用完毕再次单击格式刷,或按 Esc 键取消这种模式。

19.【答案】A

【解析】Word 2010 文档的默认扩展名是 . DOCX。

20.【答案】C

【解析】Word 2010 中页眉和页脚只能在页面视图中看到。注意掌握 Word 2010 的各种视图特点,这是常考点。

21.【答案】A

【解析】在 Word 2010 文档中,插入屏幕截图、剪贴画、图片、数学公式和表格默认插入是嵌入式/嵌入型;艺术字、自绘图和绘制文本框默认是浮动式/非嵌入式。

22.【答案】C

【解析】在 Word 2010 中,段落标记总是在段落的结尾处,段落标记中包含段落的格式信息。

23.【答案】B

【解析】在 Word 2010 中,调节行间距应该选择"开始"选项卡中"段落"组里的"行和段落间距"命令。

24.【答案】A

【解析】在 Word 2010 中关闭文档时,文档从屏幕消失,同时也从内存中清除。文档运行时必须从外存调入到内存,关闭后可保存到外存中。

25.【答案】B

【解析】在 Word 2010 中,选定整个表格后按 Delete 键删除的是表格中的内容,按退格键/Backspace 键可直接删除表格。

26.【答案】A

【解析】Excel 2010 中,在数据类型为"常规"的单元格中输入字符型数字需要以英文单引号开头。

27.【答案】D

【解析】Excel 2010 中,运算符 & 表示字符型数据的连接。

28.【答案】B

【解析】Excel 2010 的工作簿是以文件形式存在磁盘上的,文件扩展名默认为 . XLSX。工作表是工作簿的组成部分,不能以独立的文件形式存盘。工作簿中至少含有 1 个可见的工作表,新建工作簿初始含有的工作表数范围是 1~255,系统默认是 3 个,工作簿中可以含有的最多工作表数没有限制。

29.【答案】A

【解析】在 Excel 2010 中,如果单元格内容以" ="开始,认为输入是公式。

30.【答案】C

【解析】Excel 2010 中单元格显示"####"的原因是单元格所含的数字、日期或时间比单元格宽或者单元格的日期时间公式产生了一个负值。

31.【答案】B

【解析】在 Excel 2010 中图表生成后,如果改变生成图表的数据,则图表中和数据相关的部分会跟着变化,反之不行。

32.【答案】B

【解析】PowerPoint 2010 的模板文件格式为 .POTX。

33.【答案】D

【解析】PowerPoint 2010 的幻灯片在放映时能够自动播放,实际是一种定时自动换片效果。可以人为设置幻灯片的定时换片时间,也可以通过排练计时确定合适的换片时间,后者更为灵活好用。

34.【答案】D

【解析】PowerPoint 2010 中,通过"设计"选项卡中的功能可设置演示文稿的背景、主题和颜色。

35.【答案】A

【解析】Access 2010 是单文档软件,在任何时刻都只能同时打开 1 个数据库。

36.【答案】D

【解析】Access 2010 中数据表是数据库的最基本对象,是创建其他数据库对象的基础。查询是虚表,不实际存储数据。记录和字段是数据表的组成部分,不是数据库的组成部分。

37.【答案】B

【解析】从逻辑功能上看,可以把计算机网络分为通信子网和资源子网。这是一个常考点,可以是判断题、选择题或填空题。

38.【答案】B

【解析】计算机网络资源共享主要是指软件资源、硬件资源和数据资源共享。计算机网络的目的是资源共享、协同工作和信息交换。

39.【答案】C

【解析】电脑需要通过网卡连接网络,网卡分为有线网卡和无线网卡。网卡也称为网络适配器,简称 NIC。

40.【答案】D

【解析】在 Internet 上为每个计算机指定的唯一的 32 个二进制位的地址称为 IP 地址,也称为网际地址。

41.【答案】C

【解析】Internet 在 IP 地址的基础上提供了一种面向用户的字符型主机地址命名机制,称为域名。域名方便人记忆使用,域名到 IP 地址的映射转换由域名服务器实现。注意掌握关于域名的相关考点。

42.【答案】D

【解析】连在互联网上的不同的 Web 服务器之间没有物理距离限制。

43.【答案】B

【解析】为网络提供共享资源并对这些资源进行管理的计算机称为服务器,请求使用资源的计算机称为工作站。

44.【答案】D

【解析】邮件地址包括用户名和邮件服务器地址,中间用 @ 符号连接,如 liming2021@ sndu. edu. cn。

45.【答案】B

【解析】Dreamweaver CS5 的主要功能是制作网页和管理站点。注意 2021 年新大纲取消了对 Dreamweaver CS5 的具体操作考核要求。

46.【答案】A

【解析】发布网站就是将网站内容上传到 Web 服务器上,需要事先申请好域名,这样访问者就可以通过浏览器输入域名,对网站进行访问了。

47.【答案】B

【解析】计算机病毒是人为编制的一段特制程序,可以自我复制传播,给计算机运行造成破坏。网络和U 盘是计算机病毒传播的主要渠道。

48.【答案】C

【解析】计算机病毒重要的传播途径是计算机网络。

49.【答案】D

【解析】计算机病毒清除是指从内存、磁盘的文件中清除掉病毒。

50.【答案】B

【解析】计算机网络道德是用来约束网络从业人员的言行、指导他们的思想的一整套道德规范。

二、多项选择题(本大题共 20 小题,每小题 1 分,共 20 分)

51.【答案】AC

【解析】计算机发展的四大方向是巨型化、微型化、网络化和智能化。巨型化:不是从计算机的体积上考量的,主要是指研制速度更快、存储量更大和功能更强的巨型计算机,用于国家的尖端科技领域。巨型计算机是衡量一个国家科学技术和工业发展水平的重要标志。微型化:主要是从应用上考虑的,将计算机的体积进一步缩小,以便于携带和方便使用。网络化:实际上是对联网计算机的一次所有资源的全面共享。利用先进的算法,依据计算机系统的超强的处理能力,可以实现计算资源、存储资源等的共享。

52.【答案】BD

【解析】冯·诺依曼机由输入设备、输出设备、运算器、存储器和控制器五个基本部分组成。

53.【答案】BC

【解析】计算机的指令是指示计算机执行某种操作的命令,包括操作码和地址码两部分。

54.【答案】BD

【解析】微型计算机的微处理器由控制器和运算器组成,并和高速缓存集成在一起。一般认为 CPU 由控制器和运算器组成,称为中央处理单元。实际的 CPU 芯片中集成了高速缓存(cache)。

55.【答案】CD

【解析】总线(Bus)是计算机各种功能部件之间传送信息的公共通信干线,按照计算机所传输的信息种类,计算机的总线可以划分为数据总线、地址总线和控制总线,分别用来传输数据、数据地址和控制信号。

56.【答案】BD

【解析】JPEG 是静态图片的压缩格式,是一种有损压缩,压缩比较大。MPEG 是动态图像的压缩算法的国际标准。

57.【答案】AB

【解析】常见的操作系统有 DOS、OS/2、UNIX、XENIX、LINUX、Windows、Netware 等。把各种高级语言编写的源程序转换成计算机能直接识别执行的二进制代码,需要经过处理,负责这些处理工作的是语言处理程序。常见的数据库管理系统有 Access、SQL Server、Oracle、Sybase 等。支撑服务软件指的是系统诊断、调试及查杀病毒的程序。

58.【答案】BC

【解析】程序设计语言可以分为三类:机器语言、汇编语言和高级语言。机器语言和汇编语言都属于低级语言,其中机器语言是机器能直接识别的二进制代码语言,执行效率高、速度快。汇编语言是符号语言,也称为助记符语言,机器不能直接识别执行,需要经过汇编程序翻译成机器语言后才能够执行。机器语言和汇编语言都是面向机器的语言,可移植性差。高级语言的语法规范更符合人的思维方式,可移植性强,一般分为编译型和解释型两种。常见的高级语言有 C 语言、C++语言、JAVA 和 C#等。

59.【答案】AD

【解析】操作系统的主要特性/特征有四个,分别是并发性、共享性、虚拟性和异步性,异步性也称为不确定性。

60.【答案】AD

【解析】操作系统的基本功能有处理机管理(即 CPU 管理)、存储管理、设备管理、文件管理、作业管理和提供人机接口。

61.【答案】BD

【解析】Word 2010 的主要功能有编辑、格式化文档;图像、图片处理;表格处理;版式设计与打印等。A 选项的图形处理是多媒体专业角度的说法,计算机专业领域有图形学,这里的"图形处理"不是 Word 中的一般图片处理功能,因此不能选。

62.【答案】AC

【解析】在 Excel 2010 中,排序、筛选及分类汇总等操作的对象都必须是数据清单。Excel 的数据清单具有类似数据库的特点,可以实现数据的排序、筛选、分类汇总、统计、查询等操作,具有数据库的组织、管理和处理数据的基本功能。

63.【答案】CD

【解析】信息安全所面临的威胁大致可分为自然威胁和人为威胁。安全缺陷、软件漏洞、结构隐患一般都是设计不完善造成的,是人为威胁,主动攻击和被动攻击都属于人为威胁。设备老化、电磁辐射等属于自然威胁。

64.【答案】AB

【解析】数据库理论中实体之间的联系分为一对一、一对多、多对多。注意掌握一对一、一对多的具体案例,近几年有这样的题目考核。

65.【答案】AC

【解析】计算机网络按其物理覆盖范围可分为局域网、城域网、广域网和 Internet。注意这种分法和拓扑结构的区别。

66.【答案】BD

【解析】从物理连接(不是物理覆盖范围)上,计算机网络由通信链路、计算机系统和网络节点组成,其中计算机系统进行各种数据处理,通信链路和网络节点提供通信功能。

67.【答案】AB

【解析】OSI 参考模型将网络的功能划分为 7 个层次,自下而上依次是物理层、数据链路层、网络层、传输层、会话层、表示层和应用层。TCP/IP 参考模型分为 4 个层次,自下而上依次是网络接口层、网际层、传输层和应用层。这两种体系结构之间存在一种对应关系。TCP/IP 协议体系结构是实际的计算机网络构造依据,OSI 体系结构是一种理论的研究标准,出现的比 TCP/IP 体系结构晚。

68.【答案】AD

【解析】预防计算机病毒,应该从技术和管理两方面进行。

69.【答案】AC

【解析】Access 2010 的查询可以分为选择查询、参数查询、交叉表查询和操作查询,其中操作查询又分为更新查询、生成表查询、追加查询和删除查询。更新查询用于更改表中的字段值;生成表查询是把查询的结果存储到一个新的表里;追加查询是在表的尾部添加新的记录;删除查询是删除表中符合条件的记录。

70.【答案】BD

【解析】计算机病毒清除一般采用人工处理和反病毒软件处理两种方式。前者一般是人工删除感染病毒的文件,后者是利用 360 等反病毒软件处理。C 选项的防火墙指的是网络防火墙,没有防病毒功能。

三、判断题(本大题共 20 小题,每小题 0.5 分,共 10 分)

71.【答案】A

【解析】信息能够用来消除事物不确定性的因素,把不确定性变成确定性,这是信息论的创始人香农的观点。注意掌握教材第 1 页上关于信息的几种概念表述,注意截至目前信息没有统一、明确的定义。

72.【答案】A

【解析】在模拟信号系统中,带宽用来标识传输信号所占有的频率宽度,这个宽度由传输信号的最高频率和最低频率决定,两者之差是带宽值,因此又被称为信号带宽或者载频带宽,单位为 Hz。数字信号系统中,带宽用来标识通讯线路所能传送数据的能力,即在单位时间内通过网络中某一点的最高数据率,常用的单位为 bps(又称为比特率——bit per second)。在日常生活中描述带宽时常把 bps 省略掉,例如:带宽为 4M,完整的表示应为 4Mbps。题干表述正确,这是通信领域对带宽的专业表达,记住即可。

73.【答案】B

【解析】文件是指存储在外存储器上的一组相关信息的组合。每个文件都有一个文件名,同一目录下不允许文件重名。不同文件夹中可以有相同名字的文件或文件夹。Windows 系统通过文件名唯一识别一个文件,完整的文件名包括盘符、文件夹路径、主文件名、文件扩展名。文件和文件夹命名规则相同,可以没有扩展名。Windows 系统通过文件扩展名识别文件类型,建立和应用程序的关联。

74.【答案】A

【解析】定期备份重要文件资料是一个良好的习惯,计算机随时可能因为多种不可预测的因素出现问题,从而造成资料的丢失或损坏。

75.【答案】A

【解析】主频是决定计算机运行速度的关键、重要因素,但不能唯一决定。计算机的运行速度受多个综合因素的影响,如硬盘转速、内存大小、字长等。

76.【答案】B

【解析】微处理器是将运算器、控制器、高速内部缓存集成在一起的超大规模集成电路芯片,是计算机的核心部件。

77.【答案】B

【解析】主板是微机中最大的一块电路板,又叫主机板、系统板或母板。它安装在机箱内,是微机最基本,也是最重要的部件之一,上面安装了组成计算机的主要电路系统,有 BIOS 芯片等元件。显卡、网卡、声卡等外接设备需要插到主板的插槽中才能工作。

78.【答案】B

【解析】通过资源管理器可以进行文件和文件夹的复制移动等各种操作,文件部分内容的复制操作是在具体的文本处理软件中进行的,资源管理器无法实现这一功能。

79.【答案】A

【解析】从安装和卸载角度,软件分为绿色软件和非绿色软件。绿色软件无需安装,将所需文件拷贝到系统中,双击主程序即可运行。非绿色软件必须先安装后使用,亦需要卸载。非绿色软件需要动态库等各种辅助文件,安装时需要向系统注册表写入一些信息,不能直接拷贝后运行。绿色软件可以直接拷贝到磁盘目录后运行。注意"绿色"指的是是否需要安装辅助运行文件、添加系统注册表信息等,不是"免费"的意思。

80.【答案】B

【解析】Windows 7 是多用户、多任务操作系统,支持个性化设置,有很好的用户和用户组的管理功能。

81.【答案】A

【解析】Word 2010 是一种格式文档处理软件,也可以编辑纯文本文件。纯文本文件不能含有图片、表格等对象,也不支持文本的格式化。任何字处理软件都支持对文本文件的操作。

82.【答案】B

【解析】Word 2010 中可以选择不连续的文本,Ctrl 键和鼠标拖动组合即可。

83.【答案】A

【解析】Excel 2010 中,清除是把单元格内容、格式、批注等去掉,单元格依然存在;删除则是将选定的单元格和单元格内的内容及格式、批注等一并删除。单元格没有了,依附于单元格的信息也就没有了。数据清除,清除的对象是数据,而不是单元格本身。选取一个单元格或者单元格区域后,选择"开始"选项卡中的"编辑/清除"命令,将弹出一个级联菜单,其中有"全部清除""清除格式""清除内容""清除批注"和"清除超链接"命令。选择"清除格式""清除内容""清除批注"将分别清除单元格的格式、内容或者批注;选择"全部清除",则将单元格的格式、内容及批注全部清除。选择单元格或区域后按 Del 键,相当于选择删除"清除内容"命令。数据删除的对象是单元格,删除后选取的单元格及其内部的数据都从工作表中消失。数据删除操作时,系统将询问删除后其相邻单元格的移动问题。

84.【答案】B

【解析】Excel 2010 中,分类汇总对汇总项可以进行求和、求平均、求最大最小、求期望、求方差等,汇总项必须是可计算的数字、货币型等。注意汇总项和分类项的区别。分类汇总前要求必须按分类关键字排序。

85.【答案】B

【解析】在浏览网页的过程中可以把网页中的图片保存下来,一般选择图片后右键菜单中有"图片另存为"命令或类似操作。保存 Web 页面时,可选的文件保存类型一般有:①Web 页,全部(*.htm,*.html),同时保存所有图片、声音、样式表等;②Web 页,仅 HTML(*.htm,*.html),将网页保存为 HTML 文件,但不保存图片、声音等其他信息;③Web 电子邮件档案(*.mht),将 Html 文件、图片、声音打包成一个文件存放;④文本文件(*.txt)。

86.【答案】A

【解析】发送电子邮件前不能确知电子邮件是否能够送达,因为无法确定网络的状态或对方的情况。就像我们现实中邮寄一封信,无法确定对方一定能收到。

87.【答案】A

【解析】IP 电话是通过 TCP/IP 协议实现的一种电话应用,也称网络电话,现在经常使用的微信语音、QQ语音等都是网络电话的变化应用。

88.【答案】A

【解析】超媒体=超文本+多媒体。

89.【答案】B

【解析】为提高网站运行效率,需要对 Web 站点进行规划,使其有科学合理的结构。

90.【答案】A

【解析】框架和表格是规范网页结构的两种基本工具。框架网页的每个区域都可规定一个默认的网页,是对浏览器窗口的划分;表格是对网页内对象的布局安排工具。2021 年起大纲取消了对 Dreamweaver CS5 的考核。框架和表格这个知识点和 Dreamweaver CS5 没有直接关系,几乎所有的网页、网站编辑工具都支持框架和表格技术。

四、填空题(本大题共 20 小题,每小题 1 分,共 20 分)

91.【答案】66.60

【解析】二进制数转换成等值八进制数,规则是每三位二进制数分为一组,整数部分从右往左,小数部分从左往右,不足三位的用 0 补足,然后对应转换成八进制数即可。110110.11 可以划分为 110 110.110,转换后是 66.6,本题给出答案是 66.60,考虑原二进制有 2 位小数,所以把 66.6 写成 66.60。

92.【答案】101110B

【解析】本题是上题的逆操作,每位八进制转换成等值的 3 位二进制即可。5 等值的二进制数是 101,6 等值的二进制数是 110,所以转换后是 101110B,最后的 B 可以省略。

93.【答案】11010111B

【解析】或运算的规则是按位运算、"同假为假余为真",也就是对应的 2 个二进制位都是 0 则"或"的结果为 0,否则为 1。

94.【答案】最高位

【解析】计算机里对二进制数分为有符号数和无符号数,有符号数的表示规定左侧最高 1 位作为符号位,"0"表示正,"1"表示负。如二进制有符号数 111 表示的等值十进制数为-4,二进制有符号数 011 表示的等值十进制数为 4,而无符号数 111 表示的等值十进制数为 7。

95.【答案】光标后

【解析】基础操作。注意对于已经选定的文本,BackSpace 键和 Delete 键作用一样,都是直接删除。

96.【答案】页面

【解析】Word 2010 的一个特点是"所见即所得",页面视图的显示效果与打印机打印输出的效果一样。注意掌握 Word 2010 几种不同视图的特点,这是常考点。

97.【答案】密钥

【解析】加密算法和解密算法是在一组仅有合法用户知道的秘密信息的控制下进行的,该密码信息称为密钥,加密和解密过程中使用的密钥分别称为加密密钥和解密密钥。注意掌握各种密钥体制及其各自的特点。

98.【答案】视频点播

【解析】VOD 即视频点播。

99.【答案】CN

【解析】中国的国家顶级域名为 CN,大小写均可,一般为大写。常见的国家或地区域名:CN 中国;HK 中国香港;TW 中国台湾;MO 中国澳门;AU 澳大利亚;CA 加拿大;IT 意大利;JP 日本;UK 英国;KP 韩国;US 美国。

100.【答案】HTML 标记

【解析】从功能角度看,HTML 文件包含文本内容和 HTML 标记两部分,标记确定了文本的格式和作用,浏览器通过网页的标记解释文本等对象的展示格式,HTML 称为标记语言。从结构角度分,HTML

文件主要由头部(<head> </head>)和主体(<body> </body>)组成。

101.【答案】超链接

【解析】基本概念,超链接是 Web 的关键技术。

102.【答案】框架

【解析】网页的布局一般使用表格或框架来实现。

103.【答案】投影

【解析】投影是对列的选取,选择是对行的选取,连接是对两个以上的表按照关键字连接生成新的结果。

104.【答案】域

【解析】表中的每一列有一个属性名,对应概念模型的一个属性,也就是数据清单中的列;属性值相当于记录中的数据项或字段值。属性的取值范围称为域,如分数的取值范围是 0~100。

105.【答案】记录/元组

【解析】元组是表中的行;元组的集合构成关系;每个元组就是一个记录。一般在关系数据库理论中称为元组,在数据库的表中称为记录,在电子表格中称为行。

106.【答案】FTP

【解析】文件传输协议 FTP,用于实现互联网中的文件传输,是一种 C/S 架构的工作模式。其他常见的协议术语有(以下前 4 个重点记忆):

超文本传输协议:HTTP,用于传递网页文件;

电子邮件协议:SMTP,用于实现互联网中电子邮件传送功能;

网络终端协议:TELNET,用于实现互联网中远程登录功能;

域名服务:DNS,用于实现网络设备名字到 IP 地址映射的网络服务;

路由信息协议:RIP,用于网络设备之间交换路由信息;

简单网络管理协议:SNMP,用于收集和交换网络管理信息;

网络文件系统:NFS,用于网络中不同主机间的文件共享。

107.【答案】记录/元组

【解析】参见 105 题解析。

108.【答案】工作簿

【解析】电子表格文件以工作簿的形式存在磁盘上,由 1 个以上的工作表组成,工作表不能独立存盘。

109.【答案】汇编

【解析】汇编语言是助记符语言,属于低级语言,是面向机器的,可移植性差。

110.【答案】内存

【解析】CPU 不能和外存直接进行信息交互,必须通过内存。

山东省 2014 年普通高等教育专升本统一考试

计算机试题参考答案

一、单项选择题(本大题共 50 小题,每小题 1 分,共 50 分)

1.【答案】B

【解析】科学计算(也称数值计算)指利用计算机来计算完成科学研究和工程技术领域提出的需要进行大量计算的问题。现代科学技术工作利用计算机的大容量存储、高速计算和连续计算能力,实现人工无法解决的各种科学计算问题。天气预报、地震预测、模拟核爆炸、密码破译、高能物理、孤粒子及混沌系统等都属于计算机应用领域的科学计算范畴。

2.【答案】A

【解析】操作系统能够实现对计算机软、硬件资源进行管理。VB、VC 是高级语言,Office 2010 是应用软件。

3.【答案】B

【解析】微型计算机系统中的 Cache 是高速缓冲存储器,其中的信息断电丢失不可恢复。从物理结构上讲,Cache 集成在 CPU 芯片里面(一般认为 CPU 由运算器和控制器组成,不包括 Cache),用于解决内存和 CPU 之间的速度不匹配问题。

4.【答案】D

【解析】计算机病毒是指以危害计算机系统为目的的特殊计算机程序,是人为编制的,具有潜伏性、破坏性、可执行性、变异性等特性,没有免疫性和自灭性。

5.【答案】A

【解析】运算器由 ALU、寄存器组和一些控制门组成,能进行数学运算及逻辑运算。控制器是计算机的"大脑",负责向其他部件发出工作指令。

6.【答案】B

【解析】MPEG 的专业含义是数字存储动态图像压缩编码和伴音编码标准。JPEG:静态图片的压缩。静态图片格式是 BMP、JPEG、JPG、PNG、TIF(F)、PSD 和 GIF 等。MPEG:动态图像的压缩。GIF 可以是静态格式,也可以是动态格式。视频文件的主要格式:AVI、MOV、MPEG、RM、ASF、RMVB、DVD 等。考试中遇到关于 JPEG 和 MPEG 的中文含义填空题目,按教材的内容即可。

7.【答案】C

【解析】为解决某一特定问题而设计的指令序列称为程序。

8.【答案】D

【解析】Windows 7 是一种图形化的操作系统,提供友好的人机交互界面,具有很强的个性化支持,是一种多用户多任务的操作系统。

9.【答案】B

【解析】Windows 7 中用户要设置日期和时间可以使用"控制面板"中的"日期和时间"功能进行设置,可以单击(注意 Windows 7 中不是双击)任务栏右侧的"时间和日期"后进行相关设置。

10.【答案】C

【解析】Windows 7 环境中,键盘几乎可以完成所有操作。窗口界面的控制操作用鼠标更为灵活。

11.【答案】D

【解析】Windows 7 中文件和文件夹都可以改名,Windows 7 资源管理器的主要操作就是文件和文件夹的建立、删除、移动、复制、改名、属性设置等。

12.【答案】B

【解析】"撤销"操作取消原来的操作,组合键是 Ctrl+Z;"恢复"操作是对"撤销"操作的逆操作,快捷键是 Ctrl+Y。

13.【答案】C

【解析】Windows 7 的窗口菜单中,如果有些命令以变灰或暗淡的形式出现,这意味着该菜单项当前不可用。比如没有选定文件时,剪切和复制命令不可用。

14.【答案】A

【解析】Windows 7 的回收站中,可以临时存放硬盘中被删除的文件。U 盘中删除的文件或文件夹不能够进入回收站。回收站是用于存储本地硬盘被删除的文件或文件夹。

15.【答案】A

【解析】在 Word 2010 编辑状态下,将整个文档选定的快捷键是 Ctrl+A。注意选定全部文档内容的操作方式有多种,可以通过功能区命令、鼠标及键盘操作等。

16.【答案】A

【解析】如下图 1 所示,"插入"选项卡下的"插图"组中可以插入的对象有"图片""剪贴画""形状""SmartArt""图表"和"屏幕截图"等。文档背景的设置在"页面布局"选项卡的"页面背景"组中。

图 1

17.【答案】A

【解析】Word 2010 中,设定字间距应当使用开始选项卡中的"字体"组里的命令,也可以通过右键菜单中的"字体"选项。

18.【答案】B

【解析】Word 2010 中,把打开的文档执行"另存为"操作后,窗口中显示的当前文档是另存后的文档。

19.【答案】C

【解析】段落缩进后文本相对纸张边界的距离等于页边距+缩进距离。题干中的"页外缩进"指的是可以设置段落缩进距离为负值,文字突破页边界。

20.【答案】D

【解析】Word 2010 文档编辑时,文本录入有两种状态,分别是插入和覆盖/改写。插入模式下新录入的文本出现在光标处,原来的文本会自动往后移动。覆盖/改写模式下新录入的文本会自动覆盖光标处原有的文本。可以通过 Insert 键进行状态切换,或利用鼠标点击状态栏进行设置。

21.【答案】D

【解析】Word 2010 中设置文本格式有两种方式,一是对已经录入的文本进行格式设置,这种情况需要先选定要设置格式的文本;二是先在光标处设定需要的格式,然后开始录入。粗体、下划线格式的设置可以通过"开始"选项卡中"字体"组中的"B"按钮、"U"按钮。

22.【答案】C

【解析】这个题的题干表述不是很清晰,题干中的"显示1/5"容易引起误解,分数和文本都可以显示1/5。这个题目的本意是输入分数1/5。在Excel 2010单元格中,输入分数的规则是先输入0、空格,然后再输入分数,回车后默认右对齐。另外一种方式是,可以先设置单元格的格式为"分数",然后直接输入分数即可。若单元格中原来就是分数,删除内容后可以直接输入分数,系统仍然识别为分数。需要特别注意的是,如果先把单元格的格式设置为文本,则直接输入"1/5"时,单元格也显示"1/5",但不是分数,是文本,自动左对齐。

23.【答案】D

【解析】MAX( )函数的作用是求指定单元格区域,或指定参数的最大值。注意参数必须是数值,会自动忽略单元格区域中的逻辑值及文本。

24.【答案】A

【解析】电子表格中进行分类汇总后,工作表左端自动产生分级显示控制符,其中分级编号以1、2、3表示。

25.【答案】B

【解析】时间和日期可以进行加法和减法,并可以包含到其他运算当中。

26.【答案】B

【解析】电子表格中,函数也可以用作其他函数的参数,称为函数的嵌套。如 LEFT (RIGHT ("ABCDEF",4),2)的运算结果是"CD"。

27.【答案】C

【解析】电子表格的高级筛选中,条件区域中同一行中的多个条件是"与"的关系,不同行中的条件之间是"或"的关系。

28.【答案】B

【解析】对单元格中的公式进行复制时,会发生变化的是相对地址所引用的单元格。绝对引用的单元格地址在复制和移动时不会变化,但是在删除单元格时可能发生变化。

29.【答案】D

【解析】PowerPoint 2010中可以对插入的图片进行各种常规编辑操作,修改后可以通过"图片工具/格式"选项卡中的"重设图片"功能放弃所做的更改,全部复原。

30.【答案】A

【解析】PowerPoint 2010中有多种视图方式。题干表述的界面是备注页视图。如下图2所示,备注页视图中只显示当前幻灯片,下面的文本框可以添加备注信息,此处的备注信息可以是文本、图表、图片等对象。

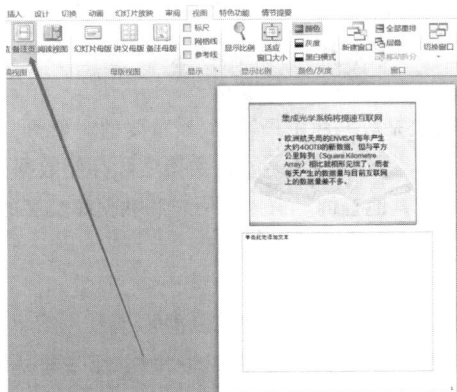

图2

31.【答案】A

【解析】打包功能可以实现演示文稿在没有安装 PowerPoint 2010 的机器上放映,另存为 . PPSX 文件格式也可以实现同样效果。

32.【答案】A

【解析】"幻灯片母版"的操作功能在"视图"选项卡中的"母版视图"组中,界面选项如下图 3 所示。BC选项的操作方式不正确。

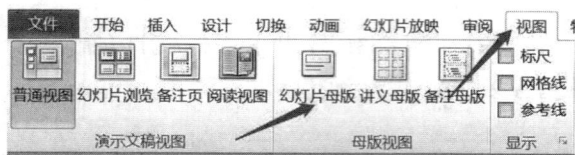

图 3

33.【答案】C

【解析】PowerPoint 2010 中演示文稿的演示格式文件可直接播放,其扩展名为 . PPSX。

34.【答案】B

【解析】PowerPoint 2010 中设计模板的扩展名为 . POTX。 . PSD 是 Photoshop 的文件格式。

35.【答案】A

【解析】PowerPoint 2010 可以和 Office 2010 的其他组件进行交互,如可在幻灯片中插入电子表格,Word 2010 文档可以转换为演示文稿等。一个演示文稿文档中没有幻灯片数量的限制,演示文稿不能保存为 . DOCX 文件。

36.【答案】A

【解析】SQL 的含义是结构化查询语言。

37.【答案】D

【解析】关系本质是一个二维表。关系数据库系统中所管理的关系一般是多个二维表。

38.【答案】A

【解析】Access 2010 中报表对象用于输出数据库中的数据,可以显示到屏幕,也可以打印到纸上。

39.【答案】D

【解析】SQL 查询中的 GROUP BY 语句用于指定分组的依据。如 SELECT 班级,AVG(数学) FROM CJB GROUP BY 班级,这个命令的作用是从成绩表 CJB 中统计出每个班数学的平均分,分组依据是班级。SQL 查询中求平均值的函数是 AVG(),注意不是 AVERAGE(),这和电子表格中不一样。

40.【答案】C

【解析】Access 2010 数据库中,表是数据库中最基础、最重要的对象,是其他数据库对象的基础。数据库中的对象有表、查询、窗体、报表、宏和模块。查询中不实际存储数据,只是指定过滤记录的条件,查询的数据源可以是表,也可以是其他查询。窗体是用户和数据库交互的界面,报表用于输出数据库中的数据,可以显示到屏幕,也可以打印到纸上。

41.【答案】C

【解析】Access 2010 是关系数据库管理系统。关系数据库具有使用简单灵活、数据独立性强等特点,目前已成为占据主导地位的数据库管理系统。20 世纪 80 年代,作为商品推出的数据库管理系统几乎都是关系型的,如 Oracle、Sybase、Informix、Visual FoxPro、Access、SQL Server 等。

42.【答案】B

【解析】Access 2010 中的通配符也可以用在选择查询中,星号"＊"用于匹配任意字符串,问号"?"用于匹配单个字符。需要注意的是,在 SQL 语句中用百分号"％"在 Like 子句中匹配任意字符串。

43.【答案】D

【解析】计算机网络的主要功能是资源共享、协同工作和信息交换。

44.【答案】C

【解析】TCP/IP 协议的含义是传输控制协议和网际协议。

45.【答案】B

【解析】常见的局域网络拓扑结构有总线拓扑、环形拓扑、星形拓扑、网状拓扑、树状拓扑和混合拓扑。

46.【答案】A

【解析】网络通信必须具备的三个条件是网络接口卡、网络协议、网络服务器/客户机程序。网络接口卡即网卡,简称 NIC,也叫网络适配器。

47.【答案】C

【解析】调制解调器(Modem)是负责进行数模转换的设备。作为一种计算机硬件,它能把计算机的数字信号转换成可用普通电话线传送的模拟信号(调制),而这些模拟信号又可被线路另一端的另一个调制解调器接收,并译成计算机可接受的数字信号(解调)。通过电话线上网,且上网与接电话两不误的设备称为"一线通",这种联网方式目前很少使用。

48.【答案】D

【解析】Internet Explorer 是目前常用的 Web 浏览器之一。FrontPage 是微软公司的软件产品,用于制作网站、编辑网页。Outlook Express 微软公司的软件产品,用于收发邮件。

49.【答案】A

【解析】电子邮件(E-mail)的地址格式是"用户名@ 域名",域名也就是主机地址。

50.【答案】C

【解析】制作网站时需要对网站进行规划,按照科学合理的规则管理网站文件,制作网站时首先定义为本地站点,在测试通过后发布。首页也称为网站主页,文件名可以是任意的,一般是 index. html、index. htm、home. html、home. htm、default. htm 等。

二、多项选择题(本大题共20小题,每小题1分,共20分)

51.【答案】BD

【解析】计算机的特点有运算速度快、工作自动化、通用性强、存储容量大、精确性高等。AC 选项表述的功能不是计算机本身的特点,是需要借助其他手段实现的一种目标。这个题容易选错。计算机的特点是基本考点,考试需要掌握教材提到的各种计算机特点。

52.【答案】AB

【解析】CPU 是 Central Processing Unit 的简称,由运算器和控制器组成,中文简称为中央处理器。PC 机的 CPU 也称微处理器。

53.【答案】AD

【解析】。软盘和普通机械硬盘(温盘)的原理类似,每个磁道的容量是与其圆周长度不成正比。磁盘驱动器兼具输入和输出的功能。软盘是 20 世纪 80、90 年代、甚至更早的计算机存储设备,目前已经不再使用了。目前常见的 SSD 固态盘是一种电路控制读写的盘,不是磁盘。

54.【答案】BC

【解析】Windows 7 中窗口可以在屏幕上移动、缩放,应用程序窗口可以最小化为任务栏上的图标。Windows 7 窗口类型很多,有应用窗口,也有系统窗口。

55.【答案】BD

【解析】操作系统和编译程序都属于系统软件。有关系统软件和应用软件的划分参见教材第 1 章相关内容。

56.【答案】AC

【解析】Windows 7 的特点有很多,支持设备的即插即用,提供友好易用的图形界面,还有很多辅助工具。Windows 7 是多任务的,不是单任务,如可以在杀毒的同时使用 Word 2010 编辑文档。单任务的典型操作系统是 DOS。

57.【答案】AD

【解析】Word 2010 中的"剪贴板"组主要包括"剪切""复制""粘贴"和"格式刷"命令。

58.【答案】AB

【解析】如下图 4 所示,充分熟悉 Word 2010 的主窗口。文本框和图片是具体的文档对象,不是窗口的组成元素。

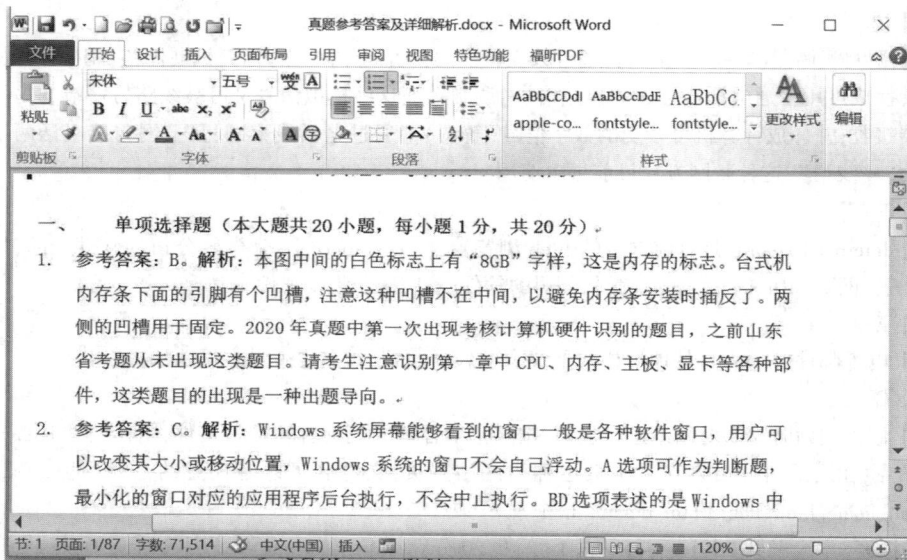

图 4

59.【答案】AD

【解析】Word 2010 中段落的对齐方式包括左对齐、右对齐、居中对齐、分散对齐和两端对齐。

60.【答案】AD

【解析】Excel 2010 中,合并后的单元格内容与合并前区域左上角的单元格内容相同,合并后的单元格还可以被重新拆分。合并的单元格区域可以是矩形区域,也可以是单行或单列的多个单元格。

61.【答案】AB

【解析】Excel 2010 中可以利用鼠标和键盘进行单元格区域的选取。功能区中没有名字为"选取"的命令,"查找"命令不能选定单元格区域。

62.【答案】BD

【解析】题目给定的四个选项中,"&"是字符串连接运算符,"＊"是通配符。各种数值运算符号参见教材的详细解释,需要熟记于心。

63.【答案】BD

【解析】PowerPoint 2010 中,建立超级链接的源可以是图片,也可以是文字。纹理对象和背景图案无法建立超链接。

64.【答案】AC

【解析】在 PowerPoint 2010 的幻灯片母版视图中,可以更改幻灯片母版、可以向母版中插入对象(这也是一种更改)。幻灯片没有页眉,只有页脚。用户可以通过插入占位符的方式实现页眉的效果。幻灯片母版视图中可以给母版设置切换效果,同一个母版只能设置一个切换效果,不能同时给一个母版设置多个切换效果。

65.【答案】BD

【解析】Office 2010 文档中插入的剪贴画对象可以设置叠放次序,也可以调整位置。

66.【答案】AD

【解析】Access 2010 中,可以在数据库窗口中修改数据库对象的属性、可以隐藏表,数据库中的组不能删除。

67.【答案】AC

【解析】Access 2010 的数据库对象有表、查询、窗体、报表、宏和模块。表是数据库中最基础、最重要的对象,是其他数据库对象的基础。查询中不实际存储数据,只是指定过滤记录的条件,查询的数据源可以是表,也可以是其他查询。查询也称为虚表,可以和表一样使用。关于层次划分介绍如下:

第一层次是表对象和查询对象,它们是数据库的基本对象,用于在数据库中存储数据和查询数据;

第二层次是窗体对象、报表对象,它们是直接面向用户的对象,用于数据的输入输出和应用系统的驱动控制;

第三层次是宏对象和模块对象,它们是代码类型的对象,用于通过组织宏操作或编写程序来完成复杂的数据库管理工作,并使得数据库管理自动化。

68.【答案】AB

【解析】计算机网络的传输介质可以分为有线介质和无线介质。有线介质一般指的是同轴电缆、双绞线和光纤。

69.【答案】AC

【解析】从逻辑功能上,计算机网络分成通信子网和资源子网。要区分计算机网络从物理连接(计算机系统、网络节点和通信链路)角度的划分方式。

70.【答案】CD

【解析】HTML 的字体标记 <font> 中包括 size、face 和 color 属性。size 指定文字的大小,它的取值范围是 1~7,取值为"1"时文字最小,取值为 7 时文字最大,默认值是 3。color 指定文字的颜色。face 指定文字的字体。href 属性指定超链接的目标地址,src 属性指定目标图片的位置。

三、判断题(本大题共 20 小题,每小题 0.5 分,共 10 分)

71.【答案】B

【解析】软件是指使计算机运行所需的程序、数据和相关文档的总和。

72.【答案】B

【解析】计算机按用途可以分为通用计算机和专用计算机。家用计算机、办公用计算机等都属于通用计算机。

73.【答案】B

【解析】计算机的运算器由算术逻辑单元和寄存器组成。

74.【答案】A

【解析】这句话是教材原文,这里的磁盘驱动器也可以是磁盘。2020 年多项选择题第 22 题没有把磁盘划归为输入输出设备,答案有错。

75.【答案】B

【解析】操作系统提供人机接口功能,是用户与裸机之间的接口。

76.【答案】B

【解析】PC 机性能指标中的内存一般指的是 RAM,不包括 ROM。

77.【答案】A

【解析】Windows 7 对磁盘信息的管理和使用以文件为单位。

78.【答案】A

【解析】控制器的作用是从存储器中取出指令、翻译指令代码、向设备发出指令,完成操作。

79.【答案】A

【解析】Word 2010 中,表格计算功能通过公式实现,可以使用函数,可以指定单元格地址参加运算。Word 2010 中表格数据可以排序,不能筛选。

80.【答案】B

【解析】Word 2010 中,艺术字不属于图片,其中的文字可以编辑。

81.【答案】B

【解析】对 Excel 2010 工作表的数据进行分类汇总前,必须先按分类字段进行排序。

82.【答案】B

【解析】在 Excel 2010 中,一个工作簿中含有的最多工作表数没有限制。新建工作簿初始含有的工作表数范围是 1~255,用户可以设置。

83.【答案】A

【解析】PowerPoint 2010 中对幻灯片的编辑修改很灵活,背景可以修改。

84.【答案】B

【解析】Access 2010 数据库的默认扩展名是 . ACCDB。

85.【答案】B

【解析】在 Access 2010 中可以进行窗体设置,可以编写程序代码,有各种各样的控件,如文本框、标签、报表、列表框等。

86.【答案】B

【解析】在关系中选取某些属性的操作称为"投影"运算,是对字段的选取。选择符合条件的记录称为"选择"运算,是对记录行的操作。"连接"运算是对两个以上的表进行的,表之间用关键字段建立连接条件。

87.【答案】B

【解析】Internet 是基于 TCP/IP 参考模型构建的。OSI 参考模型是国际标准化组织 ISO 提出的一种网络参考模型,是理论的模型,晚于 TCP/IP 参考模型。

88.【答案】A

【解析】FTP 是 Internet 中的一种文件传输服务,可以将文件下载到本地计算机中,也可以把本地文件上传到服务器中,采用的是 C/S 模式。

89.【答案】B

【解析】网页各有不同作用,不是所有的网页都设有 BBS。

90.【答案】B

【解析】E-mail 地址是一种网络邮件地址,其格式是"用户名@ 主机名"。

四、填空题(本大题共 20 小题,每小题 1 分,共 20 分)

91.【答案】具体表现形式

【解析】信息的符号化就是数据,数据是信息的具体表现形式,信息是数据的内涵。

92.【答案】2

【解析】计算机中一个汉字的机内码需要 2 字节,一个西文字符内码需要 1 字节。

93.**【答案】**存储程序

【解析】电子计算机自动按照人们的意图进行工作的最基本思想是存储程序工作原理,注意此处不能填写"冯·诺依曼原理"。

94.**【答案】**文件

【解析】记录在磁盘上的一组相关信息的集合称为文件,这是 Windows 系统中对文件的定义。

95.**【答案】**系统

【解析】语言编译器属于系统软件,操作系统、语言处理程序、数据库管理系统和支撑服务软件都属于系统软件。

96.**【答案】**Ctrl+S

【解析】Word 2010 中,按 Ctrl+S 组合键可以保存文件,也可以是 Shift+F12 组合键。

97.**【答案】**页面视图

【解析】Word 2010 中分栏效果只能在页面视图中显示。

98.**【答案】**行与行

【解析】Word 2010 中,行间距指的是两行之间的距离,也就是行与行之间的距离。

99.**【答案】**30

【解析】单元格区域 Bl:F6 表示以 B1 和 F6 为对角的连续的矩形区域,共 6 行 5 列,合计 30 个单元格。

100.**【答案】**. XLSX

【解析】Excel 2010 文档的默认扩展名是 . XLSX。

101.**【答案】**活动

【解析】Excel 2010 中正在处理的单元格称为活动单元格,同一时刻只能有 1 个活动单元格。

102.**【答案】**计算

【解析】Access 2010 中,查询不仅具有查找的功能,而且可以进行统计计算,如求平均分等。

103.**【答案】**子窗体

【解析】Access 2010 中,窗体中的窗体称为子窗体。

104.**【答案】**投影

【解析】关系数据库中的运算包括选择、投影和连接。要理解这三种运算的本质含义。

105.**【答案】**Ctrl+B

【解析】Office 2010 中,使字体加粗的快捷键是 Ctrl+B。

106.**【答案】**图表类型

【解析】PowerPoint 2010 中,可以插入电子表格中的图表,可以通过"图表类型"按钮改变幻灯片中插入图表的类型。

107.**【答案】**网络层

【解析】网络层是进行数据包路径选择的工作层。

108.**【答案】**时序性

【解析】流媒体的三个特点是连续性、实时性和时序性。注意不要和多媒体的四个基本特性(多样性、交互性、实时性和集成性)混淆了。

109.**【答案】**8

【解析】一般的 6 位密码安全性差,本题答案是 8 位,是教材给出的参考,这也不是绝对的标准,密码越长越安全,尽量含有复杂的数字、字符组合。

110.**【答案】**超文本标记语言

【解析】HTML 的中文名称是超文本标记语言。

山东省 2013 年普通高等教育专升本统一考试
计算机试题参考答案

一、单项选择题(本大题共 50 小题,每小题 1 分,共 50 分)

1.【答案】D

【解析】计算机中的所有信息都是以二进制表示的。ASCII 码是西文字符的一种编码方式,由 8 位二进制数组成。机内码是汉字在计算机内的处理方式,由 16 位二进制数组成。

2.【答案】B

【解析】计算机的发展阶段通常是按计算机所采用的物理器件划分的,物理器件也称电子元器件或电子元件,分为电子管、晶体管、集成电路和大规模/超大规模集成电路四代。注意掌握每一代计算机的名称、标志性元件、重要事件及应用范围,如操作系统出现在第三代计算机时期。

3.【答案】B

【解析】把选项中的三个不同进制数用按权展开式转换为十进制数比较大小。111101B 的等值十进制数为 61,3cH 的等值十进制数为 60。

4.【答案】C

【解析】高速缓冲存储器(Cache)用于缓解 CPU 和内存之间的速度不匹配问题。

5.【答案】C

【解析】键盘、鼠标是标准的输入设备,打印机和显示器是标准的输出设备。当从硬盘向内存中读入数据时,硬盘具有输入设备的功能;当将内存中的数据保存到硬盘时,硬盘又有输出设备的功能。因此硬盘既是输入设备,又是输出设备。2020 年多选题 22 题的答案没有认为硬盘是输入/输出设备,该答案有遗漏。

6.【答案】B

【解析】计算机指令也称为机器指令,由操作码和地址码组成;操作码的作用是说明该指令的功能,地址码的作用是给出该指令的操作对象,也就是操作数。

7.【答案】B

【解析】启动 Windows 7 后,屏幕上的整个区域称为桌面,含任务栏。

8.【答案】D

【解析】Windows 7 中,选择非连续文件需要按住 Ctrl 后再选择;选择连续文件时,需要先点击一个文件,然后按住 Shift 键再点击另一个文件,这样会选定两个文件之间的所有文件。

9.【答案】D

【解析】Windows 7 控制面板中的功能可以设置、控制计算机硬件配置信息和修改桌面布局等。

10.【答案】C

【解析】任务栏可以改变大小,移动位置和隐藏,但是不能删除。可通过控制面板的"任务栏和开始菜单"进行设置。

11.【答案】B

【解析】考查通配符"?"和"＊"的含义。"?"代表一个字符,而"＊"代表任意多个字符。a?d.＊x＊"代表所搜索到文件的特征为:主文件名以字母 a 开头、以 d 结尾、长度为 3;扩展名包含字母 x,长度任意。

12.【答案】A

【解析】微机连接新的硬件后,重新启动 Windows 7 系统会自动检测并提示发现的新增硬件。

13.【答案】C

【解析】碎片整理程序的作用是对磁盘的零碎存储空间进行整理,使之变得连续,以提高文件的读写速度。磁盘清理的作用是将硬盘中的垃圾文件删除,以获得更多的磁盘空闲空间。

14.【答案】B

【解析】在 Word 2010 中,用户按 Shift+Enter 产生换行符(不是新起一段),按 Ctrl+Enter 产生人工分页符(硬分页符),在"页面布局"选项卡中"页面设置"组中,执行"分隔符"中"分节符"相关命令即可插入分节符(注意有 4 种不同的插入方式)。Word 2010 文本编辑时直接按回车键将产生一个段落标记符,并自动开始新的一段。

15.【答案】C

【解析】执行题干表述的操作后,Word 2010 将在光标所在的行下方插入一个新的空行;如果光标在表格内部的某个单元格中,按下 Enter 键后在当前单元格中换行。

16.【答案】D

【解析】行距设置需要到"开始"选项卡的"段落"组中。

17.【答案】D

【解析】"配色方案"是 PowerPoint 2010 的功能,在 Word 2010 中不存在该功能,但 Word 2010 中可通过"页面布局"选项卡中的"页面背景"组里的设置页面颜色或水印效果。

18.【答案】C

【解析】文本框中可以插入图片。

19.【答案】A

【解析】Word 2010 中,表格中的数值计算可以使用公式、函数。求和的统计函数是 SUM。

20.【答案】D

【解析】Word 2010 打印范围设置时,连续页码之间用"-"链接,如"3-5"表示第 3、4、5 页;独立的页面之间用","连接,如"3,5,8"表示第 3、5、8 页。注意第 3、4、5 页也可以表示成"3,4,5"。由此可见,","隔开的是独立的页,不一定是"不连续"的页。

21.【答案】B

【解析】单元格区域的标准表示方法是区域左上角单元格地址和区域右下角单元格地址之间用":"连接。实际上,对矩形单元格区域来说,Excel 2010 规定,只要是利用对角线上任意两个单元格区域地址都可以用上述方法表示该区域。A4:B4 表示第 4 行中 A、B 两列的 2 个单元格。

22.【答案】B

【解析】在 Excel 2010 中,对于上下相邻两个含有数值的单元格用拖曳法向下做自动填充,默认的填充规则是等差序列。可以右键拖动,松手时选择不同填充方式。

23.【答案】A

【解析】按住 Ctrl 键再拖动不是移动工作表,而是复制工作表。"开始"选项卡中的"编辑"组里没有复制、剪切命令。单击工作表标签后无法通过复制、粘贴命令对工作表进行操作。

24.【答案】D

【解析】">"是比较运算符,如果 A4>100,则返回 TRUE,否则返回 FALSE。逻辑值在单元格中默认自动居中。

25.【答案】D

【解析】考查相对引用和绝对引用的使用。带有"$"的地址属于绝对引用,其值在复制操作后不会改变;不带"$"的地址(行号或列标)属于相对引用,其值会在复制后发生变化,变化规则为:目标单元格相对于原单元格来说,向下偏移几行,公式中的行号就加几,向上偏移几行,公式中的行号就减几;向右偏移几列,公式中的列标就加几,向左偏移几列,公式中的列标就减几。

26.【答案】A

【解析】数据有效性是 Excel 限定单元格输入内容的一种方法。当用户输入内容不满足"有效性规则"时,系统将提示错误,且不接受该值的输入。"条件格式"在"开始"选项卡的"样式"组中,作用是满足指定条件的单元格用设定的格式显示,如分数超过 80 的用红色显示。

27.**【答案】**A

【解析】高级筛选具有单独的条件区域,其筛选结果可以在原数据区域显示,也可以显示在其他位置。在高级筛选的条件区域中,不同行的条件是"或"的关系,同一行中的条件是"与"的关系。

28.**【答案】**D

【解析】略。PowerPoint 2010 中,设置动画的操作在"动画"选项卡中。

29.**【答案】**A

【解析】Powerpoint 2010 的动画效果共有四大类:进入效果、强调效果、退出效果以及动作路径效果。被设置为"进入效果"的幻灯片中对象,刚开始播放幻灯片时是不显示的,需要按鼠标左键或者键盘回车键等使其显示出来。本题目中,某文本框设置动画效果为"进入效果",则其中的文本动画方式可通过"效果选项"进行设置。具体方法为:在"动画窗格"中,选择"效果选项",在"效果"选项卡中有动画文本的发送方式,分别是"整批发送""按字/词",以及"按字母"。

30.**【答案】**A

【解析】Office 2010 的字体格式设置通用操作,加粗设置使用"开始"选项卡中"字体"组里的"B"命令。

31.**【答案】**C

【解析】"剪切"操作是将文本从原位置移到目标位置,原位置不再保留文本,而"复制"操作是将文本从原位置复制一份到目标位置,原位置还保留有原文本。这在 Word、Excel 和 PowerPoint 中是一致的。

32.**【答案】**C

【解析】背景设置功能属于幻灯片的"设计"选项卡中"背景"组的命令。

33.**【答案】**B

【解析】艺术字是图形的一种,用户可以设置多种艺术字样式(共有 30 种系统内置样式),也可以设置艺术字的字体和字号。

34.**【答案】**D

【解析】剪贴画是 Office 办公套件提供的一个系统内置的图片库,用户可对插入到文档中的剪贴画进行各种修改,例如重新上色等。

35.**【答案】**C

【解析】在 Access 2010 中,日期时间型数据的长度为 8。

36.**【答案】**D

【解析】Access 2010 中字段的数据类型有 12 种选择,分别是文本、备注、数字、日期/时间、货币、自动编号、是否、OLE 对象、超链接、附件、计算和查阅向导。没有单独的时间型字段,是日期/时间型。时间指的是时分秒,日期指的是年月日,二者不同。

37.**【答案】**A

【解析】数据库中的每个表不是必须建立主键,但是建议每个表都建立主键。主键的值必须是唯一的,主键可以是一个字段也可以是多个字段的联合。

38.**【答案】**D

【解析】数据库表的作用是保存数据,窗体不具有保存数据的功能,它是用户同数据表之间信息交互的桥梁。窗体的按钮操作允许用户控制程序的运行步骤,A、B 选项内容是窗体的基本功能。

39.**【答案】**A

【解析】Access 2010 中文本型字段的最大长度是 255,更长的文本可以使用备注型。

40.**【答案】**D

【解析】数据表之间建立关系之前,最好是要创建主键,但不是必须的。

41.【答案】D

【解析】报表是由报表页眉、页面页眉、组页眉、主体、组页脚、页面页脚、报表页脚组成的。

42.【答案】B

【解析】⑤声卡、⑥光盘属于硬件设备,不是多媒体信息。

43.【答案】C

【解析】多媒体计算机是指具有能捕获、存储并展示包括文字、图形、图像、声音、动画和活动影像等信息处理能力的计算机,简称为 MPC。

44.【答案】D

【解析】计算机网络拓扑结构包括总线、星形、环形、树形、混合型以及网状等拓扑,没有分支形。

45.【答案】A

【解析】网络协议的三要素是语法、语义和时序。

46.【答案】B

【解析】计算机网络按地域(物理覆盖范围)划分,分为局域网、城域网、广域网和 Internet。校园网是局域网的一种,是一个具体的网络。

47.【答案】A

【解析】Internet 的前身是 ARPANet。Ethernet 的含义是以太网(一种应用非常广泛的网络),Telnet 的含义是远程登录协议,Intranet 的含义是企业内部网。

48.【答案】B

【解析】IP 地址用点分十进制表示时,由四部分组成,每部分之间用“.”分开,每一部分取值范围均为 0~255。判断 IP 地址类型时,可通过第一个部分进行判断,当第一部分数字在 0~127 之间时,为 A 类地址;在 128~191 之间时,为 B 类地址;在 192~223 之间时,为 C 类地址。

49.【答案】C

【解析】IPv6 地址是用 128 位二进制数表示的, IPv4 地址是用 32 位二进制数表示的。从 IPv4 到 IPv6 主要是地址扩容,也有其他性能的提升。

50.【答案】A

【解析】侵入网站获取机密是一种黑客行为,是违法的。其他三种方式都是正常使用互联网的行为。

二、多项选择题(本大题共 20 小题,每小题 1 分,共 20 分)

51.【答案】BD

【解析】求解实际问题的程序属于应用软件。UNIX 和 Windows 是操作系统,属于系统软件。系统软件包括四类:操作系统、语言处理程序、系统诊断及服务工具、数据库管理系统。

52.【答案】AD

【解析】计算机的主要性能指标包括主频、字长、内存容量、运算速度、内核数等,不包括重量。字节是存储信息的基本单位,一个字节由 8 个 bit 组成,字节不是计算机的主要性能指标。

53.【答案】AC

【解析】在 Windows 7 中,文件名可以包含空格、文字、数字、符号等,只有 9 个符号不允许使用(英文输入法状态),分别是:<、>、/、\、|、:、"、* 和?。注意+号是可以使用。

54.【答案】CD

【解析】回收站是硬盘的一个区域,用于临时保存用户从硬盘删除的文件或文件夹,其内容不会自动清空。用户从 U 盘上删除文件是直接彻底删除,不会进入回收站。

55.【答案】AC

【解析】写字板文件格式默认是“.RTF”,即富文本格式,可以改变字体的大小、颜色、字形等,其中也可以插入图片。写字板的文件可保存为纯文本文件(.TXT),可以保存为 .DOCX 格式的文件,但该文件不是默认的 Word 2010 文件,是"Office Open XML"文档,扩展名也是 .DOCX,该文件双击也会用 Word 2010 打开。写字板的功能是 Word 功能的一部分,Word 支持的文件类型丰富。

56.【答案】AD

【解析】.DBF 是 Foxpro 生成的数据库文件,.WAV 是声音文件(也称波形文件),Word 是无法识别这些文件的。.TXT 可以设置和 Word 2010 关联,双击时使用 Word 2010 自动打开。

57.【答案】AC

【解析】Word 2010 中使用格式刷可以复制本文等对象的格式。本题中标题的样式也可以利用"开始"选项卡中的"样式"组里对应命令进行设置。

58.【答案】AB

【解析】Word 2010 中实现段落缩进可以通过"段落"对话框设置,也可以直接用标尺进行设置,标尺拖动可以实现左缩进、右缩进、首行缩进和悬挂缩进。

59.【答案】BD

【解析】选中整个表格后按 Delete 键,不会删除表格,而是删除表格中的所有内容,而 B、D 选项中的操作可以删除整个表格。

60.【答案】AD

【解析】单元格内容编辑时回车后确定修改编辑的信息;若回车前按 Esc 键或单击编辑栏中的"×",则放弃所做的编辑,把单元格内容恢复到修改前的状态。若已经按回车键对修改进行了确认,则再按"×"按钮不能恢复,可以使用 Ctrl+Z 组合键实现。

61.【答案】AD

【解析】工作表不是独立的文件,删除后不会进入回收站;工作表被删除后,是不可恢复的,因此无法使用"撤销"命令。工作表不是独立存盘的文件,删除后不进入回收站,回收站中临时存储被删除的文件和文件夹。

62.【答案】AB

【解析】单元格的引用地址包括相对引用、绝对引用、混合引用和三维地址引用,其中相对引用是默认的引用方式。如果要引用其他工作簿或工作表中的单元格,则使用三维地址引用。

63.【答案】BD

【解析】可通过"分类汇总"对话框中的"全部删除"来删除已有的分类汇总结果;分类汇总的方式有很多,可以求和、求平均值、求最大/最小值等。分类汇总可以嵌套,汇总前必须按分类字段进行排序。

64.【答案】AB

【解析】在 PowerPoint 2010 中,控制幻灯片外观可以使用模板或者母版,也可以设置演示文稿主题。模板是建立演示文稿时选择确定的,是针对文件级别的,依据模板建立的演示文稿可以在建立后根据实际需要修改格式。母版是针对幻灯片的,指的是幻灯片的版式,演示文稿中的所有幻灯片都有一个确定的版式,不同版式的幻灯片上占位符有预先设定的布局,可以更改。主题可以针对整个演示文稿,也可以针对幻灯片,同一演示文稿的不同幻灯片可以有多个主题,同一幻灯片同一时刻只能使用一个具体的主题。主题可以在建立演示文稿时确定,也可以在后期设置。字体和文本颜色不是幻灯片整体外观,是幻灯片中具体对象的格式。

65.【答案】AC

【解析】数据模型是现实世界数据特征的抽象,或者说是对现实世界的数据模拟。在数据库理论中,数据模型用于抽象表现现实世界的数据和信息,它有三个组成部分:数据结构、数据操作和数据完整性约束条件。

66.【答案】CD

【解析】Goldwave 是音频处理软件;MIDI 是乐器数字接口的简称,是一个工业标准的电子通信协议,也是一个音乐文件格式;Flash、Maya 均可以制作动画。

67.**【答案】**CD

【解析】多媒体的四个主要特征是多样性、集成性、交互性和实时性。这是一个基础考点,记住这四个特性的名字即可。注意不要和流媒体的特性混淆了,流媒体有三个特性,分别是实时性、时序性和连续性。

68.**【答案】**BC

【解析】OSI 体系结构有 7 层,自下而上依次是物理层、数据链路层、网络层、传输层、会话层、表示层和应用层。TCP/IP 协议分 4 层,自下而上分别是网络接口层、网际层、传输层和应用层。这两种体系结构存在一种对应关系,TCP/IP 协议体系结构是实际的计算机网络构建依据,OSI 体系结构是一种理论的研究标准,出现的比 TCP/IP 体系结构晚。

69.**【答案】**AD

【解析】Dreamweaver 和 FrontPage 是两个典型的网站、网页制作工具。目前微软公司已经不再对 FrontPage 提供升级版本,它是 Office 2003 中的套件,Office 2010 中没有 FrontPage 工具软件。Moviemaker 是一种视频剪辑软件,Audition 是一种专业的音频制作软件。

70.**【答案】**BD

【解析】计算机病毒是软件/程序,是人为编制的破坏性软件,不是失误造成的。其具有潜伏性、破坏性、变异性等特性,没有免疫性、自灭性,和生物病毒无关。

三、判断题(本大题共 20 小题,每小题 0.5 分,共 10 分)

71.**【答案】**B

【解析】当前使用的各种规模计算机的计算机体系结构都采用冯·诺依曼思想,即"程序存储和程序控制"思想。

72.**【答案】**B

【解析】RAM 中的数据断电丢失且不可恢复,ROM 及外存中的数据即使断电也不会丢失,可以多次反复读出。

73.**【答案】**A

【解析】CPU 和其他部件之间的联系是通过系统总线实现的。总线是计算机各种功能部件之间传送信息的公共通信干线,按照计算机所传输的信息种类,计算机的总线可以划分为数据总线、地址总线和控制总线,分别用来传输数据、数据地址和控制信号。

74.**【答案】**B

【解析】同一个文件夹中的不同文件和文件夹及它们之间都不能重名,在不同的磁盘或文件夹下是可以重名的。如有一个 C:\a.txt,还可以有一个 D:\a.txt。注意 Windows 7 系统的文件名不区分大小写(有的系统文件名是区分大小写的)。Windows 系统通过文件名唯一识别一个文件,完整的文件名包括盘符、文件夹路径、主文件名、文件扩展名。文件和文件夹命名规则相同,可以有,也可以没有扩展名。文件一般有扩展名,但可以没有扩展名;文件夹一般没有扩展名,但可以有扩展名。Windows 系统通过文件扩展名识别文件类型,建立和应用程序的关联。

75.**【答案】**A

【解析】快捷方式是一个快速访问程序或文档的一种手段,删除快捷方式不会对原文件产生任何影响。快捷方式是 Windows 提供的一种快速启动程序、打开文件或文件夹的方法,它是应用程序的快速连接,快捷方式的一般扩展名为 .lnk。一个对象可以建立多个快捷方式,快捷方式本身也是一个文件对象,可以再为它建立快捷方式。一个快捷方式只能对应一个特定对象。

76.**【答案】**A

【解析】剪贴板是内存(RAM)的一块区域,其中存储的可以是各种图片、声音等,也可以是文字符号等。

RAM 中的信息断电丢失且不可恢复。

77.【答案】B

【解析】Word 2010 中,打印预览可以同时预览多页。打印预览方式下可以设置页眉属性等,可以设置打印选项、选择打印范围等。

78.【答案】A

【解析】Word 2010 中可以对奇偶页设置不同的页眉和页脚。

79.【答案】B

【解析】Word 2010 中的默认文档(A4 纸纵向)最多可分为 ll 栏。不同纸张规格及纸张方向允许分栏的最大数目不同。

80.【答案】B

【解析】Excel 2010 新建工作簿的缺省名为"工作簿 1"。多次重复新建文档时,工作簿的默认名称为"工作簿 X","X"是一个自然数。

81.【答案】B

【解析】Excel 2010 中选取单元范围有各种操作方式,可以根据实际需要大跨度选取单元格区域。如在名称框中输入"H:H"是选定 H 列的全部单元格,在名称框中输入"A1:XFD1048576"是选定当前工作表的全部单元格。

82.【答案】A

【解析】工作簿中至少包含一张可见的工作表。所以当工作簿中仅有一张工作表时,该工作表是不允许被删除的,也不允许隐藏,此时删除或隐藏时会提示不成功。

83.【答案】A

【解析】PowerPoint 2010 支持多种文件类型,有的是可打开编辑修改的(如 .PPTX、.POTX),有的是只能另存的(如 JPG、PDF 等)。演示文稿文档可以另存为图片格式、PDF 格式,但是不能打开编辑 JPG、PDF 文档。注意幻灯片中插入图片文件是把图片作为幻灯片的对象,插入后可以在幻灯片中编辑该图像文件。但这不是 PowerPoint 2010 直接打开编辑图片文件,要理解这是两种不同的操作。

84.【答案】B

【解析】PowerPoint 2010 的演示文稿中的幻灯片可以添加音频、视频文件,MIDI 文件是一种音频文件。

85.【答案】A

【解析】Access 2010 中的数据库对象有表、查询、窗体、报表、宏和模块 6 种,它们都保存在 .ACCDB 文件中,.ACCDB 是 Access 2010 的默认文档格式。

86.【答案】A

【解析】流媒体技术有多种应用,如视频会议、远程教学、网络游戏、医疗等。

87.【答案】A

【解析】Access 2010 的查询可以分为:选择查询、参数查询、交叉表查询、操作查询,其中操作查询又分为更新查询、生成表查询、追加查询和删除查询。更新查询用于更改表中的字段值;生成表查询是把查询的结果存储到一个新的表里;追加查询是在表的尾部添加新的记录;删除查询是删除表中符合条件的记录。

88.【答案】B

【解析】软件与书籍一样,凡是正版的都是有知识产权的,不能非法复制或传播,免费软件除外。

89.【答案】A

【解析】协议是分层的,原因是:有助于网络的实现和维护;有助于技术的发展;有助于网络产品的生产;促进标准化工作。

90.【答案】B

【解析】通过域名访问服务器是为了方便人,通过 IP 地址也可以访问服务器。当我们使用 IP 地址访问服务器时,DNS 域名服务器自动实现从域名到 IP 地址的转换,计算机网络本质上还是用二进制 IP 地址。

四、填空题(本大题共 20 小题,每小题 1 分,共 20 分)

91.【答案】ENIAC

【解析】世界上第一台真正意义上的电子计算机名称缩写为 ENIAC,注意是大写,英文全称是 Electronic Numerical Integrator And Calculator,于 1946 年在美国宾夕法尼亚大学投入运行。ENIAC 采用十进制模式,没有存储器。ENIAC 开辟了信息时代,把人类社会推向了第三次产业革命新纪元。注意当时没有"计算机文化"的概念。

92.【答案】1024

【解析】1MB = 1024KB = 1024×1024 Byte。1TB = 1024GB = 1024×1024MB。

93.【答案】控制器

【解析】冯·诺依曼计算机的五大组成部分是运算器、存储器、控制器、输入设备和输出设备。运算器完成各种算数运算和逻辑运算,控制器是整个系统的控制中心,指挥计算机各部分协调工作。注意掌握五大组成部分各自的作用,熟悉常见的输入、输出设备。

94.【答案】1000111

【解析】大写字母的 ASCII 码是由 A 到 Z 依次增大的,"C"的 ASCII 码是 1000011,则"D"的 ASCII 码是 1000100,"E"的 ASCII 码是 1000101,"F"的 ASCII 码是 1000110,"G"的 ASCII 码是 1000111。

95.【答案】机器语言

【解析】计算机编程语言截止目前经历了三代,依次是机器语言、汇编语言和高级语言。计算机只能直接识别和执行机器语言(二进制代码语言),机器语言是执行效率最高、速度最快的语言,因为不需要经过编译或解释。汇编语言是助记符语言,和具体的计算机指令系统有关,属于低级语言,但需要经过汇编后执行,计算机不能直接识别执行。高级语言有很多种,出现在第二代计算机时期,常见的高级语言有 C、Java 等,其表达方式更接近于人类的思维模式,因此可读性好。但是计算机不能直接识别高级语言,必须经过编译或解释,转换成机器语言后执行。

96.【答案】存储管理

【解析】操作系统的主要功能包括处理机管理、存储管理、设备管理、文件管理、作业管理,还能提供用户接口,也称为人机接口。

97.【答案】草稿视图

【解析】页面视图可同时显示水平标尺和垂直标尺,实现"所见即所得"的编辑效果。其他视图中,普通视图、Web 版式视图仅显示水平标尺,不显示垂直标尺。

98.【答案】选定

【解析】Word 2010 文档编辑中,要完成修改、移动、复制、删除文本/对象等,必须先选定目标,这是"先选后做"的操作规则。

99.【答案】3

【解析】Excel 2010 的工作簿是以文件的形式存在磁盘上的,文件扩展名默认为 .xlsx,工作表是工作簿的组成部分,不能以独立文件的形式存盘。工作簿中至少含有 1 个可见的工作表,新建工作簿初始含有的工作表数范围是 1~255,系统默认是 3 个,工作簿中可以含有的最多工作表数没有限制。工作簿中含有多个工作表时,可以隐藏部分工作表,但不能够全部隐藏,至少有 1 个可见的。打开的多个工作簿可以同时隐藏。

100.【答案】及格

【解析】函数 IF 的作用在于判断条件"Average(A $ 1:A $ 4)>=60"是否成立,如果是则函数返回值为"及格",否则为"不及格"。本题中不牵扯公式的复制,单元格区域中的地址引用方式是相对、绝对等没有影响。

101.【答案】母版

【解析】幻灯片母版是预先设定好的一种幻灯片版式,包含幻灯片中的对象及格式,用户可以修改。

102.【答案】占位符

【解析】这是占位符的定义,是基本考核点。

103.【答案】.WMA

【解析】.WMA 是 Windows 7 中的"录音机"录制的声音文件格式,大小写均可。.WAV 也是一种音频格式,是 Windows XP 系统中的"录音机"录制的声音文件格式,不要混淆了。

104.【答案】Alt+PrintScreen

【解析】Windows 7 系统中拷屏的快捷键为 PrintScreen,Alt+PrintScreen 的作用是拷贝活动窗口。

105.【答案】报表

【解析】数据库中的对象有表、查询、窗体、报表、宏和模块。查询中不实际存储数据,只是指定过滤记录的条件,查询的数据源可以是表,也可以是其他查询。窗体是用户和系统数据库交互的界面,报表用于按设定的格式输出数据库中的数据,可以显示到屏幕,也可以打印到纸上。

106.【答案】交叉表

【解析】题干表述内容是"交叉表查询"的基本定义和功能表述,记住即可。

107.【答案】全球统一资源定位器

【解析】URL 是全球统一资源定位器的简称。在 WWW 上,每一个信息资源都有统一的,且在网上唯一的地址,称为 URL(Uniform Resource Locator),是 WWW 的统一资源定位标志。

108.【答案】Internet Explorer

【解析】Windows 7 系统自带的网络浏览器是 Internet Explorer,简称 IE。

109.【答案】表格

【解析】框架和表格是规范网页布局的两种基本工具。框架网页的每个区域都可独立显示一个网页,是对浏览器窗口的划分;表格是对网页内对象的布局安排工具。

110.【答案】防火墙

【解析】防火墙技术是近几年的一个高频考点。防火墙指的是一个由软件和硬件设备组合而成、在内网和外网之间、专用网和公用网之间构造的保护屏障。需要掌握防火墙的优缺点,防火墙的不足之处:①不能防范恶意的知情者;②不能防范不通过它的连接;③不能防备全部的威胁;④不能防范病毒。防火墙的优点:①能强化安全策略;②能有效地记录 Internet 上的活动;③限制暴露用户点;④是一个安全策略的检查站。

图书在版编目(CIP)数据

专升本计算机历年真题与详解 / 刘翔宇编著.--青岛:中国海洋大学出版社,2023.9

ISBN 978 - 7 - 5670 - 3607 - 9

Ⅰ.①专… Ⅱ.①刘… Ⅲ.①电子计算机–成人高等教育–升学参考资料 Ⅳ.①TP3

中国国家版本馆 CIP 数据核字(2023)第 173857 号

专升本计算机历年真题与详解

ZHUANSHENGBEN JISUANJI LINIAN ZHENTI YU XIANGJIE

出版发行	中国海洋大学出版社		
社　　址	青岛市香港东路 23 号	邮政编码	266071
出 版 人	刘文菁		
网　　址	http://pub.ouc.edu.cn		
电子信箱	1193406329@ qq.com		
订购电话	0532-82032573(传真)		
责任编辑	孙宇菲	电　　话	0532-85902349
印　　制	如皋市永盛印刷有限公司		
版　　次	2023 年 9 月第 1 版		
印　　次	2023 年 9 月第 1 次印刷		
成品尺寸	185 mm×260 mm		
印　　张	13.25		
字　　数	288 千		
印　　数	1-3000		
定　　价	40.00 元		

发现印装质量问题,请致电 18952063586,由印刷厂负责调换。

编写说明

  本书的主要内容是山东省专升本考试计算机科目 2013 年至 2023 年的考试真题及答案详解。为提高考生做题的学习效率，本书在真题解析中细致讲解了相关考点，传授考生计算机科目应考的高效学习方法。

  截至 2017 年，山东省专升本计算机科目考试的平台是 Windows XP 操作系统，应用软件是 Office 2003。2018 年起，考试的操作系统平台升级为 Windows 7，应用软件升级为 Office 2010。其中，信息与信息技术、数据库技术与 Access、计算机网络与网页设计、数字多媒体技术基础、信息安全等内容变化不大。但 Office 2010 中的 Word 2010、Excel 2010 和 PowerPoint 2010 变化较大，主要是Office 2010 和 Office 2003 的操作界面差距较大，功能也有很多升级改进。因此，本书按照 2021 年最新考试大纲的要求，把 2013 年至 2017 年的考试真题(共 5 套)改编成 Windows 7+Office 2010 的考试平台真题。除了 2018 至 2023 年的考题是真正符合目前大纲要求范围的真题以外，2013 年至 2017 年这 5 套修改版试题是最接近新考试大纲的"真题"。作者完全对照新的考试平台环境，逐一审核题目，给考生们提供高质量的参考资料。

  工欲善其事，必先利其器。掌握适合自己的好的学习方法，就成功了一大半！考生在做历年真题的时候，要注意通过一个知识点的学习掌握其他相关的知识点，突出重点，解决难点，夯实基本点。本书在历年考试真题的解析中，特别注意结合具体题目，贯彻举一反三的学习方法，深入分析各个选项的关联知识点或考点，以帮助考生达到融会贯通的学习效果，相信考生一定会大有收获！

  特别提醒：2020 年起操作类知识点考试分值占比很大，请考生注意结合上机实践，对 Office 2010 及 Windows 7 的基础操作充分熟悉。

5. 下列说法中,不符合 Windows 7 操作系统特征的是(　　)。
 A. 两个或两个以上正在运行的程序在同一时间间隔内可以同时运行
 B. Windows 7 中的资源可以被多个并发执行的多个进程使用
 C. Windows 7 内部产生的时间序列是确定的
 D. Windows 7 可以将一个物理实体映射称为若干个逻辑实体

6. 在 Word 2010 中下列操作无法删除整个表格的是(　　)。
 A. 单击表格移动手柄(全选按钮)选中整个表格后,按 Backspace 键
 B. 单击表格移动手柄(全选按钮)选中整个表格后,按 Delete 键
 C. 拖动鼠标选中整个表格后,按 Backspace 键
 D. 拖动鼠标选中整个表格后,在快捷菜单中选择删除表格

7. 关于 Word 2010 中公式工具(图 1)的说法,错误的是(　　)。

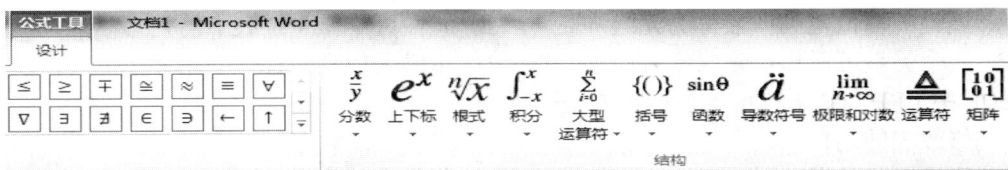

图 1

 A. 公式工具可以通过"插入" — "对象"的方式启用
 B. 可以从"公式工具/设计"选项卡中的"结构"中选择结构类型(如分数或根式)
 C. 公式工具可以更改公式显示方式为"内嵌"或"显示"
 D. 公式工具可以将编辑完成的公式存入公式库供以后使用

8. 在 Word 2010 中,图 2 所示的文档采用的视图是(　)。

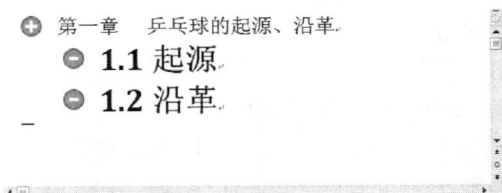

图 2

 A. 草稿
 C. Web 版式视图
 B. 大纲视图
 D. 阅读版式视图

9. 关于 Word 2010 页眉的说法,错误的是(　　)。
 A. 页眉可以插入页码
 C. 页眉位于文档顶部位置
 B. 页眉中可以插入图片
 D. 同一节中每页的页眉相同

10. 下列关于 Excel 2010 工作表页眉设置的描述,错误的是(　　)。
 A. 可以自定义起始页码
 C. 可以定制多个打印区域
 B. 不可以设置居中方式
 D. 可以先打印列,再打印行

11. 在 Excel 2010 中,需要将工作簿 AA 中的工作表复制到工作簿 BB 中,下列描述正确的是(　　)。
 A. 只需要打开工作簿 AA
 C. 工作簿 AA 和 BB 都需要打开
 B. 只需要打开工作簿 BB
 D. 工作簿 AA 和 BB 都不需要打开

12. 在 PowerPoint 2010 中,若要删除一张幻灯片,下列操作不可行的是( )。
    A. 在普通视图的幻灯片/大纲窗格中,右键要删除的幻灯片,选择删除幻灯片
    B. 在普通视图的幻灯片/大纲窗格中,右键要删除的幻灯片,按 Delete 键
    C. 在幻灯片浏览视图,右击要删除的幻灯片,选择删除幻灯片
    D. 在阅读视图中,右击要删除的幻灯片,选择删除幻灯片

13. 下列关于 PowerPoint 2010 排练计时的说法错误的是( )。
    A. 排练计时可以记录每张幻灯片的放映时长
    B. 排练计时过程中,不显示从开始放映到当前幻灯片所用的时间
    C. 排练计时过程中,录制工具栏自动记录放映当前幻灯片已使用的时间
    D. 选择幻灯片放映选项卡,在设置组中单击"排练计时"按钮,可开始排练计时

14. 下列关于数据库的描述,错误的是( )。
    A. 属性的取值范围一般称为元组   B. 属性可看作二维表中的列
    C. 一个关系可看作一张二维表   D. 主键的值唯一标识一个元组

15. SQL 中 UPDATE 语句可实现的功能是( )。
    A. 修改表的结构   B. 修改表的数据
    C. 删除表的数据   D. 删除表的属性

16. 下列选项中,可用于 Web 浏览器和服务器之间通信且安全性更好的应用层协议的是( )。
    A. IP   B. HTML   C. HTTP   D. HTTPS

17. 若将 C 类地址网络看作一个子网,则其对应的子网掩码的是( )。
    A. 255.0.0.0   B. 255.255.0.0
    C. 255.255.255.0   D. 255.255.255.10

18. 以下不属于流媒体的特点的是( )。
    A. 保密性   B. 连续性   C. 实时性   D. 时序性

19. 下列关于多媒体元素图像图形的描述正确的是( )。
    A. 图像一般是矢量图,放大会失真   B. 图形一般是矢量图,放大会失真
    C. 图形一般是矢量图,放大不失真   D. 图像一般是矢量图,放大不失真

20. 要按需分配资源(如 CPU,存储空间等),为用户提供服务,下列计算机技术中最适合采用的是( )。
    A. 云计算   B. 大数据   C. 移动互联网   D. 区块链

二、多项选择题(本大题共 10 小题,每小题 2 分,共 20 分)

在每小题列出的四个备选项中至少有两个是符合题目要求的,请将其选出并将答题卡的相应代码涂黑。少涂得 1 分,错涂、多涂或未涂均无分。

21. 下列选项中,可以用于衡量计算机性能的是( )。
    A. 主频   B. 进制   C. 内核数   D. 运算速度

22. 下列软件中,属于应用软件的是( )。
    A. 鸿蒙操作系统   B. 微信
    C. 支付宝   D. Linux

23. 下列选项中,可以通过 Windows 7 控制面板实现的有( )。
    A. 添加或删除用户账户   B. 更改桌面背景

论文书写规范

张三[1] 李四[2,3]

（1 A 大学 B 学院；2 C 大学 D 学院）

摘要：论文格式就是指进行论文写作时的样式要求，以及写作标准。直观地说，论文格式就是论文达到可公之于众的标准样式和内容要求。论文常用来进行科学研究和描述科研成果文章。它既是探讨问题进行科学研究的一种手段，又是描述科研成果进行学术交流的一种工具。它包括学年论文、毕业论文、学位论文、科技论文、成果论文等，总称为论文。

关键字：关键字 1；关键字 2；关键字 3；关键字 4.

基金项目：基金项目名称（编号）。

引言

引言：引言又称前言、序言和导言，用在论文的开头。引言一般要概括地写出作者意图，说明选题的目的和意义，并指出论文写作的范围。引言要短小精悍、紧扣主题。

例：随着计算机技术和因特网的迅猛发展，网上查询、检索和下载专业数据已成为当前科技信息情报检索的重要手段，对于网上各类全文数据库或文摘数据库，论文摘要的索引是读者检索文献的重要工具，为科技情报文献检索数据库的建设和维护提供方便。摘要是对论文综合的介绍，使人了解论文阐述的主要内容。摘要是论文内容的简要陈述，应尽量反映论文的主要信息，内容包括研究目的、方法、成果和结论，不含图表，不加注释，具有独立性和完整性。中文摘要一般为 400 字左右。摘要前加黑体"摘要"，并外加"〔〕"，作为标识。

关键词是反映毕业论文（设计）主题内容的名词，是供检索使用的。主题词条应为通用技术词汇，不得自造关键词，尽量从《汉语主题词表》中选用。关键词一般为 3—5 个。摘要是论文内容的简要陈述，应尽量反映论文的主要信息，内容包括研究目的、方法、成果和结论，不含图表，不加注释，具有独立性和完整性。

绪论是综合评述前人工作，说明论文工作的选题目的和意义，国内外文献综述，以及论文所要研究的内容。目录按三级标题编写，要求层次清晰，且要与正文标题一致。

1. 正文的书写规范

论文正文：正文是论文的主体，正文应包括论点、论据、论证过程和结论。主体部分包括以下内容：

1.1 表格规范

论文的表格可以统一编序（如：表 15），也可以逐章单独编序（如：表 2.5），采用哪种方式应和插图及公式的编序方式统一。表序必须连续，不得重复或跳跃。

如图所示：

表 1 表题

项目值 1	项目值 2	项目值 3
项目值 4	项目值 5	项目值 6

1. 接收日期：××××. ××. ××
2. 项目基金：
3. 首位作者简介：

图 3

51. 要将作者姓名右边的数字设置为如图 3 所示的效果，下列操作可行的是（　　　）。

A. 选中数字，利用"字体"组中的"上标"进行设置

B. 选中数字，利用"字体"组中的"下标"进行设置

C. 选中数字，利用"字体"组中的"缩小字体"进行设置

D. 选中数字，利用"字体"组中的"顶端对齐"进行设置

52. 张三已对论文中一级标题应用了同一样式，现需调整它们的段前间距为 20 磅，下列方法最优的是（　　　）。

A. 使用"查找和替换"，替换原段前间距为 20 磅

B. 修改样式中的段前间距为 20 磅

C. 修改样式中的段前间距为 20 磅，并重新应用到一级标题

D. 设置一个一级标题的段前间距为 20 磅，并利用格式刷将格式应用到其他一级标题

53. 要实现论文正文如图 3 所示分两列显示的效果,下列操作可行的是(   )。
    A. 选中正文,利用段落设置中的"分列"进行设置
    B. 选中正文,利用页面设置中的"分列"进行设置
    C. 选中正文,利用段落设置中的"分栏"进行设置
    D. 选中正文,利用页面设置中的"分栏"进行设置

54. 要在表格上方添加表序和表题,如图 3 中所示的"表 1 表题",应该使用(   )。
    A. "引用"选项卡中的 "插入表目录"
    B. "引用"选项卡中的"插入表注"
    C. "引用"选项卡中的"插入题注"
    D. "引用"选项卡中的"插入脚注"

55. 张三编辑论文时发现某些文字下方出现了一些红色或绿色波浪线,打印时却看不到,下列选项中能产生该现象的是(   )。
    A. 修订   B. 校对   C. 批注   D. 比较

56. 张三请李老师给予指导,希望能看到李老师对论文所做的插入、删除等更改痕迹,从论文初稿到根据李老师更改痕迹完成论文定稿,张三和李老师应采取的操作(请从下列操作中选择必要的)顺序是_____。
    ①李老师对论文进行更改
    ②张三或李老师启用"并排查看"功能
    ③张三或李老师启用"修订"功能
    ④张三使用"审阅"选项卡中的"校对"功能查看两个文档的不同
    ⑤张三接受或拒绝李老师所做的更改

(二)Excel 操作

张老师负责学生奖学金评选工作。现已将学生档案表和五门课程的成绩表导入一个工作簿的六个工作表中,"档案"表和"课程 1"表的结构分别如图 4a、4b 所示,其他四门课程的表结构与"课程 1"表类似(仅课程名称不同)。奖学金评选条件为:五门课程的总分排在全年级前 25%,并且每门课程成绩不低于 75 分。张老师要挑选出符合奖学金评选条件的学生并进行数据分析。请结合所学知识回答下列问题。

学号	姓名	性别
2202100107	张囡	女
2202100302	肖公成	男
2202100206	杨媛元	女
2202100104	李玲	女

a

学号	姓名	课程1
2202100107	张囡	80
2202100302	肖公成	91
2202100206	杨媛元	90
2202100104	李玲	90

b

图 4

57. 张老师在工作簿中新建了一个工作表"汇总",想利用"合并计算"将五门课程成绩汇总到该工作表中,结果如图 5a 所示,则在如图 5b 所示的"合并计算"对话框中"标签位置"处应做的操作是(   )。

63. 要在每张幻灯片的底部正中位置显示文字"心系专业建设,培养应用型人才",其中一张幻灯片的效果如图 8a 所示,下列方法最优的是(   )。
    A. 在每张幻灯片中添加文本框并输入要显示的文字
    B. 打开"视图"选项卡中的"幻灯片母版"视图,选择图 8b 所示左侧窗格中最上边的版式,在右侧的编辑区添加文本框并输入要显示的文字
    C. 打开"视图"选项卡中的"幻灯片母版"视图,选择图 8b 所示左侧窗格中第 2 个及下边的任意一个版式,在右侧的编辑区添加文本框并输入要显示的文字
    D. 打开"设计"选项卡中的"幻灯片母版"视图,选择图 8b 所示左侧窗格中任意一个版式,在右侧的编辑区添加文本框并输入要显示的文字

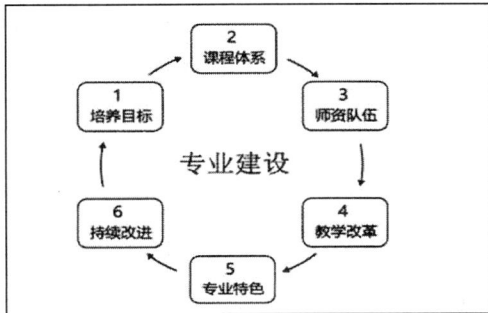

a   b

图 8

64. 要将演示文稿中如图 9a 所示的幻灯片中的 SmartArt 图形修改为如图 9b 所示的效果,选中形状"试卷检查"和"课程质量分析"后,下列操作可行的是(   )。
    A. 右击选中的形状,在快捷菜单中选择"降级"
    B. 右击选中的形状,在快捷菜单中选择"下移"
    C. 在"SmartArt 工具/设计"选项卡中选择"降级"
    D. 在"SmartArt 工具/设计"选项卡中选择"下移"

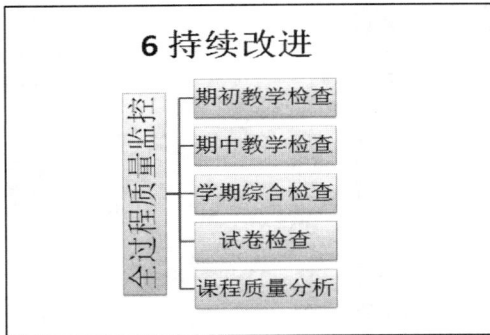
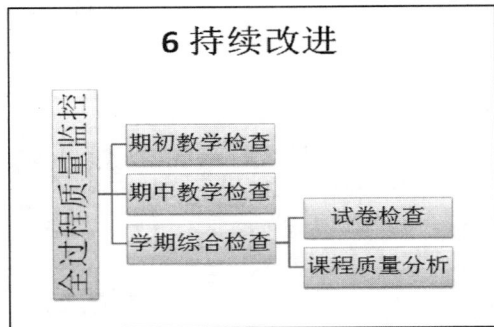

a   b

图 9

65. 为了在放映幻灯片时,单击图 8a 所示的能 打开本机上的文件"课程体系.docx",齐老师在编辑幻灯片时,应采取的操作(请从下列操作中选择必要的)顺序是_____。

①点击"插入"—"超链接",选择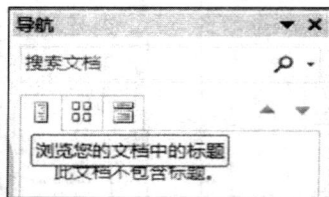

②右击 [2 课程体系],选择"超链接"

③选中"现有文件或网页"后,找到文件"课程体系.docx",点击"确定"

④选中"本文档中的位置"后,找到文件"课程体系.docx",点击"确定"

六、分析题(本大题共5小题,每小题2分,共10分)

(一)小红使用 Word 2010 编辑书稿,希望利用导航快速跳转到各章节,但她打开导航窗格后发现浏览"您的文档中的标题"选项卡显示"此文档中不包含标题",如图10所示,请结合所学知识回答以下问题。

图10

66. 出现上述情况的原因是 _____。

(二)赵老师使用 Excel 2010 进行成绩分析。他对成绩进行了汇总以后,得到了一个如图11a 所示的工作表。现在想利用"数据透视表"功能制作一个能完成简单查询的工作表,选择班级时能够查询到对应班级的学生的成绩,效果如图11b 所示。

	A	B	C	D	E	F	G
1	学号	姓名	班级	计算	高数	外语	总分
2	2202100101	张圆	1班	92	80	85	257
3	2202100102	肖公成	2班	76	79	56	211
4	2202100103	杨媛元	1班	86	72	96	254
5	2202100104	李玲	1班	79	68	68	215
6	2202100105	赵多芬	3班	82	81	89	252
7	2202100106	罗勇	1班	85	96	75	256

a

	A	B	C	D	E
1	班级	(全部)			
2					
3	行标签	求和项:计算	求和项:高数	求和项:外语	求和项:总分
4	李玲	79	68	68	215
5	罗勇	85	96	75	256
6	肖公成	76	79	56	211
7	杨媛元	86	72	96	254
8	张圆	92	80	85	257
9	赵多芬	82	81	89	252

b

图11

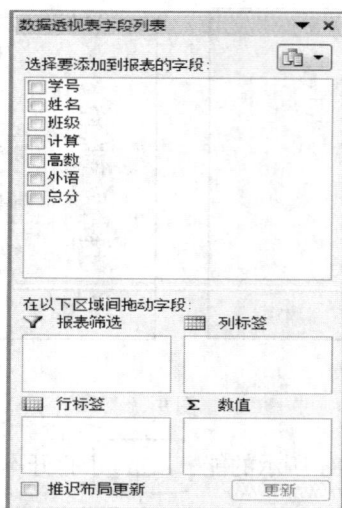

图12

— 11 —

5. 下列不属于算法表达方式的是(　　　)。

    A. 流程图　　　　　　B. 伪代码　　　　　　C. 自然语言　　　　　D. E-R 图

6. 下列关于算法特性的描述,错误的是(　　　)。

    A. 算法的有穷性是指算法必须在执行有限个操作步骤后终止

    B. 算法的确定性是指每一步的含义都不能有二义性

    C. 算法的可行性是指算法描述的步骤在计算机上是可行的

    D. 算法可以没有输出,但至少要有一个输入

7. 下列关于 Windows 7 任务栏的说法,错误的是(　　　)。

    A. 可以通过任务栏启动任务管理器

    B. 可以通过任务栏将打开的所有窗口最小化

    C. 可以通过任务栏设置已打开应用程序的属性

    D. 可以隐藏任务栏,也可以改变任务栏的位置

8. 下列关于记事本应用的说法,错误的是(　　　)。

    A. 可以复制 Word 2010 文档中的一个表格到记事本

    B. 可以复制 Excel 2010 工作表中的文字到记事本

    C. 网页内容中只有文字可以复制到记事本

    D. 在记事本中可以设置文字的字体和字号

9. 在 Windows 7 中,下列属于文件和文件夹常规属性的是(　　　)。

    A. 压缩　　　　　　　B. 隐藏　　　　　　　C. 系统　　　　　　　D. 共享

10. Word 2010 文档中,要将"标题 1"样式的内容全部删除,下列操作最优的是(　　　)。

    A. 选中"标题 1"样式的某一内容,选择"选定所有格式类似的文本",按 Delete 键

    B. 在"查找和替换"对话框中,查找内容填"标题 1"样式,替换为不填,点击"全部替换"

    C. 按 Ctrl 键,逐一点击"标题 1"样式的内容,按 Delete 键

    D. 将"标题 1"样式的内容手动逐一删除

11. 在 Excel 2010 的单元格中输入"＝2022-01-01"并回车,单元格中显示的是(　　　)。

    A. 2020　　　　　　　　　　　　　　B. 2022-01-01

    C. 2022 年 1 月 1 日　　　　　　　　D. 2022-1-1

12. 关于 PowerPoint 2010 视图方式的说法,错误的是(　　　)。

    A. 在普通视图"幻灯片/大纲"窗格中可以编辑文字

    B. 在备注页视图中可以对幻灯片内容与备注进行编辑

    C. 在阅读视图中不能对幻灯片进行修改

    D. 幻灯片浏览视图便于查看演示文稿中所有幻灯片的全貌

13. "出版社"实体与"书店"实体之间的联系是(　　　)。

    A. 一对一　　　　　　B. 一对多　　　　　　C. 多对一　　　　　　D. 多对多

14. IPv4 中,IP 地址由 32 位二进制数组成,分为 A、B、C、D、E 五类,其中前三位 110 的是(　　　)。

    A. A 类　　　　　　　B. B 类　　　　　　　C. C 类　　　　　　　D. D 类

15. 下列关于网络应用与服务说法,错误的是(　　)。

    A. FTP 不能传输图像文件和声音文件

    B. 电子邮件系统最常用的协议是 SMTP 和 POP3

    C. 搜索引擎使用网络爬虫和检索排序等技术

    D. Telnet 是为远程用户之间建立连接而提供的一种服务

16. 在 HTML 中,⟨title⟩和⟨/title⟩标签用来定义(　　)。

    A. 书签标题　　　　B. 样式标题　　　　C. 表格标题　　　　D. 网页标题

17. 2 分钟声音数据,采样频率为 44.1kHz,量化位数为 16 位,单声道,未压缩,下列存储量计算方法,正确的是(　　)。

    A. $44.1 * 1000 * 8 * 120/8$ 字节

    B. $44.1 * 1000 * 8 * 2 * 120/8$ 字节

    C. $44.1 * 1000 * 16 * 120/8$ 字节

    D. $44.1 * 1000 * 16 * 2 * 120/8$ 字节

18. 下列关于多媒体中视频的说法,错误的是(　　)。

    A. 视频编码压缩的目的是提高视频质量

    B. 视频的数字化过程包括采样、量化、编码和压缩

    C. 视频长时间保存不会降低质量

    D. 流媒体技术是视频点播的主流技术之一

19. 以下关于计算机病毒的说法,错误的是(　　)。

    A. 计算机病毒是一组计算机指令或程序代码

    B. 计算机病毒只感染可执行文件

    C. 计算机感染病毒后不一定马上发作

    D. 计算机病毒的预防有硬件和软件两种方式

20. 下列有关云计算的说法,错误的是(　　)。

    A. 云计算是一个虚拟的计算资源池

    B. 云计算服务中由第三方提供商完全承载和管理的是私有云

    C. 云计算具有高可靠性、按需服务、高可扩展性等特点

    D. 云计算是一种按使用量付费的模式

二、多项选择题(本大题共 10 小题,每小题 2 分,共 20 分)

    在每小题列出的四个备选项中至少有两个是符合题目要求的,请将其选出并将答题卡的相应代码涂黑。少涂得 1 分,错涂、多涂或未涂均无分。

21. 下到关于计算机中字符编码的说法,正确的是(　　)。

    A. 机内码用 2 个字节编码,国标码用 1 个字节编码

    B. 计算机使用的中文字符编码包括输入码、国标码、机内码和字形码等

    C. 汉字的字形码具有唯一性

    D. ASCII 码最多可表示 256 种字符

22. 下列可作为计算机输出设备的是(　　)。

    A. 扫描仪　　　　B. 触摸屏　　　　C. 音箱　　　　D. U 盘

44. Windows 7 中,运行在内存中的程序称为＿＿＿＿＿＿＿＿。

45. 从计算机中删除文件时,文件实际上暂时存储到＿＿＿＿＿＿＿＿。

46. 用于删除表中指定记录的 SQL 命令是＿＿＿＿＿＿＿＿。

47. 网络的有线传输介质中,抗干扰能力强,带宽高,传输损耗小,传输距离更长的是＿＿＿＿＿＿。

48. 按照网络覆盖范围来分,一个单位的内部网络属于＿＿＿＿＿＿＿＿。

49. 多媒体系统对时序的要求,体现了多媒体技术特点中的＿＿＿＿＿＿＿＿。

50. 在对称密码体制和非对称密码体制中,可以公开一个密钥的是＿＿＿＿＿＿＿＿。

五、操作题(本大题共 15 小题,每小题 2 分,共 30 分)

请在答题卡各题目指定区域内,将 56、62、65 小题的答案写在相应的位置,其他小题将答题卡的相应代码涂黑。

(一) Word 操作

小王是东方大学软件学院办公室工作人员,学院计划举办一场学术沙龙活动,拟邀专家名要求保存在"专家 .xlsx"文档中,格式和内容如图 3 所示,需制作邀请函,效果如图 4 所示,向拟邀专家发出邀请。请结合所学知识回答下列问题。

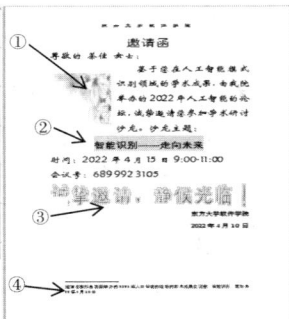

姓名	职务/职称	性别	单位
王鹏	院长	男	信息技术学院
苏佳	教授	女	数学学院
唐斌	总经理	男	新伟软件公司
李炳康	处长	男	科技处
王国峰	副教授	男	计算机学院
丁力	院长	男	数学学院
孙云	教授	女	软件学院

图 3　　　　图 4

51. 小王在主文档中插入页眉后发现下方显示一条横线要删除这条横线。下列操作可行的是(　　　)。

　　A. 在页眉编辑界面,选定横线,按 Delete 键

　　B. 调整纸张大小

　　C. 修改系统样式"页眉"

　　D. 修改页眉顶端距离

52. 要实现图 4①所示效果,下列操作不可行的是(　　　)。

　　A. 设置环绕方式为"四周型"　　　　B. 设置环绕方式为"上下型"

　　C. 设置环绕方式为"穿越型"　　　　D. 设置环绕方式为"紧密型"

53. 下列操作能实现图 4②所示效果的是(　　　)。

　　A. 设置文字效果　　　　　　　　　　B. 设置字体颜色

　　C. 设置突出显示文本颜色　　　　　　D. 设置页面背景

54. 实现图 4③所示效果的最优操作是（　　）。

    A. 输入"诚挚邀请, 敬候光临!", 设置字体格式

    B. 插入文本框, 在文本框中输入"诚挚邀请, 敬候光临!", 设置文本框形状样式

    C. 插入艺术字"诚挚邀请, 敬候光临!", 并对艺术字进行设置

    D. 将"诚挚邀请, 敬候光临!"制作为图片, 插入后设置图片环绕方式

55. 下列操作能实现图 4④所示效果的是（　　）。

    A. 插入脚注　　　　B. 插入尾注　　　　C. 插入题注　　　　D. 插入批注

56. 要制作内容相同, 收件人不同的邀请函。请从下列操作中选择, 并依次写出序号（　　）。

    ①点击"信封"

    ②点击"选择收件人"

    ③插入点定位至主文档"尊敬的"后, 点击"插入合并域"—"姓名"

    ④点击"使用现有列表"选取数据源

    ⑤点击"规则", 选择"如果……那么……否则"设置"性别"域规则

    ⑥点击"规则", 选择"下一记录条件"—设置"性别"域规则

    ⑦点击"完成并合并"

（二）Excel 操作

    小谢是某高校财务部工作人员, 他想利用 Excel 2010 做数据分析, 已建立工作表, 并获取了部分数据(图 5), 请结合所学知识回答下列问题。

	A	B	C	D	E	F	G	H	I	J	K	L
1	职工档案表											
2	职工编号	姓名	性别	职称	身份证号	出生日期	学历	入职时间	工龄	基本工资	工龄工资	基础工资
3	GX007	曾晓军	男	副教授	410205196412278000	1964年12月27日	硕士	2001年3月		10000.00		
4	GX015	李北大	男	副教授	420316197409283000	1974年9月28日	硕士	2006年12月		9500.00		
5	GX002	郭晶晶	女	助教	110105198903040128	1989年3月4日	大专	2012年3月		3500.00		
6	GX013	苏三强	男	教授	370108197202213159	1972年2月21日	硕士	2003年8月		12000.00		

图 5

57. 小谢希望将"基本工资"高于平均值的项标记出来, 下列方法最优的是（　　）。

    A. 先使用 average 函数计算平均值, 然后手动标记

    B. 使用 average if 函数自动标记

    C. 使用 if 函数自动标记

    D. 使用条件格式设置

58. 需要将所有人员的"基本工资"增加 15%, 下列操作正确的是（　　）。

    A. 在一空白单元格输入 1.15, 复制该单元格, 然后点击 J3 单元格, 使用"选择性粘贴"—"乘", 再双击 J3 单元格右下角的填充柄

    B. 在一空白单元格输入 1.15, 复制该单元格, 选中"基本工资"列全部数据单元格, 使用"选择性粘贴"—"乘"

    C. 在 J3 单元格输入"= J3 * 1.15", 确认后双击该单元格右下角的填充柄

    D. 在 M3 单元格输入"= J3 * 1.15", 确认后双击该单元格右下角的填充柄, 最后将 M 列复制后直接粘贴到 J 列

（一）小赵将各销售分部销售订单记录合并到"销售订单汇总"工作表(图8)。

	A	B	C	D	E	F	G	H
1			2021年度销售订单记录					
2	订单编号	日期	分部名称	产品名称	产品编号	销量（件）	单价	销售额
3	GS-08086	2021年10月26日	销售二部	产品2		7		
4	GS-08591	2021年3月16日	销售一部	产品2		40		
5	GS-08001	2021年1月2日	销售二部	产品5		12		
6	GS-08005	2021年1月6日	销售二部	产品3		32		

图8

66. 发现合并后的数据有些数据行不可见,下列操作可以显示所有数据行的是(　　)。
   A. 选择整个工作表,在单元格格式设置中,取消隐藏工作表
   B. 选择整个工作表,在单元格格式设置中,点击"自动调整行高"
   C. 选择整个工作表,在单元格格式设置中,点击"自动调整列宽"
   D. 选择整个工作表,在单元格格式设置中,点击"锁定单元格"

67. 小赵在当前工作簿中已建立结构和内容如图9所示的"产品信息"表。

	A	B	C
1	产品名称	产品编号	单价
2	产品1	BKC-001	2322
3	产品2	BKC-002	1628
4	产品3	BKC-003	3120
5	产品4	BKC-004	670
6	产品5	BKC-005	3600
7	产品6	BKC-006	129
8	产品7	BKS-001	2710
9	产品8	BKS-002	620

图9

使用 vlookup 函数,从"产品信息"表中查询产品的单价,填入"销售订单汇总表"中的对应列,在 G3 单元格应输入的公式是(　　)。
   A. =vlookup（$D$3,产品信息!$A1:$C9,3)
   B. =vlookup（$D$3,产品信息!$A$1:$C$9,3)
   C. =vlookup(D3,产品信息!A$1:C$9,3)
   D. =vlookup(D3,产品信息!$A1:$C9,3)

68. 需要统计不同产品的各销售分部的月销售情况(图10)。
   下列操作最优的是(　　)。

	A	B	C	D	E	F	G	H	I	J	K	L	M	N
1		1月	2月	3月	4月	5月	6月	7月	8月	9月	10月	11月	12月	总计
2	产品1	141	54	193	103	106	56	28	0	41	38	34	104	898
3	销售二部	31	4	7	61		56	28		41				228
4	销售三部	63	11	55	21	32							27	209
5	销售一部	47	39	131	21	74					38	34	77	461

图10

A. 以"产品名称"和"分部名称"为行标签,以"日期"为列标签创建数据透视表

B. 以"产品名称"和"分部名称"为列标签,以"日期"为行标签创建数据透视表

C. 分别以"产品名称""分部名称"和"日期"为分类字段进行分类汇总

D. 使用 sumifs 函数分别填写各单元格数据

(二)小赵使用 Word 2010,为经理准备 2021 年度销售总结报告。

69. 将图 10 中的年度销售数据分析表插入到 Word 文档中,希望 Excel 文档中表格数据发生变化时,Word 文档中的表格数据随之发生变化,下列操作方法最优的是(   )。

A. 在 Word 文档中通过插入对象的方式插入需要的 Excel 工作表

B. 在 Word 文档中通过插入表格的方式插入需要的 Excel 工作表

C. 将需要的 Excel 工作表内容,以"选择性粘贴—链接与使用目标格式"的方式粘贴到 Word 文档中

D. 将需要的 Excel 工作表内容,以"选择性粘贴—只保留文本"的方式粘贴到 Word 文档中,再将文本转换为表格

70. 要将公司的 Logo 图片作为文档背景,下列操作可以实现的是(   )。

①插入 Logo 图片,将其环绕方式设置为"衬于文字下方"

②通过"页面背景"的"页面颜色",将填充效果设置为 Logo 图片

③通过"页面背景"的"水印",将 Logo 图片设置为水印

④通过"页面背景"的"页面边框",将底纹设置为 Logo 图片

A. ①②③　　　　　B. ③④　　　　　C. ①②④　　　　　D. ②③④

71. 不允许修改文档中数据,下列操作方法最优的是(   )。

A. 为文档设置文件打开密码

B. 设置文档修改密码

C. 选择表格并执行剪切命令后,粘贴为图片

D. 将文档保存为 PDF 格式

(三)小赵使用 PowerPoint 2010 制作一份演示文稿,为经理年度总结汇报做准备。

72. 新建演示文稿后,由"年度销售总结报告"的文本内容生成幻灯片,下列操作最优的是(   )。

A. "文件"—"新建"—"根据现有内容新建"

B. "开始"—"新建幻灯片"—"幻灯片(从大纲)"

C. "开始"—"粘贴"—"选择性粘贴"—"Microsoft Word 文档对象"

D. "插入"—"对象"—"由文件创建"

73. 在演示文稿的所有幻灯片中都插入能够自动更新的时间,下列操作可以实现的是(   )。

①选中任意幻灯片,通过"插入"选项卡"文本"组中的"日期和时间"完成

②进入幻灯片母版后,通过"插入"选项卡"文本"组中的"日期和时间"完成

③选中任意幻灯片,插入文本框,直接在里面输入时间,然后进行复制粘贴

④进入幻灯片母版后,通过"插入"选项卡"文本"组中的"页眉和页脚"完成

A. ①②③④　　　　B. ①②③　　　　C. ②③　　　　D. ①②④

5. 在 Windows 7 中,下列关于用户账户的叙述错误的是(　　)。
   A. Guest 用户无法安装软件或硬件
   B. 管理员账户无法更改自己的名称
   C. 其他管理员账户可以为 Administrator 更改用户名,也可禁用该账户
   D. 每台装有 Windows 7 的计算机系统至少有一个管理员账户

6. 如图 2 所示,为了保证正文中图的编号与题注编号始终一致,在正文中插入编号时("胜利店 2020 年度各季度销售额如图 7-6 所示")应采取的方式为(　　)。

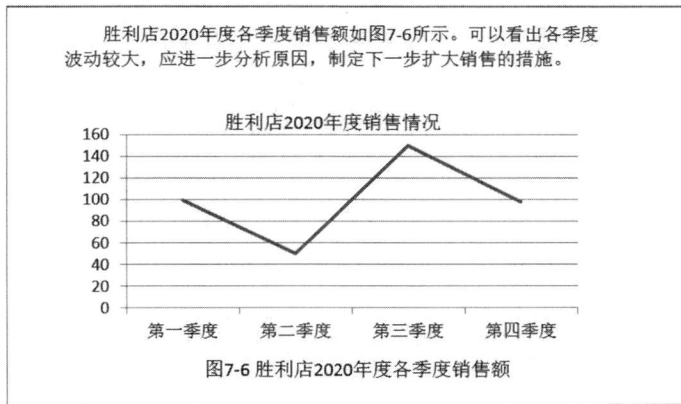

胜利店2020年度各季度销售额如图7-6所示。可以看出各季度波动较大,应进一步分析原因,制定下一步扩大销售的措施。

图7-6 胜利店2020年度各季度销售额

图 2

   A. 交叉引用　　　　　B. 超链接　　　　　C. 书签　　　　　D. 索引

7. 要实现图 3 所示的图文混排效果,下列文字环绕方式中可行的是(　　)。

虽然使用插图有助于更好地理解和记忆并使操作易于应用,但是人们通过 Microsoft Office 2010 程序创建的大部分内容还是文字。创建具有设计师水准的插图很困难,尤其是当您本人是非专业设计人员或者聘请专业设计人员对于您来说过于昂贵时。如果您使用的 Microsoft Office 版本早于 Office 2007,则可能要花费大量的时间进行以下操作:使各形状大小相同并完全对齐;使文字正确显示;手动设置形状的格式使其与文档样式相匹配。通过使用 SmartArt 图形,只需轻点几下鼠标即可创建具有设计师水准的插图。SmartArt 图形的示例如图所示。

图 3

   A. 嵌入型　　　　　B. 四周型　　　　　C. 紧密型　　　　　D. 浮于文字上方

8. 下列关于 Word 2010 修订功能的说法中,错误的是(　　)。
   A. 启用修订功能时,可以查看在文档中所做的更改
   B. 不同的修订者可以使用不同的颜色进行修订
   C. 可以接受或拒绝某一修订
   D. 关闭修订功能后,所做的更改也将消失

9. 在 Excel 2010 中,要引用其他工作簿中工作表的单元格区域,一定用到的是(　　)。
   A. 绝对引用　　　　　B. 相对引用　　　　　C. 混合引用　　　　　D. 三维地址引用

10. 在 PowerPoint 2010 中,不能在空白幻灯片中直接插入的是(　　)。
    A. 艺术字　　　　　B. 公式　　　　　C. 文字　　　　　D. 文本框

11. 关于 PowerPoint 2010 中幻灯片的切换,下列说法正确的是(　　)。
    A. 换片时的声音效果可以由音频文件实现
    B. 同一节中的幻灯片只能设置一种切换效果
    C. 设置"持续时间"属性值越大,幻灯片切换速度越快

    D. 换片方式不能同时选中"单击鼠标时"和"设置自动换片时间"

12. 在 PowerPoint 2010 中,演示文稿播放时不能实现幻灯片跳转的是(　　)。
    A. 动画设置　　　　　　B. 动作设置　　　　　　C. 超链接　　　　　　D. 定位至幻灯片

13. 现有关系 R、S、T,如图 4 所示。由 R、S 得到 T 的关系运算是(　　)。

关系 R

职工号	姓名	性别
T101	张珊	女
T102	李思	男
T103	王武	男

关系 S

职工号	基本工资	职务工资
T101	3200	1000
T103	3500	1100

关系 T

职工号	姓名	性别	基本工资	职务工资
T101	张珊	女	3200	1000
T103	王武	男	3500	1100

图 4

    A. 投影　　　　　　　　B. 选择　　　　　　　　C. 笛卡尔积　　　　　　D. 连接

14. 在设计关系数据库时,E-R 图主要完成于(　　)。
    A. 需求分析阶段　　B. 概念设计阶段　　　C. 逻辑设计阶段　　　D. 物理设计阶段

15. 下列关于网卡的说法,错误的是(　　)。
    A. 网卡又叫网络适配器
    B. 每个网卡都有唯一的物理地址
    C. 网卡用于连接计算机系统与网络,主要工作是接收与发送数据包
    D. 网卡能进行网络数据传输的路径选择

16. 下列音频文件,未采用数据压缩技术的是(　　)。
    A. MP3　　　　　　　　B. MIDI　　　　　　　　C. WAV　　　　　　　D. WMA

17. 下列关于多媒体的描述,错误的是(　　)。
    A. 文字不属于多媒体元素
    B. 多媒体技术的特点是多样性、实时性、集成性、交互性
    C. 远程医疗使用了多媒体技术
    D. 网页可以理解为多种多媒体元素的组合

18. 下列行为更容易导致个人信息泄露的是(　　)。
    A. 不接受陌生人加好友　　　　　　　　B. 直接删除邮箱中的不明邮件
    C. 从官方网站中下载 APP　　　　　　　D. 随意点击好友发的链接

19. 大数据带来了思维方式的转变,下列不能体现大数据思维的是(　　)。
    A. 全样而非抽样　　B. 具体而非抽象　　　C. 效率而非精确　　　D. 相关而非因果

20. 下列关于人工智能的说法,错误的是(　　)。
    A. 计算机视觉、自然语言处理属于人工智能研究领域
    B. AlphaGo 战胜世界冠军李世石是人工智能的具体应用
    C. 人工智能的研究目标是机器完全取代人类
    D. 人工智能技术应该尊重和保护人的隐私、身份认同、能动性和平等性

二、多项选择题(本大题共 10 小题,每小题 2 分,共 20 分)
    在每小题列出的四个备选项中至少有两个是符合题目要求的,请将其选出并将答题卡的相应代码涂黑。少涂得 1 分,错涂、多涂或未涂均无分。

21. 计算机重启后,数据会丢失的有(　　)。
    A. 只读存储器　　B. 随机存储器　　　C. 剪贴板　　　　　D. 回收站

22. 下列属于系统软件的有(　　)。
    A. Linux　　　　　　　B. PhotoShop　　　　　C. WPS　　　　　　　D. DOS

45. 小文对每个城市的标题(日光城拉萨、花城广州、泉城济南……)做了字体、字号、段落对齐方式的设置,并从"引用"选项卡中,选择"目录"—"插入目录",但未生成如图6所示的目录项,其根本原因是( )。

    A. 未打开导航窗格   B. 未在大纲视图中打开

    C. 未应用系统预定义的标题样式   D. 未设置标题所在段落的大纲级别

46. 题45中所述问题的解决方法为:＿＿＿＿＿＿＿＿＿＿＿＿＿＿＿＿＿＿＿＿＿＿＿＿＿＿＿。

(二)Excel 操作

    小强在人事部门工作,要使用 Excel 2010 分析数据。已获取了包含职工号、姓名等数据的 CSV 文档(一种用逗号间隔数据项的文本文件)。请结合所学知识回答下列问题。

47. 小强要在 Excel 2010 工作表中使用 CSV 文档中的数据,下列选项中的最优操作是( )。

    A. 用记事本打开 CSV 文档,逐一输入数据到工作表中

    B. 用记事本打开 CSV 文档,复制数据到工作表中

    C. 利用获取外部数据的方法,将 CSV 文档数据导入工作表中

    D. 利用插入对象的方法,将 CSV 文档数据导入工作表中

48. 完成题47的操作后,如图7所示,为了标记出重复的身份证号,下列最优的操作是( )。

	A	B	C	D	E
1	职工号	姓名	身份证号	联系电话	所属部门
2	R141217	章晓岚	110102204310020017	13571121235	市场部
3	R161817	李晓艳	370203204204120026	13062235566	后勤部
4	R141516	田丽霞	10098145612121212X	13799900336	市场部

图7

    A. 设置条件格式的突出显示规则   B. 使用筛选功能

    C. 使用合并计算功能   D. 先按身份证号排序,再手动标记重复项

49. 所有联系电话都为11位,要将电话号码的后四位设置为＊＊＊＊,其中操作方法最好的是( )。

    A. 选中 D2,输入公式 =left(D2,7)&"＊＊＊＊",双击填充柄

    B. 选中 F2,输入公式 =left(D2,7)&"＊＊＊＊",双击填充柄,把 F 列数据以值的形式复制到 D 列

    C. 选中 F2,输入公式 =left(D2,7)&"＊＊＊＊",双击填充柄,然后将结果后剪切到 D 列

    D. 将联系电话逐一修改

50. 小强根据需要添加了性别、年龄两列,如图8所示。请使用函数 MOD( )、MID( )和 IF( )计算得到性别(身份证号第17位为奇数时性别为男,为偶数时性别为女),F2 单元格应输入公式＿＿＿＿＿＿＿＿。

	A	B	C	D	E	F	G
1	职工号	姓名	身份证号	联系电话	所属部门	性别	年龄
2	R141217	章晓岚	110102204310020017	1357112＊＊＊＊	市场部		
3	R161817	李晓艳	370203204204120026	1306223＊＊＊＊	后勤部		
4	R141516	田丽霞	10098145612121212X	1370999＊＊＊＊	市场部		

图8

51. 为分析各部门职工平均年龄和性别分布情况,添加了如图 9 所示的工作表(假设图 8 中的性别、年龄都已经填充了数据)。

	A	B	C	D	E
1	部门	职工数	女职工数	平均年龄	
2	市场部				
3	后勤部				
4	办公室				

图 9

现需要从图 8 所示的工作表提取数据填入图 9 相应单元格,使用下列函数填充的最优选择是( )。

A. COUNTIF( )、COUNTIFS( )、AVERAGEIF( )

B. COUNT( )、AVERAGE( )

C. COUNTIF( )、COUNTIFS( )、SUMIF( )

D. COUNT( )、COUNTIF( )

52. 要以图 9 所示的工作表为数据源,用图表形式呈现各部门女职工数与本部门职工数对比情况,下列操作最优的是( )。

A. 选择部门和女职工数所在列区域,插入柱状图

B. 选择部门、职工数和女职工数所在列区域,插入柱状图

C. 选择部门和女职工数所在列区域,插入饼图

D. 选择部门、职工数和女职工数所在列区域,插入饼图

(三)PowerPoint 操作

小燕要参加演讲比赛,使用 PowerPoint 2010 演示文稿介绍节气方面的知识,她首先在幻灯片母版插入了"季节"图片,然后在图 10 所示的第 18 张幻灯片中利用一个 SmartArt 图形呈现了"清明、立夏、小满"三个节气。请结合所学知识回答下列问题。

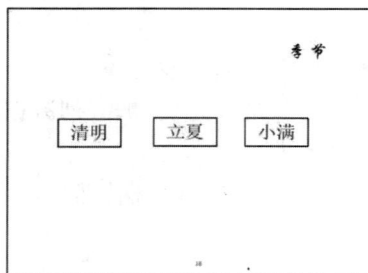

图 10

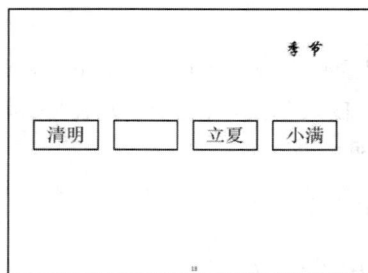

图 11

53. 小燕要将图 10 中的 SmartArt 图形,转换为图 11 中的效果,以下操作最优的是( )。

A. 在 SmartArt 图形的第一个形状的文本后按回车键

B. 选择 SmartArt 图形的第一个形状,从"格式"选项卡中选择"更改形状"命令

C. 选择 SmartArt 图形的第一个形状,从"设计"选项卡中选择"添加形状"命令

D. 选择 SmartArt 图形的第一个形状,从"设计"选项卡中选择"转换"命令

C. 可以自定义项目符号为符号或图片

D. 可以自定义项目符号和编号的字体颜色

5. 在 Word 2010 中,要使下图 2 所示的图形能够自动编号,应插入(   )。

图 2

    A. 批注   B. 尾注   C. 题注   D. 脚注

6. 在 Word 2010 中,要对文档的各级别标题及正文进行顺序调整,最方便操作的视图是(   )。

    A. 大纲视图   B. 普通视图   C. 页面视图   D. Web 版式视图

7. 在 Excel 2010 中,单元格中显示"####"的原因可能是(   )。

    A. 数据类型错误   B. 单元格宽度不够   C. 公式中引用错误   D. 单元格当前宽度不够

8. 关于 Excel 2010 的工作簿和工作表,下列描述中错误的是(   )。

    A. 工作簿由若干个工作表组成   B. 新建的工作簿一般包含 3 个工作表

    C. 工作簿文件的扩展名为 . XLSX   D. 工作簿中可以没有工作表

9. 关于 Excel 2010 的高级筛选,下列说法中错误的是(   )。

    A. 可以将高级筛选结果复制到其他位置

    B. 可以在原有数据区域显示筛选结果

    C. 同一条件行不同单元格中的条件互为"与"逻辑关系

    D. 不同条件行单元格中的条件互为"与"逻辑关系

10. 在 PowerPoint 2010 中,方便添加、删除移动幻灯片的视图是(   )。

    A. 幻灯片放映视图   B. 幻灯片浏览视图   C. 备注页视图   D. 阅读视图

11. 在 PowerPoint 2010 中,下列关于演示文稿中幻灯片母版的说法正确的是(   )。

    A. 可以没有   B. 至少有一个

    C. 肯定有一个或多个   D. 同演示文稿模板一样

12. 在 PowerPoint 2010 中,下列关于隐藏幻灯片的说法正确的是(   )。

    A. 隐藏的幻灯片被删除

    B. 隐藏的幻灯片不能被编辑

    C. 隐藏的幻灯片播放时不显示

    D. 隐藏的幻灯片播放时显示为空白页

13. Access 2010 的数据库属于(   )。

    A. 关系数据库   B. 层次数据库   C. 网状数据库   D. 非结构化数据库

14. 一个团支部有多名团员,一名团员只属于一个团支部,那么团支部实体与团员实体之间的联系属于(   )。

    A. 一对一   B. 一对多   C. 多对一   D. 多对多

15. 下列网络覆盖范围最小的是(   )。

    A. LAN   B. WAN   C. MAN   D. Internet

16. 下列不能使用 Dreamweaver 编辑的文件类型是（   ）。
    A. HTML
    B. XML
    C. RTF
    D. JavaScript

17. 在 Photoshop 中,新建图像文档默认的颜色模式为（   ）。
    A. 位图
    B. RGB 颜色
    C. CMYK 颜色
    D. 灰度

18. 关于 gif 和 png 格式图像的区别,下列说法中正确的是（   ）。
    A. gif 格式和 png 格式图像都支持动画
    B. gif 格式和 png 格式图像都不支持动画
    C. gif 格式不支持动画,png 格式图像支持动画
    D. gif 格式支持动画,png 格式图像不支持动画

19. 下列有关区块链的描述中错误的是（   ）。
    A. 区块链采用分布式数据存储
    B. 区块链中数据签名采用对称加密
    C. 区块链中的信息难以篡改,可以追溯
    D. 比特币是区块链的典型应用

20. 下列行为中符合计算机网络道德规范的是（   ）。
    A. 给本人使用的计算机设置开机密码,防止他人使用
    B. 随意修改他人计算机设置
    C. 通过网络干扰他人的计算机工作
    D. 在网络上发布垃圾信息

二、多项选择题(本大题共10小题,每小题2分,共20分)

在每小题列出的四个备选项中至少有两个是符合题目要求的,请将其选出并将答题卡的相应代码涂黑。少涂得1分,错涂、多涂或未涂均无分。

21. 关于冯·诺依曼计算机体系结构,下列叙述正确的是（   ）。
    A. 计算机硬件系统由五大部件构成
    B. 控制器完成各种算术运算和逻辑运算
    C. 程序可以像数据那样存放在运算器中
    D. 采用二进制形式表示数据和指令

22. 下列选项中可以作为输入设备的有（   ）。
    A. 手写板
    B. 麦克风
    C. 投影仪
    D. 硬盘

23. 下列程序设计语言中属于高级语言的有（   ）。
    A. 机器语言
    B. 汇编语言
    C. C 语言
    D. C++语言

24. 在 Windows 系统中,下列操作可以移动文件或文件夹的有（   ）。
    A. 在同一驱动器中,直接用鼠标拖动
    B. 剪切和粘贴
    C. 不同驱动器中,按住 Ctrl 键用鼠标拖动
    D. 用鼠标右键拖动文件或文件夹到目的文件夹,然后在弹出的菜单中选择"移动到当前位置"

25. 某 Access 2010 数据库中建有"学生"表,包含学号、姓名、性别、出生年月等字段。要查询该表中女同学的姓名,需要应用的关系运算有（   ）。
    A. 选择
    B. 投影
    C. 连接
    D. 笛卡尔积

26. 计算机网络性能指标有（   ）。
    A. 主频
    B. 宽带
    C. 速率
    D. 时延

27. 下列选项中属于多媒体元素的有（   ）。
    A. 图形、图像
    B. 动画、视频
    C. 声音、文字
    D. 硬盘、U 盘

28. 为了预防计算机病毒和降低被黑客攻击的风险。下列做法正确的是（   ）。
    A. 不打开来历不明的电子邮件
    B. 长期使用同一密码
    C. 安装正版的杀毒软件和防火墙软件
    D. 经常升级操作系统的安全补丁

D. 在 A3 单元格输入"2019030101",双击 A3 单元格填充柄

49. 除"总成绩"和"名次"两列之外,其他数据都输入完成后发现存在已重复输入的行,删除这些重复行的最优操作是(　　　)。

    A. 以"学号"为分类字段"分类汇总",将重复的行汇总为 1 行

    B. 选择"学号"列,利用"查找和定位"功能选项卡中将学号重复的行删除

    C. 以"学号"为关键字排序后,查找重复行并逐一删除

    D. 选择"学号"列,利用"删除重复项"删除学号重复行

50. 要按照"平时成绩占 20％、期中成绩占 20％、期末成绩占 60％"的要求填充"总成绩",并以"总成绩"从高到低填充"名次",进行了如下操作:

    步骤 1:在 F3 单元格输入"=C3＊0.2+D3＊0.2+E3＊0.6";

    步骤 2:拖动 F3 单元格填充柄至 52 行;

    步骤 3:在 G3 单元格输入"=RANK(F3,F3:F52)";

    步骤 4:双击 G3 单元格填充柄,操作完成后发现名次与实际不符,你认为错误在于(　　　)。

    A. 步骤 1　　　　　　B. 步骤 2　　　　　　C. 步骤 3　　　　　　D. 步骤 4

51. 你认为题 50 中所述问题的解决方法是:＿＿＿＿＿＿＿＿＿＿＿＿＿＿＿＿＿＿＿＿＿＿。

52. 要突出显示表格中总成绩小于 60 的单元格,可使用"开始"选项卡"样式"组中的＿＿＿＿＿＿＿＿。

(三) PowerPoint 操作

张老师要在 PowerPoint 2010 中对图 5 所示演示文稿中的幻灯片进行相关设置,请结合所学知识回答下列问题。

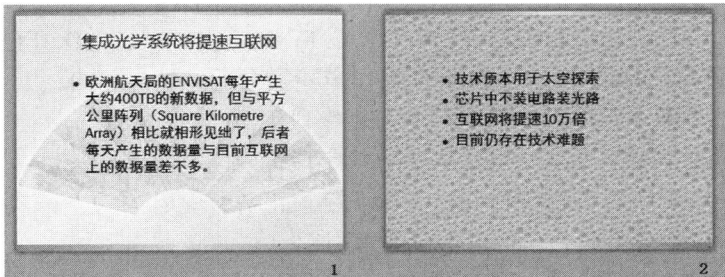

图 5

53. 仅将第一张幻灯片的主题设为"暗香扑面",下列操作正确的是(　　　)。

    A. 选中第一张幻灯片,在"设计"选项卡的"主题"功能区,右键单击"暗香扑面",选择"应用于选定幻灯片"

    B. 选中第一张幻灯片。在"设计"选项卡的"主题"功能区,右键单击"暗香扑面",选择"应用于所有幻灯片"

    C. 选中第一张幻灯片,在"设计"选项卡的"主题"功能区,左键单击"暗香扑面"

    D. 右键单击第一张幻灯片,选择快捷菜单里的"重设幻灯片"

54. 要将第二张幻灯片的背景纹理设置为"水滴",应在"设置背景格式"对话框选择填充方式为(　　　)。

    A. 纯色填充　　　　　B. 渐变填充　　　　　C. 图片或纹理填充　　D. 图案填充

55. 在幻灯片放映时,要将第一张幻灯片前进到第二张幻灯片的出现效果设置为"推进",能够实现这一效果的功能在(   )。

    A. "动画"选项卡   B. "设计"选项卡   C. "切换"选项卡   D. "视图"选项卡

五、综合运用题(本大题共 10 小题,每小题 1 分,共 10 分)

请在答题卡各题目的指定区域内,将 56~65 小题答题卡的相应代码涂黑。

李老师使用 Office 2010 做 4 个班级的学生成绩分析,目前已经得到学生的数学、英语、计算机 3 门课程成绩的 3 个 Excel 工作簿,每个工作簿的成绩表包含学号,姓名和成绩 3 列,但是 3 门课成绩表的学号排列不一致。请结合以下 3 种情景回答相关问题。

(一)李老师使用 Excel 在新建的工作簿中创建了结构如图 6 所示的成绩表,并填入了学号、姓名两列数据。

	A	B	C	D	E	F	G
1	学号	姓名	班级号	数学	英语	计算机	平均分
2	2019030101	丁俊文					
3	2019030102	熊福生					
4	2019030103	周莹					
5	2019030104	何延红					
6	2019030105	李亚华					
7	2019030106	李芬					

图 6

56. 学号中的第 7-8 位数字为班级号,现在采用填充方式填入学生的班级号,下列函数最适合的是(   )。

    A. LEFT( )   B. RIGHT( )   C. SUB( )   D. MID( )

57. 要用函数将 3 门课的成绩汇总到如图 6 所示的成绩表,下列函数最适合的是(   )。

    A. REPLACE( )   B. VLOOKUP( )   C. FIND( )   D. IF( )

58. 要得到每个班每门课的平均成绩,下列操作步骤最合适的是(   )。

    A. 按"平均分"排序后再以"平均分"为分类字段汇总

    B. 按"平均分"排序后再以"班级号"为分类字段汇总

    C. 按"班级号"排序后再以"平均分"为分类字段汇总

    D. 按"班级号"排序后再以"班级号"为分类字段汇总

59. 要想得到如图 7a 所示的同一课程不同班级间平均成绩对比的图表,但操作结果如图 7b 所示。要将图 7b 所示的图表调整为图 7a 所示,最佳操作是(   )。

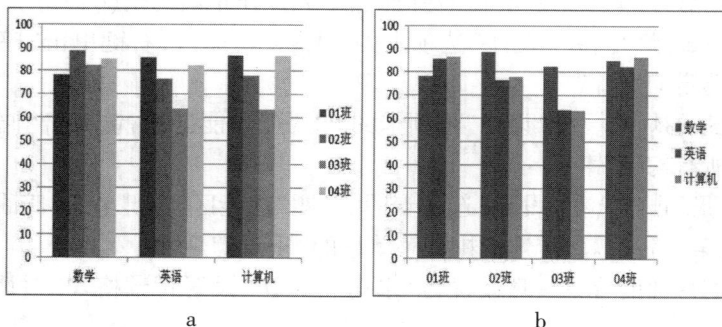

a   b

图 7

6. 计算机软件系统中,最核心的软件是(　　　)。
   A. 操作系统　　　　　　　　　　　　B. 数据库管理系统
   C. 语言和处理程序　　　　　　　　　D. 诊断程序

7. Word 2010 是 Microsoft 公司推出的一款(　　　)。
   A. 电子表格处理软件　　　　　　　　B. 数据库管理系统
   C. 文字处理软件　　　　　　　　　　D. 操作系统

8. Word 2010 中,第一次保存某文件,出现的对话框为(　　　)。
   A. 全部保存　　　B. 另存为　　　C. 保存　　　D. 保存为

9. Excel 2010 中,工作表是一个(　　　)。
   A. 树形表　　　B. 三维表　　　C. 一维表　　　D. 二维表

10. 下列计算机网络的传输介质中,传输率最高的是(　　　)。
    A. 同轴线缆　　　B. 双绞线　　　C. 电话线　　　D. 光纤

11. Access 2010 数据表中的一列,称为(　　　)。
    A. 标题　　　B. 数据　　　C. 记录　　　D. 字段

12. Internet 中计算机之间通信必须共同遵循的协议是(　　　)。
    A. HTTP　　　B. SMTP　　　C. UDP　　　D. TCP/IP

13. 构成 Excel 2010 工作簿的基本要素是(　　　)。
    A. 工作表　　　B. 单元格　　　C. 单元格区域　　　D. 数据

14. 在 Windows 7 中,按名称、大小等排列方式排列桌面上图标的正确操作是(　　　)。
    A. 在开始菜单上右击,将出现一个快捷菜单,然后选择排序方式
    B. 在桌面的任意图标上右击,将出现一个快捷菜单,然后选择排序方式
    C. 在任务栏上右击,将出现一个快捷菜单,然后选择排序方
    D. 桌面的任意空白处右击,将出现一个快捷菜单,然后选择排序方式

15. 在 Windows 7 中,如果菜单项的文字后出现"√"标记,则表明(　　　)。
    A. 此菜单项目当前不可用　　　　　　B. 此菜单项正处于选中状态
    C. 此菜单项目下还有下级菜单　　　　D. 单击此菜单会打开一个对话框

16. 在 Word 2010 中,按下(　　　)组合键可以将光标定位到文件末尾。
    A. Alt 和 Home　　B. Ctrl 和向下箭头　　C. Ctrl 和 Home　　D. Ctrl 和 End

17. 汉字信息交换码(　　　)是我国颁布的国家标准。
    A. GB2312-80　　B. UTF-8　　C. 原码　　D. 补码

18. 将十进制数 56 转换成二进制数是(　　　)。
    A. 111000　　B. 000111　　C. 101010　　D. 100111

19. Windows 7 操作系统中,某窗口的大小占桌面的三分之二,该窗口标题栏最右边存在的按钮分别是(　　　)。
    A. 最小化、向下还原、关闭　　　　　B. 最小化、最大化、向下还原
    C. 最大化、向下还原、关闭　　　　　D. 最小化、最大化、关闭

20. Word 2010 编辑文档时,正在输入的文字添加在(　　　)。
    A. 文件末尾　　　B. 当前行的末尾　　　C. 鼠标光标处　　　D. 插入点所在位置

21. 若要永久删除文件或文件夹,使用的操作方法为(   )。
    A. 直接将文件拖动到回收站中   B. 按住 Shift 键,将文件拖动进回收站中
    C. 右击被删除的对象,选择"删除"项   D. 使用组合键 Alt+Delete

22. 在 Word 2010 的文档编辑状态下,若要设置文档行间距,其功能按钮位于(   )选项卡中。
    A. 开始   B. 文件   C. 插入   D. 视图

23. 在 Excel 2010 中,若要在指定单元格中输入并显示分数 3/4,正确的输入方法是(   )。
    A. #3/4   B. 0 3/4(0 与 3 之间有一个空格)
    C. 3/4   D. 0.75

24. PowerPoint 2010 中主要的编辑视图是(   )。
    A. 幻灯片浏览视图   B. 备注页视图   C. 幻灯片放映视图   D. 普通视图

25. 可以在 PowerPoint 2010 演示文稿中插入图表,目的是(   )。
    A. 可视化地显示文本   B. 演示和比较数据
    C. 显示一个组织结构图   D. 说明一个进程

26. 在一个演示文稿中,若要从第 7 个幻灯片跳转到第 3 个幻灯片,可以使用"插入"选项卡中的(   )。
    A. 超链接或动作   B. 自定义动画   C. 预设动画   D. 幻灯片切换

27. 下列关于计算机语言的描述中,错误的是(   )。
    A. 计算机可以直接执行的是机器语言程序
    B. 汇编语言是一种依赖于计算机的低级语言
    C. 高级语言可读性好、数据结构丰富
    D. 与低级语言相比,高级语言程序的执行效率高

28. 多媒体技术在教育教学中得到广泛应用,其中 CAI 指的是(   )。
    A. 计算机辅助设计   B. 计算机辅助制造
    C. 计算机辅助教学   D. 计算机辅助测试

29. 下列关于计算机网络的叙述中,不正确的是(   )。
    A. 计算机网络是在网络协议控制下实现的计算机互联
    B. 按照拓扑结构,可以将计算机网络分为局域网、城域网和广域网
    C. 计算机网络的基本功能之一是数据通信
    D. 从逻辑功能上看,可以把计算机网络分成通信子网和资源子网两个子网

30. 在 Word 2010 中显示有当前页数、总页数、字数等信息的是(   )。
    A. 常用工具栏   B. 菜单栏   C. 标题栏   D. 状态栏

31. 在计算机网络中,专门利用计算机搞破坏或恶作剧的人被称为(   )。
    A. 黑客   B. 网络管理员   C. 程序员   D. IT 精英

32. Windows 7 操作系统在逻辑设计上的缺陷或错误称为(   )。
    A. 系统垃圾   B. 系统补丁   C. 系统漏洞   D. 木马病毒

33. 下列属于计算机病毒的特点是(   )。
    A. 交互性   B. 集成性   C. 隔离性   D. 破坏性

D. 右击"开始"按钮,在出现的快捷菜单中选择"打开 Windows 资源管理器"

58. 下列选项中,属于 Internet 提供的信息服务功能的是(　　)。

　　A. 实时控制　　　　　B. 文件传输　　　　　C. 辅助系统　　　　　D. 电子邮件

59. 下列选项中,属于 Access 2010 数据库对象的有(　　)。

　　A. 查询　　　　　　　B. 元组　　　　　　　C. 报表　　　　　　　D. 属性

60. PowerPoint 2010 的幻灯片放映类型主要有(　　)。

　　A. 演讲者放映　　　　B. 单窗口自动播放　　C. 观众自行浏览　　　D. 多窗口并行放映

61. 下列选项中,属于资源子网的是(　　)。

　　A. 主机　　　　　　　B. 共享的打印机　　　C. 网桥　　　　　　　D. 集线器

62. 在 Excel 2010 中,可以采用下列(　　)操作方式,修改已创建的图表类型。

　　A. 选择"图表工具/格式"选项卡下的"图表类型"命令

　　B. 选择"图表工具/布局"选项卡下的"图表类型"命令

　　C. 选择"图表工具/设计"选项卡下的"图表类型"命令

　　D. 右键单击图表,在快捷菜单中选择"更改图表类型"命令

63. 微型计算机中的总线包含地址总线、(　　)和(　　)。

　　A. 内部总线　　　　　B. 数据总线　　　　　C. 控制总线　　　　　D. 系统总线

64. Word 2010 中,页面设置可以进行的设置包括(　　)。

　　A. 纸张大小　　　　　B. 页边距　　　　　　C. 批注　　　　　　　D. 字数统计

65. 下列属于信息安全技术的是(　　)。

　　A. Telnet　　　　　　B. 防火墙　　　　　　C. VPN　　　　　　　D. 虚拟现实

66. 防火墙的局限性表现在(　　)。

　　A. 不能强化安全策略　　　　　　　　B. 不能限制暴露用户点

　　C. 不能防备全部威胁　　　　　　　　D. 不能防范不通过它的连接

67. 下列关于信息安全的叙述中,正确的是(　　)。

　　A. 网络环境下的信息系统安全问题比单机环境更加容易保障

　　B. 网络操作系统的安全性涉及信息在存储和管理状态下的保护问题

　　C. 防火墙是保障单位内部网络不受外部攻击的有效措施之一

　　D. 电子邮件是个人之间的通信方式,不会传染病毒

68. 为实现 Windows 7 操作系统安全,应采取的安全策略是(　　)。

　　A. 更新和安装系统补丁　　　　　　　B. 使用防火墙

　　C. 清除临时文件　　　　　　　　　　D. 屏蔽插件和脚本

69. 下列选项中,属于多媒体操作系统的是(　　)。

　　A. Authorware　　　B. Linux　　　　　　C. Windows　　　　　D. PhotoShop

70. PowerPoint 2010 主要提供了三种母版:幻灯片母版、(　　)和(　　)。

　　A. 标题母版　　　　　B. 讲义母版　　　　　C. 备注母版　　　　　D. 图文母版

三、判断题(本大题共 20 小题,每小题 0.5 分,共 10 分)

71. 事务处理、情报检索和知识系统等是计算机在科学计算领域的应用。

　　A. 正确　　　　　　　B. 错误

72. Word 2010 中文档的分栏操作,最多只能分为三栏。

    A. 正确   B. 错误

73. RAM 的特点是断电后所存的信息会丢失。

    A. 正确   B. 错误

74. 默认状态下,新建的 Excel 2010 工作簿中包含三个工作表。

    A. 正确   B. 错误

75. 双击资源管理器窗口标题栏可以完成窗口的最大化和还原的切换。

    A. 正确   B. 错误

76. 非活动窗口在后台运行,不能接收用户的键盘和鼠标输入等操作。

    A. 正确   B. 错误

77. MOV 和 RM 都是音频文件格式。

    A. 正确   B. 错误

78. Windows 7 的任务栏可以被拖动到桌面的任意位置。

    A. 正确   B. 错误

79. SmartArt 图形只能在 PowerPoint 2010 中应用,而在 Word 2010 中不能使用。

    A. 正确   B. 错误

80. 可以对 Word 2010 中所选定的段落设置项目符号和编号格式。

    A. 正确   B. 错误

81. Excel 2010 的单元格区域是默认的,不能重新命名。

    A. 正确   B. 错误

82. Windows 7 的回收站是一个系统文件夹。

    A. 正确   B. 错误

83. 对话框可以改变大小。

    A. 正确   B. 错误

84. 计算机网络道德是用来约束网络从业人员的言行,指导他们的思想的一整套道德规范。

    A. 正确   B. 错误

85. 在 Windows 7 中,文件名可以包含空格。

    A. 正确   B. 错误

86. 在 Excel 2010 中,进行自动填充时,若初值为纯数字型数据时,按住 Ctrl 键,左键拖动填充柄,填充自动增 1 的序列。

    A. 正确   B. 错误

87. 根据链接载体的特点,可以把链接分为文本超链接、图片超链接和锚记超链接三大类。

    A. 正确   B. 错误

88. PowerPoint 2010 在幻灯片浏览视图下,能编辑单张幻灯片的具体内容。

    A. 正确   B. 错误

89. 在任何时刻,Access 2010 只能打开一个数据库,每一个数据库中可以拥有众多的表。

    A. 正确   B. 错误

C. 1MB = 1024B   D. 1MB = 1024 * 1024B

8. 在 Windows 7 中,关于快捷方式说法正确的是(   )。
   A. 一个对象可以有多个快捷方式
   B. 不允许为快捷方式创建快捷方式
   C. 一个快捷方式可以指向多个目标对象
   D. 只有文件和文件夹对象可以创建快捷方式

9. 下列不属于操作系统的是(   )。
   A. Linux   B. Microsoft Office   C. Windows   D. Mac OS

10. 下列关于 Windows 7 的描述中,错误的是(   )。
    A. Windows 7 是一个多任务操作系统,允许多个程序同时运行
    B. 在某一时刻,只能有一个窗口处于活动状态
    C. 非活动窗口在后台运行
    D. 非活动窗口可以接收用户的键盘和鼠标输入等操作

11. 在 Windows 7 系统中,如果菜单项的文字后出现(   )标记,则表明单击此菜单会打开一个对话框。
    A. ▶   B. …   C. √   D. ●

12. 下列关于对话框的叙述中,正确的是(   )。
    A. 拖动标题栏可以移动对话框
    B. 都可以改变大小
    C. 可以最小化成任务栏图标
    D. 可以双击标题栏完成窗口的最大化和还原的切换

13. 在 Windows 7 中,文件名不能使用(   )。
    A. 空格   B. \   C. 下划线   D. 单引号

14. 在 Windows 7 中,文件的属性中不包含(   )。
    A. 隐藏   B. 只读   C. 共享   D. 存档

15. 在 Word 2010 中,插入图片时,默认的文字环绕方式是(   )。
    A. 嵌入型   B. 四周型   C. 紧密型   D. 浮于文字上方

16. 在 Word 2010 中,如果操作出现失误,可以使用(   )。
    A. 撤销   B. 恢复   C. 删除   D. 重启应用程序

17. 在 Word 2010 中,插入分节符,应该选择(   )下的"分隔符"命令。
    A. 开始   B. 页面布局   C. 插入   D. 引用

18. 在 Word 2010 中,主要用于设置和显示标题层级结构的是(   )。
    A. 页面视图   B. 大纲视图   C. Web 版式视图   D. 阅读版式视图

19. Excel 2010 中,一个工作簿最多可包含(   )个工作表。
    A. 3   B. 16   C. 255   D. 无数

20. Excel 2010 中,若要同时选定 B2:C6 和 E1:F2,下列正确的操作的是(   )。
    A. 按住鼠标键从 B2 拖动到 C6,然后按住鼠标左键从 E1 拖动到 F2
    B. 按住鼠标键从 B2 拖动到 C6,按住 Shift,并按鼠标左键从 E1 拖动到 F2

C. 按住鼠标键从 B2 拖动到 C6,按住 Ctrl,并按鼠标左键从 E1 拖动到 F2

D. 按住鼠标键从 B2 拖动到 C6,按住 Alt,并按鼠标左键从 E1 拖动到 F2

21. Excel 2010 中,若单元格中的数字超过 11 位时,将会( )。

    A. 自动扩大列宽   B. 显示为###

    C. 显示   D. 以科学计数法形式显示

22. 在 Excel 2010 中,将 Sheet1 的 A1 单元格内容与 Sheet2 的 B2 单元格内容相加,计算结果要在 Sheet3 的 A1 单元格中,则在 Sheet3 的 A1 单元格中应输入( )。

    A. =Sheet1 $ A1+Sheet2 $ B2   B. =Sheet1!A1+Sheet2!B2

    C. Sheet1 $ A1+Sheet2 $ B2   D. Sheet1!A1+Sheet2!B2

23. Excel 2010 中,使用升序、降序按钮做排序操作时,活动单元格应选定( )。

    A. 工作表的任何地方   B. 数据清单中的任何地方

    C. 排序依据数据列的任一单元格   D. 数据清单标题行的任一单元格

24. Excel 2010 中,若在单元格中输入"1/2",则系统将其视作( )。

    A. 0.5   B. 分数 1/2   C. 1 月 2 日   D. 字符串

25. ( )的性能直接影响计算机的运行速度,很大程度上代表了所配置的计算机系统的性能。

    A. CPU   B. 内存   C. 硬盘   D. 显卡

26. 在 Excel 2010 中,公式"3.14 * $ C $ 4"中对 C4 单元格进行了( )。

    A. 相对引用   B. 绝对引用   C. 混合引用   D. 非法引用

27. 在 Excel 2010 中有三种迷你图样式,其中不包含( )。

    A. 折线图   B. 柱形图   C. 饼状图   D. 盈亏图

28. 在 Excel 2010 中,单元格 C1 到 C10 分别存放了 10 位同学的考试成绩,下列用于计算考试成绩在 80 分以上的人数的公式是( )。

    A. =COUNT(C1:CI0,">80")   B. =COUNT(C1:CI0,>80)

    C. =COUNTIF(C1:C10,">80")   D. =COUNTIF(C1:C10,>80)

29. CPU 的主频单位是( )。

    A. GHz   B. GB   C. bps   D. MB/S

30. PowerPoint 2010 中,在普通视图的"幻灯片"窗格中,如果选择不连续的多张幻灯片,则按住( )键,依次单击要选的幻灯片。

    A. Shift   B. Ctrl   C. Alt   D. Space

31. 一张分辨率为 640×480 的位数为 32 位的真彩色的位图,其文件大小是( )。

    A. 307200MB   B. 307200KB   C. 1200KB   D. 1200B

32. PowerPoint 2010 中,若要设置换片方式,应选择( )选项卡。

    A. 设计   B. 切换   C. 动画   D. 幻灯片放映

33. 快捷方式就是一个扩展名为( )的文件。

    A. . BAT   B. . EXE   C. . LNK   D. . INI

34. PowerPoint 2010 在幻灯片浏览视图下,不能进行的操作是( )。

    A. 排列幻灯片   B. 删除幻灯片

B. 一个完整的图表通常由图表区、绘图区、图表标题和图例等几大部分组成

C. 数据系列用于标识当前图表中各组数据代表的意义

D. 图例对应工作表中的一行或一列数据

62. PowerPoint 2010 中,若选择"复制"命令,则原幻灯片被复制到剪贴板,然后再在要粘贴的位置单击鼠标右键,执行"粘贴选项"命令,此时粘贴选项中应有 3 个选择项,分别是(   )和图片。

    A. 使用目标主题   B. 保留源格式   C. 近框除外   D. 全部

63. 数据库中最常见的数据模型有三种,即层次模型、(   )和(   )。

    A. 树状模型   B. 关系模型   C. 对象模型   D. 网状模型

64. 防火墙的作用包括(   )。

    A. 拦截来自外部的非法访问

    B. 决定内部人员可以访问哪些外部服务

    C. 完全防止传送已被病毒感染的软件和文件

    D. 解决来自内部网络的攻击和安全问题

65. 多媒体信息不包括(   )。

    A. 光盘   B. 文字   C. 音频   D. 声卡

66. 相对于内存,外部存储器具有的特点是(   )。

    A. 存取速度快   B. 容量相对大   C. 价格较贵   D. 永久性存储

67. 在 Excel 2010 中,下列叙述错误的是(   )。

    A. 在 Excel 2010 中,删除工作表后,可以撤销删除操作

    B. 在工作表标签上右击,在弹出的快捷菜单中选择"隐藏"可以使工作表不可见

    C. 可以通过快速访问工具栏上的撤销按钮来撤销对工作表的隐藏操作

    D. 右击工作表标签,单击"取消隐藏"命令,会弹出"取消隐藏"对话框

68. 在 Excel 2010 中,下列关于高级筛选的描述中,错误的是(   )。

    A. 高级筛选的条件区域至少有两行

    B. 高级筛选的条件区域必须包含字段名和筛选条件

    C. 高级筛选的条件区域中的字段名不需要与数据清单中的字段名完全一致

    D. 在高级筛选条件区域的设置中,同一行上的条件认为是"或"条件

69. 下列说法正确的是(   )。

    A. 矢量图比点阵图色彩更丰富   B. 矢量图比点阵图占存储空间更小

    C. 点阵图的清晰度和分辨率有关   D. 矢量图由像素点构成

70. 下列属于计算机病毒的主要特点的是(   )。

    A. 交互性   B. 潜伏性   C. 实时性   D. 传染性

三、判断题(本大题共 20 小题,每小题 0.5 分,共 10 分)

71. 剪切板是硬盘中的一块存储区域。

    A. 正确   B. 错误

72. 在同一个文件夹下,文件"a. txt"和文件"A. txt"可以同时存在。

    A. 正确   B. 错误

73. 分时操作系统的可以接受多个用户的命令,采用时间片轮转方式处理服务请求。

    A. 正确　　　　　　　B. 错误

74. PowerPoint 2010 中,在备注页视图下,可以插入文本,但不可以插入表格、图表、图片等对象。

    A. 正确　　　　　　　B. 错误

75. 默认情况下,Office 2010 应用程序会每隔一段时间自动保存一次文档。

    A. 正确　　　　　　　B. 错误

76. 当需要把一种格式复制到多个文本对象时,需要连续使用格式刷双击"格式刷"按钮即可。

    A. 正确　　　　　　　B. 错误

77. 在 Word 2010 中,文本输入默认是插入状态,可以通过按 Insert 键转化为改写状态。

    A. 正确　　　　　　　B. 错误

78. 在 Excel 2010 中,如果单元格的数字格式数值为两位小数,此时输入三位小数,则末位四舍五入,计算时以显示的数字为准,而不再采用输入数值。

    A. 正确　　　　　　　B. 错误

79. 在 Excel 2010 中,删除工作表是永久删除,无法撤销删除操作。

    A. 正确　　　　　　　B. 错误

80. 在 Excel 2010 中,数据删除和清除是两个不同的概念。

    A. 正确　　　　　　　B. 错误

81. Excel 2010 是电子表格处理软件,没有添加页眉页脚功能。

    A. 正确　　　　　　　B. 错误

82. 在 Excel 2010 中输入公式时,引用单元格数据有两种方法,第一种是直接输入单元格地址,第二种是利用鼠标选择单元格,最后按回车键确认。

    A 正确　　　　　　　B. 错误

83. 在 Excel 2010 中,数据清单的第一行必须为文本类型,为相应列的名称。

    A. 正确　　　　　　　B. 错误

84. 在 PowerPoint 2010 中,主题只能应用于所有幻灯片。

    A. 正确　　　　　　　B. 错误

85. 在 PowerPoint 2010 中,在幻灯片中添加超链接的对象并没有严格的限制,可以是文本或图形图片,也可以是表格或图示。

    A. 正确　　　　　　　B. 错误

86. PowerPoint 2010 提供的背景格式设置方式有纯色填充、渐变填充、图片或纹理填充、图案填充 4 种。

    A. 正确　　　　　　　B. 错误

87. 在 Access 2010 中,不可以修改"数字"与"文本"数据类型字段的大小。

    A. 正确　　　　　　　B. 错误

88. 在任何时刻,Access 2010 可以打开并运行多个数据库,在每一个数据库中,可以拥有众多的表、查询、窗体、报表、宏和模块。

    A. 正确　　　　　　　B. 错误

5. 主板上的 CMOS 芯片的主要用途是(　　　)。
   A. 增加内存的容量
   B. 管理内存与 CPU 的通讯
   C. 储存时间、日期、硬盘参数与计算机配置信息
   D. 存放基本输入输出系统程序、引导程序和自检程序

6. 以下(　　　)是计算机程序设计语言所经历的主要阶段。
   A. 机器语言、BASIC 语言和 C 语言
   B. 机器语言、汇编语言和 C++语言
   C. 机器语言、汇编语言和高级语言
   D. 二进制代码语言、机器语言和 FORTRAN 语言

7. 操作系统的四个主要特性是(　　　)。
   A. 并发性、共享性、虚拟性、异步性　　　　B. 易用性、共享性、成熟性、差异性
   C. 并发性、易用性、稳定性、异步性　　　　D. 并发性、共享性、可靠性、差异性

8. 在 Windows 7 中,(　　　)可以创建快捷方式。
   A. 只能是单个文件　　　　　　　　　　　B. 可以是文件或文件夹
   C. 只能是可执行的程序或程序组　　　　　D. 只能是程序文件或文档文件

9. 对 Windows 7 中,下述正确的是(　　　)。
   A. 回收站与剪贴板一样,是内存中的一块区域
   B. 只有对当前活动窗口才能进行移动、改变大小等操作
   C. 一旦屏幕保护开始,原来在屏幕上的活动窗口就关闭了
   D. 桌面上的图标,不能按用户的意愿重新排列

10. 以下关于用户账户的描述,不正确的是(　　　)。
    A. 要使用运行 Windows 7 的计算机,用户必须有自己的账户
    B. 可以任何成员的身份登录到计算机,创建新的用户账户
    C. 使用控制面板中的"用户和密码"可以创建新的账户
    D. 当将账户添加到某组后,可以把指派给该组的所有权限授予这个账户

11. 在 Windows 7 中,将运行程序的窗口最小化,则该程序(　　　)。
    A. 暂停执行　　　　　　　　　　　　　B. 终止执行
    C. 仍在前台继续运行　　　　　　　　　D. 转入后台继续运行

12. "控制面板"无法(　　　)。
    A. 改变屏幕颜色　　　B. 卸载软件　　　C. 改变 CMOS 的设置　　　D. 调整鼠标速度

13. 在 Windows 的"资源管理器"窗口中,如果想一次选定多个分散的文件或文件夹,正确的操作是(　　　)。
    A. 按住 Shift 键,用鼠标右键逐个选取　　　B. 按住 Ctrl 键,用鼠标左键逐个选取
    C. 按住 Alt 键,用鼠标右键逐个选取　　　　D. 按住 Shift 键,用鼠标左键逐个选取

14. 不能关闭 Word 2010 窗口的是(　　　)。
    A. 双击标题栏左边的"W"　　　　　　　B. 单击标题栏右边的"×"
    C. 单击文件选项卡中的"关闭"　　　　　D. 单击文件选项卡中的"退出"

15. Word 2010 文档默认的文件扩展名是(　　　)。
    A. . TXT　　　　　　B. . XLSX　　　　　　C. . DOCX　　　　　　D. . ACCDB

16. 在 Word 2010 中,可以显示出页眉和页脚的视图方式是(　　　)。
   A. 普通视图　　　　B. 页面视图　　　　C. 大纲视图　　　　D. 全屏幕视图

17. 在 Word 2010 中,要改变表格的大小,可以(　　　)。
   A. 使用图片编辑工具　　　　　　　B. 使用字符缩放
   C. 拖动表格右下端的缩放手柄　　　D. 拖动表格左上方的移动手柄

18. 在 Word 2010 中,超级链接在(　　　)选项卡中。
   A. 开始　　　　B. 插入　　　　C. 页面布局　　　　D. 审阅

19. 在 Word 2010 中,切换到页面视图方式的组合键是(　　　)。
   A. Ctrl+Alt+N　　　B. Ctrl+Alt+P　　　C. Ctrl+Alt+M　　　D. Ctrl+Alt+Q

20. 在 Word 2010 中打开多个文档后,要在文档之间进行切换,可使用组合键(　　　)。
   A. Ctrl+F6　　　B. Alt+F4　　　C. Ctrl+F5　　　D. Alt+F5

21. 打开 Excel 2010 文档一般是指(　　　)。
   A. 把文档的内容从内存中读入,并显示出来
   B. 为指定文件开设一个新的、空的文档窗口
   C. 把文档的内容从磁盘中调入内存,并显示出来
   D. 显示并打印出指定文档的内容

22. 在 Excel 2010 中,有关打印的说法,错误的是(　　　)。
   A. 可以设置打印份数
   B. 点击"文件"—"打印"时,页面右侧同步显示打印预览效果
   C. 无法调整打印方向
   D. 可进行页面设置

23. 在 Excel 2010 中,正确引用工作表 sheet2 中 B6 单元格的方式是(　　　)。
   A. sheet2_B6　　　B. sheet2！B6　　　C. sheet2：B6　　　D. sheet2 * B6

24. 在 Excel 2010 中,工作簿指的是(　　　)。
   A. 当前的操作区域　　　　　　B. 一种记录方式
   C. 整个 Excel 2010 文档　　　　D. 当前的整个工作表

25. 在 Excel 2010 中,求 A3 至 A10 和的表达式为(　　　)。
   A. =SUM(A3:Al0)　B. SUM(A3:Al0)　C. =SUM(A3－A10)　D. SUM(A3,Al0)

26. 将 Word 2010 中多段文字粘贴到 Excel 2010 中,它们在(　　　)。
   A. 一个单元格　　　　　　B. 同一行的多个单元格
   C. 同一列的多个单元格　　D. 不可粘贴

27. 在 Excel 2010 中,下列操作错误的是(　　　)。
   A. 在"开始"选项卡中,可以使用剪贴板操作
   B. 在"开始"选项卡中,可以设置对齐方式
   C. 在"数据"选项卡中,可以实现分类汇总
   D. 在"视图"选项卡中,可以实现拼写检查功能

28. 在 PowerPoint 2010 的普通视图左侧的大纲窗格中,可以修改的是(　　　)。
   A. 占位符中的文字　B. 图表　　　C. 自选图形　　　D. 文本框中的文字

29. 在 PowerPoint 2010 中,下列说法错误的是(　　　)。
   A. 不可以为剪贴画重新上色

C. 虚拟内存管理程序对磁盘的频繁读写,在磁盘中产生的大量碎片空间

D. 磁盘中所有没有使用的存储空间

56. 在 Word 2010 中,页面设置主要包括(　　)。

    A. 页边距　　　　　　B. 纸张　　　　　　C. 首行缩进　　　　　　D. 字体大小

57. 在 Word 2010 中,有关表格下列的说法错误的是(　　)。

    A. 通过"插入"选项卡可插入表格

    B. "表格工具"选项卡的"布局"选项卡中,可以进行边框及底纹的设计

    C. 表格中的单元格可以合并及拆分

    D. 表格中的数据不能排序

58. 在 Word 2010 中选择文本区域,下列操作正确的是(　　)。

    A. 单击鼠标左键可以选择一行文本　　　　B. 单击鼠标左键可以选择一段文本

    C. 双击鼠标右键可以选择一段文本　　　　D. 三击鼠标左键可以选择整篇文本

59. 在 Excel 2010 中,复制选定的单元格中的数据的操作是(　　)。

    A. Ctrl+C 组合键　　　　　　　　　　　B. 单击开始选项卡的"复制"按钮

    C. Ctrl+V 组合键　　　　　　　　　　　D. 单击开始选项卡的"剪切"按钮

60. 在 Excel 2010 中,若查找内容为"e？c＊",则可能查到的单词为(　　)。

    A. excel　　　　　　　　B. editor　　　　　　　C. excellent　　　　　　D. ettc

61. 在 Excel 2010 中,下列说法正确的是(　　)。

    A. "删除"命令属于"开始"选项卡的"单元格"命令组

    B. "编辑"命令组中包含清除、填充、排序等命令

    C. "退出"命令属于"开始"选项卡

    D. "视图"选项卡中可以新建批注

62. 在 Excel 2010 中,点击一个单元格,要删除其中的内容,但保留此单元格,可以使用哪些操作(　　)。

    A. 按 Delete 键　　　　　　　　　　　　B. 使用清除命令

    C. 使用删除单元格命令　　　　　　　　　D. 使用复制命令

63. 在 PowerPoint 2010 中,有关动画效果的描述,错误的是(　　)。

    A. 可以预览动画效果

    B. 同一对象只能设置一个动画效果

    C. 利用动画刷可以将 A 对象的动画效果复制到 B 对象

    D. 动画文本发送时,可整批发送,但不能按字母发送

64. 下列四个数据类型中,不是 Access 2010 中字段的数据类型的是(　　)。

    A. 文本　　　　　　　　B. 逻辑　　　　　　　C. 数字　　　　　　　D. 通用

65. 下列不是 Access 2010 窗体中控件的常用属性的是(　　)。

    A. 索引　　　　　　　　B. 格式　　　　　　　C. 有效性规则　　　　D. 默认值

66. 请根据多媒体的特性判断以下哪些属于多媒体的范畴(　　)。

    A. 交互式视频游戏　　B. 彩色画报　　　　　C. 电子出版物　　　　D. 彩色电视

67. 多媒体创作工具的作用是(　　)。

    A. 简化多媒体创作过程

    B. 降低对多媒体创作者的要求,创作者不再需要了解多媒体程序的各个细节

C. 比用多媒体程序设计的功能、效果更强

D. 需要创作者懂得较多的多媒体程序设计

68. 在网页制作中,关于图片超链接,下列说法不正确的是(   )。

A. 热点是图片上的超链接区域,用户单击热点区域可以转到相应的链接目标

B. 不能将整个图片设置为超链接,更不能为图片分配一个或多个热点

C. 图片中可以设置多个热点,但不可以添加文本热点到图片中

D. 创建图片热点超链接必须使用图片热点工具

69. "口令"是保证系统安全的一种简单而有效的方法。一个好的"口令"应当(   )。

A. 只使用小写字母　　　　　　　　　B. 混合使用字母和数字

C. 不能让人轻易记住　　　　　　　　D. 具有足够的长度

70. 按照防火墙保护网络使用方法的不同,防火墙可分为应用层防火墙和(   )。

A. 物理层防火墙　　B. 检测层防火墙　　C. 链路层防火墙　　D. 网络层防火墙

三、判断题(本大题共 20 小题,每小题 0.5 分,共 10 分)

71. 从信息的输入输出角度来说,磁盘驱动器和磁带机既可以看作输入设备,又可看作输出设备。

A. 正确　　　　　　B. 错误

72. 汉字在计算机内部表示时采用的是国际码。

A. 正确　　　　　　B. 错误

73. 要提高计算机的运行速度,只要采用高速 CPU,而主存储器没有速度要求。

A. 正确　　　　　　B. 错误

74. 在 Windows 7 中可以用直接拖拽应用程序图标到桌面的方法来创建快捷方式。

A. 正确　　　　　　B. 错误

75. 对话框窗口的最小化形式是一个图标。

A. 正确　　　　　　B. 错误

76. 操作系统是最常用的一款应用软件。

A. 正确　　　　　　B. 错误

77. Word 2010 既能编辑文稿,又能编辑图片。

A. 正确　　　　　　B. 错误

78. Word 2010 中没有字数统计功能。

A. 正确　　　　　　B. 错误

79. 在 Word 2010 中把表格转化成文本,只有逐步地删除表格线。

A. 正确　　　　　　B. 错误

80. 单元格是 Excel 2010 工作表最基本的数据单元。

A. 正确　　　　　　B. 错误

81. Excel 2010 不仅能进行算术运算、比较运算,而且还能够进行文字运算。

A. 正确　　　　　　B. 错误

82. 一个工作簿包含多个工作表,根据需要可以对工作表进行删除、复制、切换和重命名操作,不可对其进行添加操作。

A. 正确　　　　　　B. 错误

83. 在 PowerPoint 2010 中按功能键 F7 的功能是拼写检查。

7. 在 Windows 7 中,为了保护文件不被修改,将它的属性设置为(   )系统。
   A. 只读   B. 存档   C. 隐藏   D. 系统

8. 在 Windows 7 的资源管理器窗口右部选定所有文件,如果要取消几个文件的选定,应进行的操作是(   )。
   A. 用鼠标左键依次单击各个要取消选定的文件
   B. 按住 Ctrl 键,再用鼠标左键依次单击各个要取消选定的文件
   C. 按住 Shift 键,再用鼠标左键依次单击各个要取消选定的文件
   D. 用鼠标右键依次单击各个要取消选定的文件

9. 在 Windows 7 中,各个输入法之间切换,默认情况下应按(   )键。
   A. Shift+空格   B. Ctrl+空格   C. Ctrl+Shift   D. Alt+回车

10. Windows 7 中,要把整个计算机屏幕的画面复制到剪贴板上,可按(   )键。
    A. Alt+PrintScreen   B. PrintScreen   C. Shift+PrintScreen   D. Ctrl+PrintScreen

11. 在 Windows 7 中可以对系统日期或时间进行设置,下述哪种是不正确的途径(   )。
    A. 利用控制面板中的"日期/时间"
    B. 右键单击桌面空白处,在弹出的快捷菜单中选择"调整日期/时间"命令
    C. 右键单击任务栏通知区域的时间指示器,在弹出的快捷菜单中选择"调整日期/时间"命令
    D. 单击任务栏最右端的时间指示器

12. 在 Windows 7 中,下列程序不属于附件的是(   )。
    A. 计算器   B. 记事本   C. 网上邻居   D. 画图

13. Windows 7 自带的网络浏览器是(   )。
    A. Netscape   B. Internet Explorer   C. CuteFTP   D. Firefox

14. 在 Word 2010 中,当前已打开一个文件,若想打开另一文件(   )。
    A. 首先关闭原来的文件,才能打开新文件
    B. 打开新文件时,系统会自动关闭原文件
    C. 两个文件可以都打开
    D. 新文件的内容会加入原来打开的文件中

15. 在 Word 2010 中,要同时在屏幕上显示一个文档的不同部分,可以使用(   )功能。
    A. 重排窗口   B. 全屏显示   C. 拆分窗口   D. 页面设置

16. 在 Word 2010 中,文本被剪切后,它被保存在(   )。
    A. 临时文档   B. 自己新建的文档   C. 剪贴板   D. 硬盘

17. 在 Word 2010 中,要使文档各段落的第一行左边空出两个字符位,可以对文档各段落进行(   )格式设置。
    A. 首行缩进   B. 悬挂缩进   C. 左缩进   D. 右缩进

18. 下列有关 Word 2010 格式刷的叙述中,正确的是(   )。
    A. 格式刷只能复制纯文本的内容
    B. 格式刷只能复制字体格式
    C. 格式刷只能复制段落格式
    D. 格式刷既可以复制字体格式,也可以复制段落格式

19. 在 Word 2010 的表格操作中,改变表格的行高与列宽可用鼠标操作,方法是(　　　)。

　　A. 当鼠标指针在表格线上变为双箭头形状时拖动鼠标

　　B. 双击表格线

　　C. 单击表格线

　　D. 单击"拆分单元格"按钮

20. 在 Word 2010 文本编辑中,(　　　)实际上应该在文档的编辑、排版和打印等操作之前进行,因为对许多操作都将产生影响。

　　A. 页码设定　　　　B. 打印预览　　　　C. 字体设置　　　　D. 页面设置

21. 在 Excel 2010 新建工作簿中,默认的工作表个数是(　　　)。

　　A. 1　　　　　　　B. 2　　　　　　　C. 3　　　　　　　D. 4

22. 在 Excel 2010 中,输入分数 2/3 的方法是(　　　)。

　　A. 直接输入 2/3　　　　　　　　　　B. 先输入 0,再输入 2/3

　　C. 先输入 0 和空格,再输入 2/3　　　　D. 以上都不对

23. 已在 Excel 2010 工作表中 F10 单元格中输入了"八月",拖动该单元格的填充柄往左移动,请问在 F7、F8、F9 单元格会出现(　　　)。

　　A. 九月、十月、十一月　　　　　　　B. 七月、八月、五月

　　C. 五月、六月、七月　　　　　　　　D. 八月、八月、八月

24. 在 Excel 2010 中,可以将一个或多个文本连接为一个文本的运算符是(　　　)。

　　A. +　　　　　　　B. −　　　　　　　C. &　　　　　　　D. *

25. 在 Excel 2010 中,G8 单元格的值为 7654.375,执行某些操作之后,在 G8 单元格中显示一串"#"符号,说明 G8 单元格的(　　　)。

　　A. 公式有错　　　　　　　　　　　　B. 数据因操作失误丢失

　　C. 显示宽度不够　　　　　　　　　　D. 格式与类型不匹配,无法显示

26. 在 Excel 2010 中工作表中输入数据时,如果需要在单元格内回车换行,下列哪组按键可以实现(　　　)。

　　A. Alt+Enter　　　B. Ctrl+Enter　　　C. Shift+Enter　　　D. Ctrl+ Shift+Enter

27. 在 Excel 2010 中根据数据表制作图表时,可以对(　　　)进行设置。

　　A. 标题　　　　　　B. 坐标轴　　　　　C. 网格线　　　　　D. 都可以

28. 在 PowerPoint 2010 中,对幻灯片的重新排序、幻灯片间定时、加入和删除幻灯片以及整体的构思都特别有用的视图是(　　　)。

　　A. 幻灯片视图　　　B. 大纲视图　　　　C. 幻灯片浏览视图　D. 普通视图

29. 在 PowerPoint 2010 中,有关插入多媒体素材的说法错误的是(　　　)。

　　A. 可以直接插入 Flash 动画　　　　　B. 可以直接插入 GIF 动画

　　C. 可以直接插入视频　　　　　　　　D. 可直接向幻灯片中插入声音

30. 在 PowerPoint 2010 中,下面(　　　)不是合法的打印选项。

　　A. 幻灯片　　　　　B. 备注页　　　　　C. 讲义　　　　　　D. 幻灯片浏览

31. PowerPoint 2010 是一个(　　　)工具软件。

　　A. 文字处理　　　　B. 演示文稿　　　　C. 图形处理　　　　D. 表格处理

D. 将鼠标移动到文档编辑区,三击鼠标左键

58. 在 Word 2010 中,下列关于查找与替换描述正确的( )。
    A. 只能从文档的光标处向下查找与替换
    B. 查找与替换时不能区分全角/半角
    C. 可以对段落标记、分页符进行查找与替换
    D. 查找与替换时可以区分大小写字母

59. 在 Word 2010 中,下列关于页眉、页脚描述正确的是( )。
    A. 页眉、页脚的字体字号为固定值,不能够修改
    B. 奇偶页、首页可以设置不同的页眉、页脚
    C. 页眉、页脚可与文件的内容同时编辑
    D. 页眉默认居中,页脚默认左对齐,根据需要可以改变它们的对齐方式

60. 以下关于 Excel 2010 工作簿和工作表的叙述,正确的是( )。
    A. 一个工作簿可包含至多 16 张工作表
    B. 工作表的复制是完全复制,包括数据和排版格式
    C. 工作表的移动或复制只限于本工作簿,不能跨工作簿进行
    D. 保存了工作簿就等于保存了其中的所有的工作表

61. 在 Excel 2010 中,某区域由 A1、A2、A3、B1、B2、B3 六个单元格组成,下列不能表示该区域的是( )。
    A. A1:B3   B. A1:B1;A2:B2   C. B2:A1;B3:A3   D. A3:B2

62. 在 Excel 2010 中,要选定 B2:E6 单元格区域,可以先选择 B2 单元格,然后( )。
    A. 按住鼠标左键拖动到 E6 单元格
    B. 按住 Shift 键并按向下向右光标键,直到 E6 单元格
    C. 按住鼠标右键拖动到 E6 单元格
    D. 按住 Ctrl 键并按向下向右光标键,直到 E6 单元格

63. 在 Excel 2010 工作表中,下列正确的公式形式为( )。
    A. =B3 * Sheet3! A2   B. =B3 * %A2
    C. =B3 * "Sheet3!" A2   D. =B3 * $ A2

64. 在 PowerPoint 2010 中,控制幻灯片外观的方法有( )。
    A. 应用设计模板   B. 设置字体
    C. 设置文本框颜色   D. 母版

65. 以下属于 Access 2010 操作查询的是( )。
    A. 筛选查询   B. 追加查询   C. 删除查询   D. 新建数据查询

66. 以下属于视频文件的是( )。
    A. .JPEG   B. .MAX   C. .AVI   D. .WMV

67. 以下选项中属于色彩的三要素的是( )。
    A 色相   B. 色温   C. 色度   D. 饱和度

68. 以下选项中属于网页文件扩展名的是( )。
    A. .DOCX   B. .HTML   C. .HML   D. .HTM

69. 以下合法的 IPv4 地址是( )。
   A. 111. 11. 1. 1　　　B. 222. 22. 22. 2　　　C. 333. 33. 33. 3　　　D. 22. 2. 2. 2. 22

70. 与电子邮件有关的协议是( )。
   A. POP　　　B. SMTP　　　C. HTTP　　　D. FTP

三、判断题(本大题共20小题,每小题0.5分,共10分)

71. 世界上第一台计算机的电子元器件主要是晶体管。
   A. 正确　　　B. 错误

72. 所有的十进制小数都能完全精确地转换为二进制小数。
   A. 正确　　　B. 错误

73. 一个字节占8个二进制位。
   A. 正确　　　B. 错误

74. 在 Windows 7 中,任何情况下,文件和文件夹删除后都将放入回收站。
   A. 正确　　　B. 错误

75. Windows 7 的任务栏可以改变位置和尺寸。
   A. 正确　　　B. 错误

76. 在 Windows 7 中,用户可以同时打开多个窗口,此时只能有一个窗口处于活动状态。
   A. 正确　　　B. 错误

77. 在 Word 2010 中,选定表格后按 delete 键,则整个表格被删除。
   A. 正确　　　B. 错误

78. Word 2010 的分栏操作中,只能等栏宽分栏。
   A. 正确　　　B. 错误

79. 在 Word 2010 中,要打印一篇文档的第 1,3,5,6,7 页和 20 页,需要在打印对话框的页码范围文本框中输入 1-3,5-7,20。
   A. 正确　　　B. 错误

80. 在 Excel 2010 中,当前单元格的地址显示在编辑栏中。
   A. 正确　　　B. 错误

81. 在 Excel 2010 中,筛选后的表格只含有满足条件的行,其他行被删除。
   A. 正确　　　B. 错误

82. 在 Excel 2010 中,对于已经建立的图表,如果源工作表中的数据发生变化,图表将相应更新。
   A. 正确　　　B. 错误

83. 使用 Word 2010 也可以制作与 PowerPoint 2010 类似的幻灯片。
   A. 正确　　　B. 错误

84. PowerPoint 2010 中的母版分为 3 类。
   A 正确　　　B. 错误

85. 使用 Access 2010 可以直接操作 Excel 2010 工作表中的数据。
   A. 正确　　　B. 错误

86. Access 2010 中的查询与数据表之间区别很小。
   A. 正确　　　B. 错误

7. 计算机是通过执行（　　）所规定的各种指令来处理各种数据的。

    A. 程序　　　　　　　B. 数据　　　　　　　C. CPU　　　　　　　D. 运算器

8. 软件是指使计算机运行所需的程序、数据和有关文档的总和，计算机软件通常分为（　　）两大类。

    A. 高级语言和机器语言　　　　　　　　B. 硬盘文件和光盘文件

    C. 可执行和不可执行　　　　　　　　　D. 系统软件和应用软件

9. 将高级语言翻译成机器语言的方式有（　　）两种。

    A. 图像处理和翻译　　　　　　　　　　B. 文字处理和图形处理

    C. 解释和编译　　　　　　　　　　　　D. 语音处理和文字编辑

10. 算法可以看作是由（　　）组成的用来解决问题的具体过程，实质上反映的是解决问题的思路。

    A. 有限个步骤　　　　　　　　　　　　B. 一系列数据结构

    C. 无限个步骤　　　　　　　　　　　　D. 某种数据结构

11. 输入设备是将原始信息转化为计算机能接受的（　　），以便计算机能够处理的设备。

    A. 二进制数　　　　B. 八进制数　　　　C. 十六进制数　　　　D. 十进制数

12. CPU 和其他部件之间的联系是通过（　　）实现的。

    A. 控制总线　　　　　　　　　　　　　B. 数据、地址和控制总线三者

    C. 数据总线　　　　　　　　　　　　　D. 地址总线

13. 快捷方式是到本计算机或网络上任何可访问项目的连接，快捷方式（　　）。

    A. 只能放置在开始菜单　　　　　　　　B. 可放置在网络上的任何位置

    C. 只能放置在桌面　　　　　　　　　　D. 可放置在本计算机的任何位置

14. 在 Windows 7 中，放入回收站中的内容（　　）。

    A. 不能再被删除了　　　　　　　　　　B. 不能被恢复到原处

    C. 不再占用磁盘空间　　　　　　　　　D. 可以真正被删除

15. Windows 7 是一个（　　）。

    A. 多用户操作系统　　　　　　　　　　B. 单用户、多任务操作系统

    C. 网络操作系统　　　　　　　　　　　D. 图形化的多用户、多任务操作系统

16. 在 Windows 7 的应用程序窗口中，选中末尾带有省略号的功能/菜单项，（　　）。

    A. 将弹出下一级菜单　　　　　　　　　B. 将执行该菜单命令

    C. 表明该菜单项已被选用　　　　　　　D. 将弹出一个对话框

17. 在 Windows 7 的系统工具中，磁盘碎片整理程序的功能是（　　）。

    A. 把不连续的文件变成连续存储，从而提高磁盘读写速度

    B. 把磁盘上的文件进行压缩存储，从而提高磁盘利用率

    C. 诊断和修复各种磁盘上的存储错误

    D. 把磁盘上的碎片文件删除掉

18. 在 Word 2010 中编辑文本时可以使用(　　)复制文本的格式。

    A. 剪贴板　　　　　　　　　　　　　　B. 格式刷

    C. 鼠标左键拖动选中的文本　　　　　　D. 鼠标右键拖动选中的文本

19. Word 2010 文档的默认扩展名是(　　)。

    A. .DOCX　　　　　　B. .RTF　　　　　　C. .GIF　　　　　　D. .DOTX

20. Word 2010 中页眉和页脚只能在(　　)视图中看到。

    A. 大纲　　　　　　　B. 普通　　　　　　C. 页面　　　　　　D. Web 版式

21. 在 Word 2010 文档中,插入文本中的剪贴画默认是(　　)。

    A. 嵌入型　　　　　B. 浮于文字上方　　　C. 四周型　　　　　D. 衬于文字下方

22. 在 Word 2010 中,每个段落都有自己的段落标记,段落标记的位置在(　　)。

    A. 段落的起始位置　　　　　　　　　　B. 段落的中间位置

    C. 段落的尾部　　　　　　　　　　　　D. 每行的行尾

23. 在 Word 2010 中,要调节行间距,则应该选择(　　)。

    A. "插入"选项卡中的"分隔符"　　　　B. "开始"选项卡中的"段落"

    C. "开始"选项卡中的"字体"　　　　　D. "视图"选项卡中的"显示比例"

24. 在 Word 2010 中,关闭已编辑完成的 Word 2010 文档时,文档从屏幕消失,同时也从(　　)中清除。

    A. 内存　　　　　　　B. 外存　　　　　　C. 磁盘　　　　　　D. CD-ROM

25. 在 Word 2010 中,选定整个表格后,按 Del 键,可以(　　)。

    A. 删除整个表格的内框线　　　　　　　B. 清除整个表格的内容

    C. 删除整个表格　　　　　　　　　　　D. 删除整个表格的外框线

26. 在 Excel1 2010 中,在数据类型为"常规"的工作表单元格中输入字符型数字 05118,下列输入中正确的是(　　)。

    A. '05118　　　　B. "05118　　　　C. "05118"　　　　D. '05118'

27. 在 Excel 2010 中,运算符 & 表示(　　)。

    A. 逻辑值的与运算　　　　　　　　　　B. 子字符串的比较运算

    C. 数值型数据的无符号相加　　　　　　D. 字符型数据的连接

28. 在 Excel 2010 中,工作表和工作簿的关系是(　　)。

    A. 工作表即是工作簿　　　　　　　　　B. 工作簿中可包含多张工作表

    C. 工作表中可包含多张工作簿　　　　　D. 无关

29. 在 Excel 2010 中,如果单元格内容以(　　)开始,认为输入是公式。

    A. =　　　　　　　　B. !　　　　　　　　C. *　　　　　　　　D. ^

30. 在 Excel 2010 中,如果单元格中的数太大显示不下时,一组(　　)符号会显示在单元格内。

    A. !　　　　　　　　B. ?　　　　　　　　C. #　　　　　　　　D. *

31. 在 Excel 2010 中,图表与建立它的工作表数据之间的关系是(　　)。

    A. 没有联系　　　　　　　　　　　　　B. 改变数据,图表跟着变化

    C. 图表形状变化会引起数据变化　　　　D. 图表类型变化会引起数据变化

60. 操作系统是一个庞大的管理控制程序,它包括六个功能:处理器管理、存储管理、设备管理、( )和提供用户接口。

　　A. 文件管理　　　　B. 硬件管理　　　　C. 网络与通信管理　　D. 作业管理

61. Word 2010 的功能主要有创建、编辑和格式化文档、( )和打印等。

　　A. 图形处理　　　　B. 版面设置　　　　C. 视频处理　　　　D. 表格处理

62. 在 Excel 2010 中,排序( )等操作的对象都必须是数据清单。

　　A. 筛选　　　　　　B. 图标制作　　　　C. 分类汇总　　　　D. 复制、删除

63. 信息安全所面临的威胁来自很多方面。这些威胁大致可分为( )。

　　A. 不可防范的　　　B. 可防范的　　　　C. 自然威胁　　　　D. 人为威胁

64. 数据库中的所谓联系是指实体之间的关系,即实体之间的对应关系。联系可以分为三种,它们是( )和多对多的联系。

　　A. 一对多的联系　　B. 一对一的联系　　C. 无联系　　　　　D. 二对多的联系

65. 计算机网络按其覆盖的范围分类,可分为局域网和( )。

　　A. 城域网　　　　　B. 以太网　　　　　C. 广域网　　　　　D. 校园网

66. 从物理连接上讲,计算机网络由( )和网络节点组成。

　　A. 路由器　　　　　B. 通信链路　　　　C. 网卡　　　　　　D. 计算机系统

67. OSI 参考模型将网络的功能划分为 7 个层次:物理层、数据链路层、网络层、会话层、( )和应用层。

　　A. 表示层　　　　　B. 传输层　　　　　C. 网际层　　　　　D. 网络接口层

68. 预防计算机病毒,应该从( )两方面进行,二者缺一不可。

　　A. 管理　　　　　　B. 发现　　　　　　C. 清除　　　　　　D. 技术

69. 在 Access 2010 中,查询类别可分为( )交叉表查询和操作查询等。

　　A. 选择查询　　　　B. 报表查询　　　　C. 参数查询　　　　D. 窗体查询

70. 如果发现计算机感染了病毒,可采用( )两种方式立即进行清除。

　　A. 关闭计算机　　　B. 人工处理　　　　C. 安装防火墙　　　D. 反病毒软件

三、判断题(本大题共20小题,每小题0.5分,共10分)

71. 信息能够用来消除事物不确定性的因素。

　　A. 正确　　　　　　B. 错误

72. 带宽指信道所能传送的信号的频率宽度,就是可传送信号的最高频率与最低频率之差。

　　A. 正确　　　　　　B. 错误

73. 不同文件夹中也不能有相同名字的文件或文件夹。

　　A. 正确　　　　　　B. 错误

74. 存放在计算机磁盘存储器上的数据可能会因多种原因丢失或损坏,所以定期备份磁盘上的数据是必要的。

　　A. 正确　　　　　　B. 错误

75. 主频即时钟频率,是指计算机 CPU 在单位时间内发出的脉冲数,它在很大程度上决定了计算机的运算速度。

　　A. 正确　　　　　　B. 错误

76. 微处理器是将运算器、控制器、高速内部缓存集成在一起的超大规模集成电路芯片,没有它计算机也可以工作。

    A. 正确　　　　　　B. 错误

77. 主板是微型计算机系统中最大的一块电路板,它需要插到插槽中才能工作。

    A. 正确　　　　　　B. 错误

78. "资源管理器"是 Windows 7 最常用的文件和文件夹管理工具,它可以将文本文件的部分内容复制到另一文件中。

    A. 正确　　　　　　B. 错误

79. 在 Windows 7 环境下非绿色软件因需要动态库,安装时需要向系统注册表写入一些信息,因此仅将组成系统的全部文件拷贝到硬盘上是不能正常工作的。

    A. 正确　　　　　　B. 错误

80. Windows 7 是单用户操作系统,因此没有用户管理功能。

    A. 正确　　　　　　B. 错误

81. 在 Word 2010 中也能打开并处理文本文件(.txt 文件),但要保存图片及文字的全部格式信息,不能将编辑好的内容再存成 .txt。

    A. 正确　　　　　　B. 错误

82. Word 2010 中不能选中不连续的文本。

    A. 正确　　　　　　B. 错误

83. 在 Excel 2010 中,清除和删除的意义:清除的是单元格内容,单元格依然存在;而删除则是将选定的单元格和单元格内的内容一并删除。

    A. 正确　　　　　　B. 错误

84. 在 Excel 2010 中,分类汇总对汇总项不能进行求最大值操作。

    A. 正确　　　　　　B. 错误

85. 使用浏览器在浏览过程中,无法保存网页中的图片。

    A. 正确　　　　　　B. 错误

86. 发送电子邮件前不能确知电子邮件是否能够送达。

    A. 正确　　　　　　B. 错误

87. IP 电话也称网络电话,是通过 TCP/IP 协议实现的一种电话应用。

    A. 正确　　　　　　B. 错误

88. 超媒体就是用超文本技术管理多媒体信息,即超媒体=超文本+多媒体。

    A. 正确　　　　　　B. 错误

89. 开发 Web 站点不需要进行规划,直接用站点开发工具编制就可以。

    A. 正确　　　　　　B. 错误

90. 在 Dreamweaver CS5 中,框架网页的每个区域都可规定一个默认的网页。

    A. 正确　　　　　　B. 错误

7. 为解决某一特定问题而设计的指令序列称为(　　)。

　　A. 文档　　　　　　　B. 语言　　　　　　　C. 程序　　　　　　　D. 系统

8. Windows 7 是一种(　　)。

　　A. 文字处理系统　　　　　　　　　　B. 计算机语言

　　C. 字符型的操作系统　　　　　　　　D. 图形化的操作系统

9. Windows 7 中用户要设置日期和时间,可以通过(　　)来完成。

　　A. 单击"更改或删除程序"　　　　　　B. "控制面板"中双击"日期和时间"图标

　　C. 双击"控制面板"中的"显示"图标　　D. 双击"控制面板"中的"系统"图标

10. 在 Windows 7 环境中,鼠标是重要的输入工具,而键盘(　　)。

　　A. 无法起作用

　　B. 仅能配合鼠标,在输入中起辅助作用(如输入字符)

　　C. 也能完成几乎所有操作

　　D. 仅能在菜单操作中运用,不能在窗口中操作

11. 在 Windows 7 中,下列叙述正确的是(　　)。

　　A. 文件和文件夹都不可改名　　　　　B. 文件可改名,文件夹不可改名

　　C. 文件不可改名,文件夹可改名　　　　D. 文件和文件夹都可以改名

12. 在 Windows 7 中,取消上一步操作的快捷键是(　　)。

　　A. Ctrl+Del　　　　B. Ctrl+Z　　　　C. Alt+Z　　　　D. Alt+Del

13. 在 Windows 7 窗口的菜单中,如果有些命令以变灰或暗淡的形式出现,这意味着(　　)。

　　A. 该选项的命令可用,变灰或暗淡是由于显示器的缘故

　　B. 该选项的命令出现了差错

　　C. 该选项当前不可用

　　D. 该选项的命令以后将一直不可用

14. 默认情况下,在 Windows 7 的"回收站"中,可以临时存放(　　)。

　　A. 硬盘上被删除的文件或文件　　　　B. 软盘上被删除的文件或文件夹

　　C. 硬盘或软盘上被删除的文件或文件夹　　D. 网络上被删除的文件或文件夹

15. 在 Word 2010 编辑状态下,将整个文档选定的快捷键是(　　)。

　　A. Ctrl+A　　　　B. Ctrl+Z　　　　C. Ctrl+X　　　　D. Ctrl+V

16. 在 Word 2010 中的"插入"|"插图"组不可插入(　　)。

　　A. 背景　　　　　　B. 剪贴画　　　　　　C. 图片　　　　　　D. 形状

17. 在 Word 2010 的编辑状态下,要想为当前文档中设定字间距,应当使用开始选项卡中的(　　)。

　　A. 字体组　　　　　B. 段落组　　　　　C. 分栏组　　　　　D. 样式组

18. 在 Word 2010 的编辑状态下,打开了"wl. docx"文档,把当前文档以"w2. docx"为名进行"另存为"操作,则(　　)。

　　A. 当前文档是 wl. docx　　　　　　　B. 当前文档是 w2. docx

　　C. 当前文档是 wl. docx 与 w2. docx　　D. wl. docx 与 w2. docx 全被关闭

19. 在 Word 2010 中,段落对话框的"缩进"表示文本相对于文本边界又向页内或页外缩进一段距离,段落缩进后文本相对打印纸边界的距离等于(　　)。

    A. 页边距   B. 缩进距离

    C. 页边距+缩进距离   D. 以上都不是

20. 在编辑 Word 2010 文档时,输入的新字符总是覆盖文档中已输入的字符,这时(　　　)。

    A. 按 Del 键,可防止覆盖发生   B. 当前文档处于插入的编辑方式

    C. 连续两次按 Insert 键,可防止覆盖发生   D. 当前文档处于改写的编辑方式

21. 如果要将文档中从现在开始输入的文本内容设置为粗体下划线,应当(　　　)。

    A. 在"开始"选项卡的字体列表框中去选择

    B. 按下"开始"选项卡的"B"按钮

    C. 按下"开始"选项卡的"U"按钮

    D. 先按下"开始"选项卡的"B"按钮,再按下"开始"选项卡的"U"按钮

22. 在 Excel 2010 工作表单元格中输入(　　　),可使该单元格显示1/5。

    A. 1/5   B. "1/5"   C. 0 1/5   D. =1/5

23. 在 Excel 2010 编辑中,若单元格 A2、B5、C4、D3 的值分别是 4、6、8、7,单元格 D5 中函数表达为"＝MAX(A2,B5,C4,D3)",则 D5 的值为(　　　)。

    A. 4   B. 6   C. 7   D. 8

24. 分类汇总后,工作表左端自动产生分级显示控制符,其中分级编号以(　　　)表示。

    A. 1、2、3   B. A、B、C   C. Ⅰ、Ⅱ、Ⅲ   D. 一、二、三

25. 时间和日期可以(　　　),并可以包含到其他运算当中。

    A. 相减   B. 相加、相减   C. 相加   D. 相乘、相加

26. 函数也可以用作其他函数的(　　　),从而构成组合函数。

    A. 变量   B. 参数   C. 公式   D. 表达式

27. 在使用高级筛选中,条件区域中同一行中的"性别"字段下输入"男","成绩"字段下输入"中级",则将筛选出(　　　)类记录。

    A. 所有记录

    B. 性别为"男"或成绩为"中级"的所有记录

    C. 性别为"男"且成绩为"中级"的所有记录

    D. 筛选无效

28. 对单元格中的公式进行复制时,会发生变化的是(　　　)。

    A. 相对地址中的偏移量   B. 相对地址所引用的单元格

    C. 绝对地址中的地址表达式   D. 绝对地址所引用的单元格

29. PowerPoint 2010 中,下列说法中错误的是(　　　)。

    A. 将图片插入到幻灯片中后,用户可以对这些图片进行必要的操作

    B. 利用"图片工具"选项卡中的工具可裁剪图片、添加边框和调整图片亮度及对比度

    C. 鼠标右键选择"图片格式"也可以对图片进行设置

    D. 对图片进行修改后不能再恢复原状

30. PowerPoint 2010 中,在(　　　)视图中,用户可以看到画面变成上下两半,上面是幻灯片,下面是文本框,可以记录演讲者讲演时所需的一些提示重点。

    A. 备注页视图   B. 浏览视图   C. 幻灯片视图   D. 黑白视图

31. 在 PowerPoint 2010 中,对于已创建的多媒体演示文档可以用(　　　)命令转移到其他未

54. 以下关于 Windows 7 中窗口叙述正确的是(　　　)。
    A. 窗口不可以在屏幕上移动　　　　　B. 窗口可以缩小成任务栏上的一个图标
    C. 窗口大小可以调整　　　　　　　　D. Windows 7 窗口都是应用窗口

55. 以下属于系统软件的是(　　　)。
    A. 工资软件　　　　B. 编译程序　　　　C. Office 2010　　　　D. 操作系统

56. Windows 7 的特点包括(　　　)。
    A. 图形界面　　　　B. 单任务　　　　C. 即插即用　　　　D. 以上都对

57. 在 Word 2010 中的"剪贴板"组中包括(　　　)命令。
    A. 剪切　　　　　　B. 修订　　　　　　C. 字数统计　　　　D. 复制

58. Word 2010 中文版的运行窗口一般由(　　　)、功能区、标尺、文档编辑区、滚动条等组成。
    A. 标题栏　　　　　B. 选项卡　　　　　C. 文本框　　　　　D. 图片

59. Word 2010 中段落的对齐方式包括(　　　)。
    A. 左对齐　　　　　B. 下对齐　　　　　C. 上对齐　　　　　D. 右对齐

60. 在 Excel 2010 中,下面叙述正确的有(　　　)。
    A. 合并后的单元格内容与合并前区域左上角的单元格内容相同
    B. 合并后的单元格内容与合并前区域右下角的单元格内容相同
    C. 合并后的单元格内容等于合并前区域中所有单元格内容之和
    D. 合并后的单元格还可以被重新拆分

61. 在 Excel 2010 中,可用(　　　)进行单元格区域的选取。
    A. 鼠标　　　　　　B. 键盘　　　　　　C. "查找"命令　　　D. "选取"命令

62. Excel 2010 中数值符号有(　　　)。
    A. &　　　　　　　B. %　　　　　　　C. *　　　　　　　D. .

63. 在 PowerPoint 2010 中,关于建立超级链接,下列说法正确的是(　　　)。
    A. 纹理对象可以建立超级链接　　　　B. 图片对象可以建立超级链接
    C. 背景图案可以建立超级链接　　　　D. 文字对象可以建立超级链接

64. 在 PowerPoint 2010 中,打开幻灯片母版,可做的操作有(　　　)。
    A. 更改幻灯片母版　　　　　　　　　B. 设置几种切换动作
    C. 向母版中插入对象　　　　　　　　D. 插入页眉、页脚

65. 当新插入的剪贴画遮挡住原来的对象时,为了使被遮挡对象可以显示,下列(　　　)说法
    是正确的。
    A. 只能调整剪贴画的大小
    B. 可以调整剪贴画的位置
    C. 只能删除这个剪贴画
    D. 可以调整剪贴画的叠放次序,将被遮挡的对象提前

66. 在 Access 2010 中,关于数据库窗口的基本操作,可以完成的是(　　　)。
    A. 可以显示或更改数据库对象的属性　　B. 在数据库中的表是不可以隐藏的
    C. 数据库中的组均可以删除　　　　　　D. 可以改变对象的显示方式

67. Access 2010 提供的数据库对象从功能和彼此间的关系考虑,可以分为三个层次,第一层
    次是(　　　)。

A. 表对象　　　　　B. 报表对象　　　　　C. 查询对象　　　　　D. 宏对象

68. 下面是计算机网络传输介质的是(　　　)。

　　A. 双绞线　　　　　B. 同轴电缆　　　　　C. 并行传输线　　　　　D. 串行传输线

69. 从逻辑功能上,计算机网络分成(　　　)。

　　A. 通信子网　　　　　B. 计算机子网　　　　　C. 资源子网　　　　　D. 教育网

70. 在 HTML 的字体标记<font>中,包括下列哪些属性(　　　)。

　　A. href 属性　　　　　B. src 属性　　　　　C. size 属性　　　　　D. face 属性

三、判断题(本大题共 20 小题,每小题 0.5 分,共 10 分)

71. 软件是指使计算机运行所需的程序。

　　A. 正确　　　　　B. 错误

72. 从计算机的用途上看,我们家里使用的普通计算机都是专用计算机。

　　A. 正确　　　　　B. 错误

73. 计算机的运算器由算术逻辑单元和累加器组成。

　　A. 正确　　　　　B. 错误

74. 从信息的输入输出角度来说,磁盘驱动器和磁带机既可以看作输入设备,又可以看作输出设备。

　　A. 正确　　　　　B. 错误

75. 操作系统是用户与其他软件的接口。

　　A. 正确　　　　　B. 错误

76. PC 机性能指标中的内存容量一般指的是 RAM 和 ROM。

　　A. 正确　　　　　B. 错误

77. Windows 7 对磁盘信息的管理和使用是以文件为单位的。

　　A. 正确　　　　　B. 错误

78. 在计算机中,用来解释、执行程序中指令的部件是控制器。

　　A. 正确　　　　　B. 错误

79. 在 Word 2010 中,表格计算功能是通过公式来实现的。

　　A. 正确　　　　　B. 错误

80. Word 2010 中,自绘图型和艺术字都属于图片。

　　A. 正确　　　　　B. 错误

81. 对 Excel 2010 工作表的数据进行分类汇总前,必须先按分类字段进行自动筛选操作。

　　A. 正确　　　　　B. 错误

82. 在 Excel 2010 中,一个工作簿最多能提供 255 个工作表使用。

　　A. 正确　　　　　B. 错误

83. 在 PowerPoint 2010 中,插入另一演示文稿的背景可以修改。

　　A. 正确　　　　　B. 错误

84. Access 2010 数据库文件的默认扩展名是 .MDE。

　　A. 正确　　　　　B. 错误

85. 在 Access 2010 中没有各种各样的控件。

　　A. 正确　　　　　B. 错误

8. Windows 7"资源管理器"右窗格中,若要选定多个非连续排列的文件,应按住(   )的同时,再分别单击所要选择的非连续文件。

    A. Alt   B. Tab   C. Shift   D. Ctrl

9. 在 Windows 7 中,设置、控制计算机硬件配置和修改桌面布局的应用程序是(   )。

    A. Word   B. Excel   C. 资源管理器   D. 控制面板

10. 在 Windows 7 中,不能对任务栏进行的操作是(   )。

    A. 改变尺寸大小   B. 移动位置   C. 删除   D. 隐藏

11. 在 Windows 7 中,在搜索文件或文件夹时,若查找内容为"a? d. ＊x＊",则可能查到的文件是(   )。

    A. abcd. exe 和 acd. xls   B. abd. exe 和 acd. xls

    C. abc. exe 和 acd. xls   D. abcd. exe 和 acd. exe

12. 微机连接新的硬件后,重新启动 Windows 7 会发生(   )。

    A. 系统会自动检测并报告发现新的硬件   B. 系统会提示用户重装 Windows 7

    C. 自动进入 MS-DOS 模式   D. 进入安全模式

13. 在 Windows 7 中,运行磁盘碎片整理程序可以(   )。

    A. 增加磁盘的存储空间   B. 找回丢失的文件碎片

    C. 加快文件的读写速度   D. 整理破碎的磁盘片

14. 在 Word 2010 中,按回车键时产生一个(   )。

    A. 换行符   B. 段落标记符   C. 分页符   D. 分节符

15. 在 Word 2010 中,若光标位于表格外右侧的行尾处,按 Enter 键,结果(   )。

    A. 光标移到下一列   B. 光标移到下一行,表格行数不变

    C. 插入一行,表格行数改变   D. 在本单元格内换行,表格行数不变

16. 在 Word 2010 的"字体"对话框中,不可设定文字的(   )。

    A. 字间距   B. 字号   C. 下划线线型   D. 行距

17. 图文混排是 Word 2010 的特色功能之一,以下叙述中错误的是(   )。

    A. 可以在文档中插入剪贴画   B. 可以在文档中插入图形和图片

    C. 可以在文档中插入公式   D. 可以在文档中使用配色方案

18. 关于 Word 2010 中的文本框,下列说法不正确的是(   )。

    A. 文本框可创建文本框间的链接   8. 文本框可以做出三维效果

    C. 文本框只能存放文本,不能放置图片   D. 文本框可设置版式为"浮于文字上方"

19. 在 Word 2010 中,若要计算表格中某行数值的总和,可使用的统计函数是(   )。

    A. SUM( )   B. TOTAL( )   C. COUNT( )   D. AVERAGE( )

20. 在 Word 2010 中,要打印一篇文档的第 1,3,5,6,7 和 20 页,需要在打印对话框的页码范围文本框中输入(   )。

    A. 1-3,5-7,20   B. 1-3,5,6,7-20   C. 1,3-5,6-7,20   D. 1,3,5-7,20

21. 在 Excel 2010 中,某区域由 A4、A5、A6 和 B4、B5、B6 组成,下列不能表示该区域的是(   )。

    A. A4:B6   B. A4:B4   C. B6:A4   D. A6:B4

22. 在 Excel 2010 中,对于上下相邻两个含有数值的单元格用拖曳法向下做自动填充,默认

的填充规则是( )。

    A. 等比序列　　　　　B. 等差序列　　　　　C. 自定义序列　　　　　D. 日期序列

23. 在 Excel 2010 中,要在同一工作簿中把工作表 Sheet3 移动到 Sheet1 前面,应( )。

    A. 单击工作表 Sheet3 标签,并沿着标签行拖动到 Sheet1 前

    B. 单击工作表 Sheet3 标签,并按住 Ctrl 键沿着标签行拖动到 Sheet1 前

    C. 单击工作表 Sheet3 标签,并选"编辑"组的"复制"命令,然后单击表 Sheet1 标签,再选 Sheet3"编辑"组的"粘贴"命令

    D. 单击工作表 Sheet3 标签,并选"编辑"组的"剪切"命令,然后单击工作表 Sheet1 标签, 再选"编辑"组的"粘贴"命令

24. 在 Excel 2010 中,如果 A4 单元格的值为 100,那么公式"=A4>100"的结果是( )。

    A. 200　　　　　B. O　　　　　C. TRUE　　　　　D. FALSE

25. 在 Excel 2010 中,单元格 D6 中有公式"=\$B2+C\$6",将 D6 单元格的公式复制到 C7 单元格内,则 C7 单元格的公式为( )。

    A. =\$B2+C6　　B. =\$B3+D\$6　　C. =3\$B2+C\$6　　D. =\$B3+B\$6

26. 在 Excel 2010 中,要使某单元格内输入的数据介于 18 至 60 之间,而一旦超出范围就出现错误提示,可使用( )。

    A. "数据"选项卡中的"数据有效性"命令　　B. "开始"选项卡中的"筛选"命令

    C. "开始"选项卡中的"条件格式"命令　　　D. "开始"选项卡中的"样式"命令

27. 在 Excel 2010 的高级筛选中,条件区域中不同行的条件是( )。

    A. 或的关系　　　　B. 与的关系　　　　C. 非的关系　　　　D. 异或的关系

28. 在 PowerPoint 2010 中,设置动画的操作要用到( )选项卡。

    A. 开始　　　　　B. 视图　　　　　C. 幻灯片放映　　　　　D. 动画

29. 在 PowerPoint 2010 中,动画文本有( )几种方式。

    A. 整批发送,按字/词、按字母　　　　　B. 整批发送,按字、按大小

    C. 按字、按字母　　　　　　　　　　　D. 整批发送,按字

30. PowerPoint 2010 中设置文本字体时,要想使选择的文本字体加粗,在功能区中的按钮是下列选项中的( )。

    A. B　　　　　B. U　　　　　C. I　　　　　D. S

31. 在 PowerPoint 2010 中,下列有关移动和复制文本的叙述中,不正确的是( )。

    A. 文本在复制前,必须先选定　　　　　B. 文本复制的快捷键是 Ctrl+C

    C. 文本的剪切和复制没有区别　　　　　D. 文本能在多张幻灯片间移动

32. 在 PowerPoint 2010 中,设置幻灯片背景的按钮在( )选项卡中。

    A. 开始　　　　　B. 背景　　　　　C. 设计　　　　　D. 表格和边框

33. 在 PowerPoint 2010 中,艺术字具有( )。

    A. 文件属性　　　　B. 图形属性　　　　C. 字符属性　　　　D. 文本属性

34. 在 PowerPoint 2010 中,下列说法错误的是( )。

    A. 可以利用自动版式建立带剪贴画的幻灯片,用来插入剪贴画

    B. 可以向已存在的幻灯片中插入剪贴画

B. 选择"表格工具/布局"选项卡的"删除"命令

C. 选择"表格工具/设计"选项卡的"擦除"命令

D. 按 Backspace 键

60. 在 Excel 2010 中,如果修改工作表中的某一单元格内容过程中,发现正在修改的单元格不是需要的单元格,这时要恢复单元格原来的内容可以(　　)。

    A. 按 Esc 键   B. 按回车键

    C. 按 Tab 键   D. 单击编辑栏中的"×"按钮

61. Excel 2010 工作簿的某一工作表被删除后,下列说法正确的是(　　)。

    A. 该工作表中的数据全部被删除,不再显示

    B. 可以用组合键 Ctrl+Z 撤销删除操作

    C. 该工作表进入回收站,可以去回收站将工作表恢复

    D. 该工作表被彻底删除,而且不可用"撤销"来恢复

62. 在 Excel 2010 工作表中单元格的引用地址有(　　)。

    A. 绝对引用   B. 相对引用   C. 交叉引用   D. 间接引用

63. 在 Excel 2010 中,下列关于分类汇总的说法正确的是(　　)。

    A. 不能删除分类汇总

    B. 分类汇总可以嵌套

    C. 汇总方式只有求和

    D. 进行分类汇总前,必须先对数据清单进行排序

64. 在 PowerPoint 2010 中,可以用来控制幻灯片外观的方法有(　　)。

    A. 应用模板、母版   B. 应用主题   C. 设置层   D. 应用艺术字

65. 以下属于数据模型的组成部分的是(　　)。

    A. 数据结构   B. 数据模型   C. 数据的约束条件   D. 关系

66. 下列选项中属于动画制作软件的是(　　)。

    A. Goldwave   B. MIDI   C. Flash   D. Maya

67. 下列选项中不属于多媒体技术特征的是(　　)。

    A. 交互性   B. 实时性   C. 不变性   D. 趣味性

68. OSI(开放系统互连)参考模型的最高两层是(　　)。

    A. 传输层   B. 表示层   C. 应用层   D. 物理层

69. 可以用来做网页的软件是(　　)。

    A. Adobe Dreamweaver   B. Microsoft Moviemaker

    C. Adobe Audition   D. Microsoft FrontPage

70. 下列有关计算机病毒的说法正确的是(　　)。

    A. 计算机病毒是人操作失误造成的   B. 计算机病毒具有潜伏性

    C. 计算机病毒是生物病毒传染的   D. 计算机病毒是一段程序

三、判断题(本大题共 20 小题,每小题 0.5 分,共 10 分)

71. "程序存储和程序控制"思想是微型计算机的工作原理,对巨型机和大型机不适用。

    A. 正确   B. 错误

72. RAM 中的数据并不会因关机或断电而丢失。
    A. 正确   B. 错误

73. 微型计算机采用总线结构连接 CPU、内存储器和外部设备。总线由三部分组成,包括数据总线、地址总线和控制总线。
    A. 正确   B. 错误

74. Windows 7 中,可以在同一文件夹下建立两个同名的文件。
    A. 正确   B. 错误

75. 在 Windows 7 中,删除快捷方式不会对原程序或文档产生影响。
    A. 正确   B. 错误

76. 声音、图像、文字均可以在 Windows 7 的剪贴板暂时保存。
    A. 正确   B. 错误

77. 在 Word 2010 中,打印预览只能预览一页,不能同时预览多页。
    A. 正确   B. 错误

78. Word 2010 可以对奇偶页设置不同的页眉和页脚。
    A. 正确   B. 错误

79. Word 2010 中进行分栏操作时最多可分为两栏。
    A. 正确   B. 错误

80. Excel 2010 新建工作簿的缺省名为"文档1"。
    A. 正确   B. 错误

81. 在 Excel 2010 中,选取单元范围不能超出当前屏幕范围。
    A. 正确   B. 错误

82. 在 Excel 2010 中,某工作簿中若仅有一张工作表,则不允许删除该工作表。
    A. 正确   B. 错误

83. PowerPoint 2010 模板文件的扩展名为 .POTX。
    A. 正确   B. 错误

84. PowerPoint 2010 的演示文稿不能添加 MIDI 文件。
    A. 正确   B. 错误

85. Access 2010 中的所有数据库对象都保存在 .ACCDB 文件中。
    A. 正确   B. 错误

86. 视频会议是基于流媒体技术的应用。
    A. 正确   B. 错误

87. Access 2010 中利用操作查询可以生成新的数据表。
    A. 正确   B. 错误

88. 软件与书籍一样,借来复制一下再归还就不会损害他人。
    A. 正确   B. 错误

89. 协议分层有助于网络的实现和维护。
    A. 正确   B. 错误

90. 只知道服务器的 IP 地址,而没有该服务器的域名,则无法访问该服务器。
    A. 正确   B. 错误

专升本计算机历年真题与详解

刘翔宇　编著

中国海洋大学出版社

·青岛·

目　　录

山东省2023年普通高等教育专升本统一考试

计算机试题

本试卷分为第Ⅰ卷和第Ⅱ卷两部分。满分100分,考试用时120分钟。考试结束后,将本试卷和答题卡一并交回。

注意事项:

1. 答题前,考生务必使用0.5毫米黑色签字笔将自己的姓名、考生号、座位号填写到试卷规定的位置上,并将姓名、考生号、座位号填(涂)在答题卡规定的位置。

2. 第Ⅰ卷每小题选出答案后,用2B铅笔把答题卡上对应题目的答案标号涂黑;如需改动,用橡皮擦干净后,再选涂其他答案标号,答在本试卷上无效。

3. 第Ⅱ卷答题必须使用0.5毫米黑色签字笔作答,答案必须写在答题卡各题目指定区域内相应的位置;如需改动,先划掉原来的答案,然后再写上修改后的答案;不能使用涂改液、胶带纸、修正带。或根据题目要求在指定位置用2B铅笔把答题卡上对应题目的答案标号涂黑;如需改动,用橡皮擦干净后,再选涂其他答案标号。不按以上要求作答的答案无效。

第Ⅰ卷

一、单项选择题(本大题共20小题,每小题1分,共20分)

在每小题列出的四个备选项中只有一个是符合题目要求的,请将其选出并将答题卡的相应代码涂黑。错涂、多涂或未涂均无分。

1. 下列属于ENIAC采用的主要逻辑元件的是(　　　)。
   A. 芯片　　　　　　　B. 晶体管　　　　　　　C. 电子管　　　　　　　D. 集成电路

2. 下列关于计算机指令的说法,错误的是(　　　)。
   A. 指令是指示计算机执行某种工作的命令
   B. 指令和硬件有关
   C. 指令一般包括操作码和地址码两部分
   D. 指令必须经过编译后才能被计算机理解和执行

3. 下列关于计算思维的说法,正确的是(　　　)。
   A. 计算思维就是程序设计而非思维
   B. 计算思维是让人去模拟计算机的思维
   C. 理论上可以计算的问题都可以用计算机解决
   D. 计算思维是面向所有人的思维,而不是计算机科学家的专属思维

4. 下列关于Windows 7剪贴板的说法,错误的是(　　　)。
   A. 剪贴板是复制或移动信息的时候,使用的临时区域
   B. 剪贴板只能保留最后一次的内容
   C. 剪贴板中的信息在"粘贴"命令使用后会消失
   D. 按下PrintScreen键后,会将整个屏幕作为图像复制到剪贴板

C. 卸载或更改程序　　　　　　　　　　　D. 打开或关闭 Windows 防火墙

24. 下列选项中,可以作为 Windows 7 中文件夹名的是(　　　)。

　　A. Windows?　　　　B. Windows/7　　　　C. Windows 7　　　　D. Windows-7

25. 关于 PowerPoint 2010 中"换片方式"的描述正确的是(　　　)。

　　A. 默认的换片方式为"单击鼠标时"

　　B. 若要使当前幻灯片放映 5 秒后自动切换,可以"设置自动换片时间",属性值是 00:05.00

　　C. 同时选中"单击鼠标时"和"设置自动换片时间",则在幻灯片放映过程中单击鼠标时,将切换到下一张幻灯片

　　D. 若选中"设置自动换片时间",则其属性值越大,当前幻灯片的切入速度越慢

26. 下列关于非关系型数据库(NOSQL)的描述正确的是(　　　)。

　　A. 非结构化数据一般用 NOSQL 存储

　　B. NOSQL 和关系数据库在数据规模、查询销量和扩展性等指标上各有优势

　　C. 关系数据库有标准的 SQL,NOSQL 也有标准的查询语言

　　D. NOSQL 可以自由灵活地定义并存储各种不同类型的数据

27. 下列关于计算机网络体系结构的 OSI 参考模型和 TCP/IP 参考模型的描述,正确的是(　　　)。

　　A. TCP/IP 参考模型分 5 层

　　B. OSI 参考模型分 7 层

　　C. 两种参考模型都有传输层

　　D. TCP/IP 网络接口层对应 OSI 参考模型的表示层和数据链路层

28. 关于数字音频和图像描述正确的是(　　　)。

　　A. 音频采样频率越高,声音质量越高,要求存储容量越大

　　B. JPEG 格式的图像特点是文件小、压缩比可调、不失真、可包含多幅静态图像

　　C. 同一段音频,其 MIDI 文件比波形文件大

　　D. 图像的相邻像素存在一定关系,是图像数据存在冗余的原因之一

29. 下列关于非对称密码,正确的是(　　　)。

　　A. 加密密钥和解密密钥相同

　　B. 使用两个密钥,一个公钥,一个私钥

　　C. 加密时,使用非对称加密比对称加密速度快

　　D. 即使通过复杂计算也难以从公钥推导出私钥

30. 下列选项中,关于物联网的描述,正确的有(　　　)。

　　A. 物联网是继互联网之后的一种全新的网络类型,二者相互独立

　　B. 物联网是大数据的重要来源之一

　　C. 云计算增强了物联网的数据存储和处理能力

　　D. RFID 技术、GPS 定位技术等都是物联网常用的技术

三、判断题(本大题共 10 小题,每小题 1 分,共 10 分)

31. 二进制 16 位二进制数码 0011010001010011 不是汉字的机内码。

　　A. 正确　　　　　　　　B. 错误

32. 信息是存储在某种媒体上加以鉴别的符号资料,是数据的载体。

　　A. 正确　　　　　　　　B. 错误

33. 扩展名为 JPG 的文件不一定是图片文件。

A. 正确　　　　　　B. 错误

34. 将文件夹设置为只读,则无法在此文件夹内新建文件。

　　A. 正确　　　　　　B. 错误

35. PowerPoint 2010 中,可以对幻灯片中插入的视频进行重新剪裁,并设置跨幻灯片播放。

　　A. 正确　　　　　　B. 错误

36. 数据库系统是数据库管理系统的核心。

　　A. 正确　　　　　　B. 错误

37. 通常用宽带来描述计算机网络的数据传输速率,单位一般是 HZ。

　　A. 正确　　　　　　B. 错误

38. 数字图像的位深度(颜色深度)不影响该图像文件的大小。

　　A. 正确　　　　　　B. 错误

39. VPN 是基于公共网络建立的一个临时的,安全的连接,是对内网的扩展。

　　A. 正确　　　　　　B. 错误

40. 区块链可以在缺乏信信任的网络环境中建立信任。

　　A. 正确　　　　　　B. 错误

第 II 卷

四、填空题(本大题共 10 小题,每小题 1 分,共 10 分)

41. 十进制数 60 转换为十六进制数为＿＿＿＿＿＿。

42. 冯·诺依曼计算机的硬件系统有五大部分组成,其中计算机的指挥中心是＿＿＿＿＿＿＿。

43. Windows 7 中在不同分区文件夹通过拖动来移动文件,需要按住键盘上的＿＿＿＿＿＿。

44. Windows 7 中,对计算机具有完全访问权限,并且可以对其他账户进行更改的账户类型是＿＿＿＿＿＿。

45. PowerPoint 2010 中,可以将演示文稿另存为"PowerPoint 放映"类型的文件,该文件的扩展名为＿＿＿＿＿＿。

46. SQL 中 SELECT 语句中 where 子句体现的是关系运算中的＿＿＿＿＿＿。

47. 一个 IPV6 地址占用的字节数为＿＿＿＿＿＿。

48. 在多媒体压缩技术中,按解压缩后的数据是否一致来分类,与原始数据一致的压缩方法称为＿＿＿＿＿＿。

49. 计算机病毒会降低工作效率,会删除文件,体现计算机病毒特点中的＿＿＿＿＿＿。

50. 大数据包括文本、图片、视频、日志、文档等数据类型,这体现大数据特征中的＿＿＿＿＿＿。

五、操作题(本大题共 15 小题,每小题 2 分,共 30 分)

　　请在答题卡上,将 56、62、65 小题的答案写在相应的位置,将其他小题对应题目的答案标号涂黑。

(一)Word 操作

　　张三使用 Word 2010 进行论文写作,首页如图 3 所示。请结合所学知识回答下列问题。

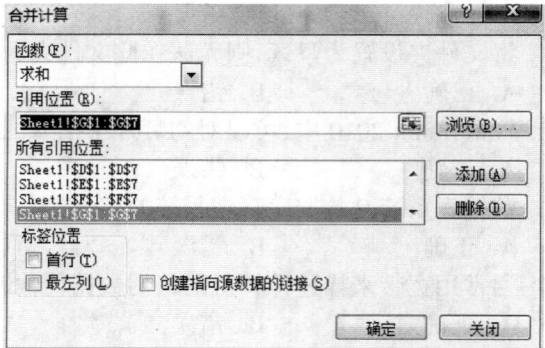

	A	B	C	D	E	F	G
1	学号	姓名	课程1	课程2	课程3	课程4	课程5
2	2202100107		80	96	94	92	93
3	2202100104		88	80	77		64
4	2202100206		90	89	56	83	98
5	2202100202		81	64	65	92	61
6	2202100302		91	67	79	68	83
7	2202100305		83	86	75	95	56

a   b

图 5

A. 只选中"首行"   B. 只选中"最左列"

C. 选中"首行"和"最左列"   D. 全部不选中

58. 对"合并计算"得到的"汇总"表结构,按实际需要调整后,如图6所示。现需要根据"档案"表的数据(数据区域为 A1:C1012),使用 VLOOKUP( )函数填写"姓名"列数据,下列操作可行的是(   )。

	A	B	C	D	E	F	G	H	I
1	学号	姓名	班级	课程1	课程2	课程3	课程4	课程5	总分
2	2202100107			80	96	94	92	93	
3	2202100302			91	67	79	68	83	
4	2202100206			90	89	56	83	98	
5	2202100104			88	80	77		64	
6	2202100305			83	86	75	95	56	

图 6

A. 在 B2 单元格输入" =VLOOKUP(A2,档案! $ A $ 1: $ C $ 1012,2,0)",拖动 B2 单元格填充柄向下填充

B. 在 B2 单元格输入"=VLOOKUP(A2,档案! A1:C1012,2,0)",拖动 B2 单元格填充柄向下填充

C. 在 B2 单元格输入" =VLOOKUP(A2,档案! $ A $ 1: $ C $ 1012,3,0)",拖动 B2 单元格填充柄向下填充

D. 在 B2 单元格输入" =VLOOKUP(A2,档案! A1:C1012,3,0)",拖动 B2 单元格填充柄向下填充

59. 现需要在"班级"列填入班级名(如 01 班、02 班等,学号的第 7、8 两位表示班级号),下列操作正确的是(   )。

A. 在 C2 单元格输入" =MID(A2,7,8)&"班"",拖动 C2 单元格填充柄向下填充

B. 在 C2 单元格输入" =MID(A2,7,8)+"班"",拖动 C2 单元格填充柄向下填充

C. 在 C2 单元格输入" =RIGHT(LEFT(A2,8)+"班"",拖动 C2 单元格填充柄向下填充

D. 在 C2 单元格输入" =RIGHT(LEFT(A2,8),2)&"班"",拖动 C2 单元格填充柄向下填充

60. 要使用"替换"功能,将成绩为空的单元格填入文字"缺考",在"查找和替换"对话框中,下列操作正确的是(   )。

A. "查找内容"不填,"替换为"填"缺考",点击"全部替换"按钮

B. "查找内容"填"" ""，"替换为"填"缺考"，点击"全部替换"按钮

C. "查找内容"填"0"，"替换为"填"缺考"，点击"全部替换"按钮

D. "查找内容"填"" " or 0"，"替换为"填"缺考"，点击"全部替换"按钮

61. 填入"总分"列数据，使用"自动筛选"筛选出"总分"排在前25%的数据并复制到新工作表中(结构同图6所示)。现要在新工作表中使用"高级筛选"功能从中筛选出每门课程成绩不低于75分的学生数据，下列条件区域设置正确的是(　　　)。

A.

课程1	课程2	课程3	课程4	课程5
>=75				
	>=75			
		>=75		
			>=75	
				>=75

B.

课程1	课程2	课程3	课程4	课程5
<75				
	<75			
		<75		
			<75	
				<75

C.

课程1	课程2	课程3	课程4	课程5
<75	<75	<75	<75	<75

D.

课程1	课程2	课程3	课程4	课程5
>=75	>=75	>=75	>=75	>=75

62. 要在高级筛选结果区域中，统计每个班级符合条件的人数，张老师应采取的操作(请从下列操作中选择必要的)顺序是＿＿＿＿＿＿＿＿。
①选择整个数据区域，点击"数据—分类汇总"
②选择整个数据区域，点击"数据—排序"
③在"分类汇总"对话框中，分类字段选"班级"，汇总方式选"求和"，汇总项选"班级"，点击"确定"
④在"分类汇总"对话框中，分类字段选"班级"，汇总方式选"计数"，汇总项选"班级"点击"确定"
⑤在"排序"对话框中，主要关键字选"班级"，点击"确定"
⑥在"排序"对话框中，主要关键字选"姓名"，点击"确定"

(三)PowerPoint 操作

齐老师要做专业建设汇报，使用 PowerPoint 2010 制作了一个演示文稿，尚未进行母版、背景等设置，其中一张幻灯片如图7所示。请结合所学知识回答下列问题。

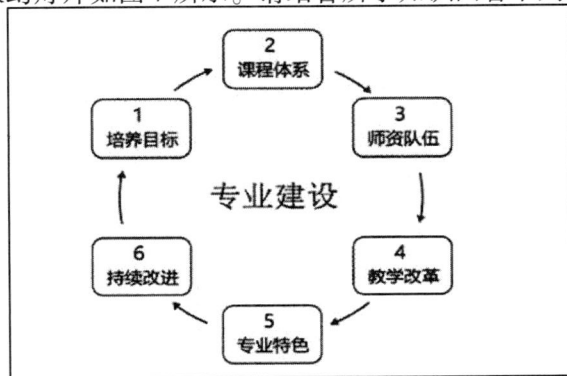

图7

赵老师进行了如下操作：

步骤1：在如图11a所示的工作表中选择数据区域，点击"插入"—"数据透视表"，在弹出的对话框中选择放置数据透视表的位置为"新工作表"，点击"确定"后，在新工作表中出示如图12所示的"数据透视表字段列表"；

步骤2：将"姓名"字段添加到"行标签"区域；

步骤3：将（　）字段添加到"报表筛选"区域，并通过"字段设置"将名称修改为"班级选择"；

步骤4：将"计算机""高等数学""外语"和"总分"等字段添加到（　）区域；

步骤5：通过"值字段设置"，根据需要定义各字段的名称、设置值字段汇总方式（如平均值）。

请结合所学知识回答下列问题。

67. 步骤3中括号内的字段名称是_____。

68. 步骤4中括号内的区域名称是_____。

（三）刘老师的班里有45个学生，某次语文考试的成绩存放在S中，S[i]表示第i个学生的成绩（i=1,2,…,45）。为了编制计算机程序统计不及格（成绩小于60）的学生人数（用C表示），刘老师画了流程图，如图13所示。请结合所学知识回答下列问题。

刘老师的班级有45个学生，某次语文考试的成绩存放在S中，S[i]表示第i个学生的成绩（i=1,2…45），为了编制计算机成绩统计不及格（成绩小于60）的学生人数（用C表示），刘老师画了流程图，如图13所示。请结合所学知识回答下列问题。

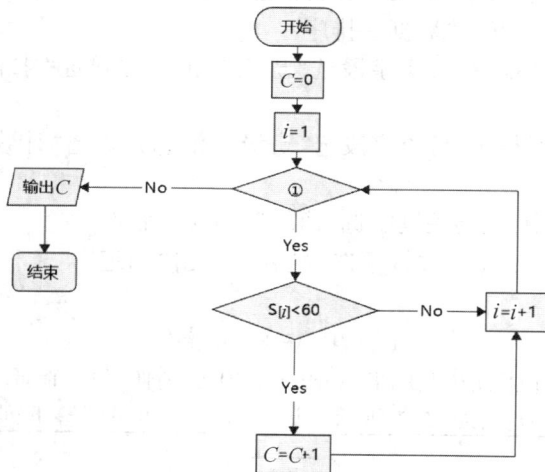

图13

（1）图13中①处应填入_____。

（2）图13中C=C+1的作用是_____。

山东省 2022 年普通高等教育专升本统一考试

计算机试题

本试卷分为第Ⅰ卷和第Ⅱ卷两部分。满分 100 分,考试用时 120 分钟。考试结束后,将本试卷和答题卡一并交回。

注意事项:

1. 答题前,考生务必使用 0.5 毫米黑色签字笔将自己的姓名、考生号、座位号填写到试卷规定的位置上,并将姓名、考生号、座位号填(涂)在答题卡规定的位置。

2. 第Ⅰ卷每小题选出答案后,用 2B 铅笔把答题卡上对应题目的答案标号涂黑;如需改动,用橡皮擦干净后,再选涂其他答案标号,答在本试卷上无效。

3. 第Ⅱ卷答题必须使用 0.5 毫米黑色签字笔作答,答案必须写在答题卡各题目指定区域内相应的位置;如需改动,先划掉原来的答案,然后再写上修改后的答案;不能使用涂改液、胶带纸、修正带。或根据题目要求在指定位置用 2B 铅笔把答题卡上对应题目的答案标号涂黑;如需改动,用橡皮擦干净后,再选涂其他答案标号。不按以上要求作答的答案无效。

第Ⅰ卷

一、单项选择题(本大题共 20 小题,每小题 1 分,共 20 分)

在每小题列出的四个备选项中只有一个是符合题目要求的,请将其选出并将答题卡的相应代码涂黑。错涂、多涂或未涂均无分。

1. "存储程序与程序控制"原理的提出者是(　　)。
    A. 比尔·盖茨　　　　　　　　　　　B. 史蒂夫·乔布斯
    C. 艾伦·图灵　　　　　　　　　　　D. 冯·诺依曼

2. 直接用二进制代码指令表达的计算机语言是(　　)。
    A. 机器语言　　　B. 汇编语言　　　C. 智能语言　　　D. 高级语言

3. 下列关于计算机的特点和发展趋势的说法,错误的是(　　)。
    A. 计算机具有强大的存储能力
    B. 计算机巨型化是指计算机体积越来越大
    C. 计算机具有运算速度快、自动执行、逻辑判断能力强等特点
    D. 计算机智能化是指计算机向模拟人的感觉和思维过程的方面发展

4. 下列关于总线说法错误的是(　　)。
    A. 总线是计算机中数据传输的公共通道
    B. 按照传输信号的不同,总线分为地址总线、数据总线、控制总线
    C. 地址总线、数据总线和控制总线都是双向传输的
    D. 总线的数据传输方式包括串行和并行

23. 下列关于面向对象程序设计的说法中,正确的是(　　)。

    A. 类和对象是面向对象程序设计的核心概念

    B. 类是对象的抽象,对象是类的实例

    C. 面向对象程序设计具有封装、继承和多态等特点

    D. 在面向对象程序设计中,类与类之间可以继承

24. Word 2010 文档页面视图中的标尺,除了能够调整左缩进和右缩进,还能调整的是(　　)。

    A. 左边距　　　　　B. 首行缩进　　　　　C. 行间距　　　　　D. 悬挂缩进

25. 在 Excel 2010 中,可使用预定义好的格式快速格式化工作表的是(　　)。

    A. 使用"样式"功能区"套用表格格式"　　B. 使用"样式"功能区"单元格样式"

    C. 使用"单元格"功能区"格式"　　　　　D. 使用"字体"功能区

26. 在 PowerPoint 2010 中,下列关于幻灯片中动画和切换效果的说法,正确的是(　　)。

    A. 通过"动画"—"预览"命令能预览动画效果

    B. 通过"切换"—"预览"命令能预览切换效果

    C. 对同一个对象可以设置多个动画

    D. 幻灯片切换可以设置不同的持续时间

27. 有关系 S 和 T,如图1所示,由关系 S 得到关系 T,经过的运算是(　　)。

学号	姓名	性别	联系方式
19001	张三	男	19905310099
19002	李四	男	19905441023
19003	王小五	女	19607372367

关系 S

学号	姓名	性别
19001	张三	男
19002	李四	男

关系 T

图1

    A. 选择　　　　　B. 投影　　　　　C. 连接　　　　　D. 笛卡尔积

28. 下列关于计算机网络体系结构的说法,正确的是(　　)。

    A. TCP/IP 是一个 7 层的体系结构

    B. 计算机网络体系结构的层次越多越好

    C. 在 OSI 参考模型中,物理层是最底层

    D. 每一层都具有相对独立的通信功能,都为其上一层提供服务

29. 下列关于防火墙的说法,正确的是(　　)。

    A. 防火墙主要检测系统内违背安全策略的行为

    B. 防火墙不能够防范不通过它的连接

    C. 防火墙能够对网络访问进行日志记录

    D. 既有硬件防火墙也有软件防火墙

30. 下列选项中能够体现大数据应用的有(　　)。

    A. 广告精准推送　　B. 系统个性化推荐　　C. 智慧城市　　　　D. 条形码

第Ⅱ卷

三、判断题(本大题共 10 小题,每小题 1 分,共 10 分)

31. 程序必须调入内存才能运行。( )

　　A. 正确　　　　　　B. 错误

32. BIPS 是描述计算机存储容量的指标。( )

　　A. 正确　　　　　　B. 错误

33. 算法的时间复杂度与空间复杂度成正比。( )

　　A. 正确　　　　　　B. 错误

34. 打开非模式对话框时仍可以处理主程序窗口。( )

　　A. 正确　　　　　　B. 错误

35. 列族数据库是一种非关系型数据库。( )

　　A. 正确　　　　　　B. 错误

36. 网络的带宽与吞吐量成反比。( )

　　A. 正确　　　　　　B. 错误

37. 统一资源定位符(URL)可以指向本地硬盘上的某个文件。( )

　　A. 正确　　　　　　B. 错误

38. MIDI 是一种数字音乐格式。( )

　　A. 正确　　　　　　B. 错误

39. 网络信息安全面临的威胁与风险跟网络拓扑结构无关。( )

　　A. 正确　　　　　　B. 错误

40. RFID 是物联网的关键技术之一。( )

　　A. 正确　　　　　　B. 错误

四、填空题(本大题共 10 小题,每小题 1 分,共 10 分)

41. CPU 一次存取、加工和处理的数据位数称为_____。

42. 二进制数 100010.01 对应的十六进制数为_____。

43. 图 2 所示流程图的输出结果为_____。

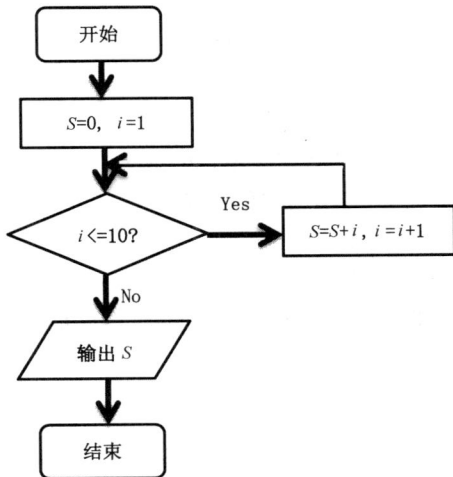

图 2

59. 根据"入职时间"在"工龄"列填入数据(满 365 天计 1 年),下列操作正确的是( )。
    A. 在 I3 单元格输入"=int((today()−H3)/365)",确认后双击该单元格右下角填充柄
    B. 在 I3 单元格输入"=round((today())−H3)/365,0)",确认后双击该单元格右下角填充柄
    C. 在 I3 单元格输入"=year(today())−year(H3)",确认后双击该单元格右下角填充柄
    D. 在 I3 单元格输入"=(today()−H3)/365",确认后双击该单元格右下角填充柄,然后通过设置单元格格式将 I 列数据调整为保留 0 位小数

60. 需要按职称查询人员信息,下列方法最优的是( )。
    A. 先创建数据透视表,然后在数据透视表中查询
    B. 先设置条件区域,然后进行高级筛选,筛选出要查询的数据
    C. 先按"职称"进行排序,然后拖动窗口滚动条查询
    D. 先完成自动筛选,然后点击筛选标记选择要查询的职称

61. 需要为"身份证号"列数据区域添加内容相同的批注,下列操作最优的是( )。
    A. 给 E3 单元格添加批注,复制该单元格,选中其他单元格后执行"选择性粘贴"—"批注"
    B. 给 E3 单元格添加批注,复制该单元格,选中其他单元格后执行"选择性粘贴"—"格式"
    C. 选择 E 列数据区域,添加批注
    D. 给 E 列数据区域逐一添加批注

62. 为了比较不同职称人员的平均基本工资,创建如图 6 所示的饼状图表,请从下列操作中选择,并依次写出序号( )。

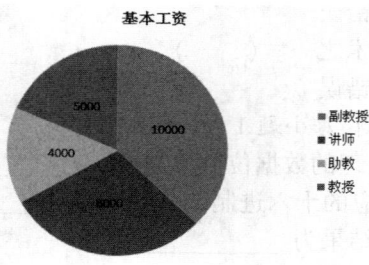

图 6

①选择工作表数据区域,按"职称"排序
②选择工作表数据区域,按"基本工资"排序
③以"基本工资"为分类字段,求"基本工资"的平均值
④以"职称"为分类字段,求"基本工资"的平均值
⑤在汇总结果表中隐藏明细数据
⑥选择汇总结果表,插入"饼图",并做相关设置
⑦选择汇总结果表中"职称"和"基本工资"两列的数据区域,插入"饼图",并做相关设置。

（三）PowerPoint 操作

小陈使用 PowerPoint 2010 制作了如图 7 所示的演示文稿,请结合所学知识回答下列问题。

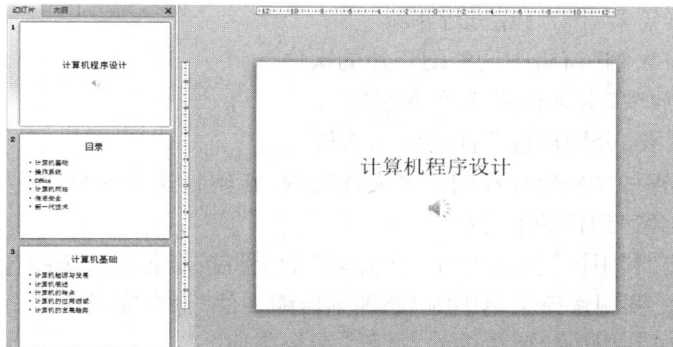

图7

63. 在第 1 张幻灯片中插入了音频文件,希望演示文稿放映时作为背景音乐全程播放,下列操作最优的是(　　)。
    A. 在"音频工具播放"选项卡的"开始"列表中选择"自动（A）"
    B. 复制粘贴音频文件到其他幻灯片中,逐个进行设置
    C. 在"音频工具播放"选项卡的"开始"列表中选择"跨幻灯片播放",并选中"播完返回开头"
    D. 在"音频工具播放"选项卡的"开始"列表中选择"跨幻灯片播放",并选中"循环播放,直到停止"

64. 从第 2 张幻灯片开始新增了标题为"内容"的节,希望该节的幻灯片切换方式一致,下列操作最优的是(　　)。
    A. 为该节的幻灯片逐一设置切换方式
    B. 为该节的第 1 张幻灯片设置切换方式
    C. 点击节标题,设置切换方式
    D. 为该节的最后一张幻灯片设置切换方式

65. 要为幻灯片填充"信纸"纹理,请从下列操作中选择,并依次写出序号(　　)。
    ①打开"设置背景格式"对话框
    ②选择"插入"选项卡中的"背景样式"按钮
    ③选择"设计"选项卡中的"背景样式"按钮
    ④选中"图片或纹理填充"
    ⑤打开"纹理"下拉式菜单,选中"信纸",点击"重置背景"按钮
    ⑥打开"纹理"下拉式菜单,选中"信纸",点击"全部应用"按钮

六、综合运用题(本大题共 10 小题,每小题 1 分,共 10 分)

请在答题卡各题目指定区域内,将第 66~75 小题答题卡的相应代码涂黑。

某公司销售部经理助理小赵,需要对 2021 年销售数据进行统计分析,以制订销售计划,并为部门全体员工大会准备资料,电脑已安装 Windows 7 和 Office 2010,并获取了各销售分部销售订单记录数据。请按要求完成操作应用。

74. 希望向不同对象演示时,根据需要调整幻灯片放映的数量或次序,但又不改变幻灯片在演示文稿中的真正顺序,下列操作最优的是(   )。
   A. 放映前根据需要对幻灯片进行删减
   B. 在"幻灯片/大纲"窗格中调整幻灯片的次序
   C. 在"自定义放映"对话框定义放映方案
   D. 针对不同需要,分别形成不同的演示文稿

75. 小赵把制作的各种文档保存在同一个文件夹内,希望将这个文件夹生成为一个压缩包,下列操作一定会达到目的的是(   )。
   A. 右击文件夹,利用快捷菜单中的"重命名"命令将扩展名改为压缩包文件扩展名
   B. 右击文件夹,利用快捷菜单中的"添加到压缩文件"命令完成
   C. 右击文件夹,利用快捷菜单中的"属性"命令完成
   D. 右击文件夹,利用快捷菜单中的"发送到"命令完成

山东省 2021 年普通高等教育专升本统一考试

计算机试题

本试卷分为第 Ⅰ 卷和第 Ⅱ 卷两部分。满分 100 分,考试用时 120 分钟。考试结束后,将本试卷和答题卡一并交回。

注意事项:

1. 答题前,考生务必使用 0.5 毫米黑色签字笔将自己的姓名、考生号、座位号填写到试卷规定的位置上,并将姓名、考生号、座位号填(涂)在答题卡规定的位置。

2. 第 Ⅰ 卷每小题选出答案后,用 2B 铅笔把答题卡上对应题目的答案标号涂黑;如需改动,用橡皮擦干净后,再选涂其他答案标号,答在本试卷上无效。

3. 第 Ⅱ 卷答题必须使用 0.5 毫米黑色签字笔作答,答案必须写在答题卡各题目指定区域内相应的位置;如需改动,先划掉原来的答案,然后再写上修改后的答案;不能使用涂改液、胶带纸、修正带。或根据题目要求在指定位置用 2B 铅笔把答题卡上对应题目的答案标号涂黑;如需改动,用橡皮擦干净后,再选涂其他答案标号。不按以上要求作答的答案无效。

第 Ⅰ 卷

一、单项选择题(本大题共 20 小题,每小题 1 分,共 20 分)

在每小题列出的四个备选项中只有一个是符合题目要求的,请将其选出并将答题卡的相应代码涂黑。错涂、多涂或未涂均无分。

1. 下列关于计算机发展史的说法,错误的是( )。
   A. 冯·诺依曼提出现代计算机体系结构　　B. 图灵提出计算机内部采用二进制
   C. 第一台计算机 ENIAC 内部采用十进制　　D. 第一代电子计算机基本元件是电子管

2. 一台 64 位的计算机,其中 64 位是指计算机( )。
   A. 带宽 64 位　　　B. 字长为 64 位　　　C. 操作系统为 64 位　　D. 采用八进制

3. 两个车道的车辆过窄桥,如图 1 所示。不可能以下列( )顺序通过。

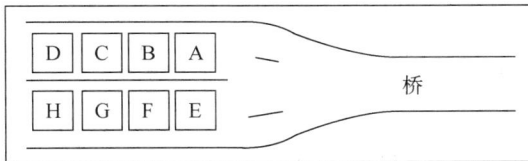

   A. ABEFCDGH　　　　　B. EABFGCDH　　　　　C. AFEBCDGH　　　　　D. ABCDEFGH

4. 下列关于 Windows 7 的说法,错误的是( )。
   A. Windows 7 是单用户操作系统,没有并发性
   B. Windows 7 是多任务操作系统,各任务之间可以共享硬件
   C. 在 Windows 7 中,可运行大于主存的程序,体现了虚拟性
   D. 在 Windows 7 中,可响应用户随机点击鼠标,体现了异步性

23. 下列关于计算思维的描述,正确的是(   )。
    A. 计算思维是运用计算机科学的基础概念进行问题求解、系统设计以及人类行为理解
       等涵盖计算机科学之广度的一系列思维活动
    B. 计算思维的核心是抽象和自动化
    C. 计算思维是人的思想,不是计算机的思维
    D. 计算思维是分析和解决问题的能力,不是刻板的操作技能

24. 以下关于文件命名的说法正确的是(   )。
    A. 在同一文件夹中,my. txt 和 my 两个文件能同时存在
    B. 在隐藏扩展名的情况下,my. txt 和 my 文件不能同时存在
    C. 在同一磁盘分区的不同文件夹下,my. txt 和 my 文件可以同时存在
    D. 在不同磁盘分区的不同文件夹下,my. txt 和 my 文件可以同时存在

25. 在 Excel 2010 中处理学籍档案表时,可通过"数据有效性"解决的有(   )。
    A. 长度超过 10 个字符的学号显示为红色   B. 性别只能从"男""女"两个值中选择其一
    C. 身份证号所在列只能输入 18 位   D. 在输入姓名时打开中文输入法

26. 在 PowerPoint 2010 中,下列关于"节"的说法正确的有(   )。
    A. 可将一页或多页幻灯片创建为一节   B. 可使用节组织幻灯片
    C. 不同节幻灯片方向可以不同   D. 节标志可以向上或向下移动

27. 与关系数据库相比,下列属于 NoSQL 优势的是(   )。
    A. 容易实现数据完整性   B. 支持超大规模数据存储
    C. 复杂查询性能高   D. 数据模型灵活

28. 以下关于 IP 地址和域名的描述,正确的是(   )。
    A. IP 地址是 Internet 协议地址的简称   B. IP 地址与域名一一对应的关系
    C. DNS 负责将域名转换为 IP 地址   D. 浏览器只能通过域名上网

29. 以下关于增强现实和虚拟现实的说法,正确的是(   )。
    A. 增强现实比虚拟现实更具虚拟性   B. 增强现实比虚拟现实更具独立性
    C. 增强现实比虚拟现实更注重虚实结合 D. 增强现实效果比虚拟现实更注重临场感

30. 下列关于数字签名的说法,正确的是(   )。
    A. 接收方能够核实发送方对报文的数字签名
    B. 发送方事后不可抵赖对报文的数字签名
    C. 接收方难以伪造对报文的数字签名
    D. 数字签名就是通过网络传输加密过的纸质签名照片

第Ⅱ卷

三、填空题(本大题共 10 小题,每小题 2 分,共 20 分)

31. 已知字母 G 的 ASCII 对应的十六进制数为 47H,则字母 J 的 ASCII 码对应的十六进制数为_____。

32. 计算机各功能部件之间传送信息的公共通信干线称为_____。

33. 图 5 所示流程图的输出结果是_____。

34. 用于更改 Windows 设置,几乎可以控制 Windows 外观和工作方式所有设置的系统工具是_____。

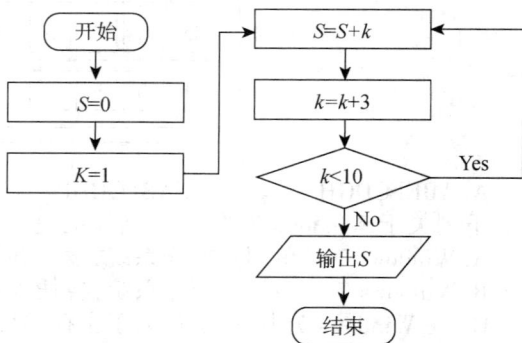

图 5

35. 用于修改表结构的 SQL 命令是_____。

36. 浏览器访问安全性要求较高的网页时,HTTP 会调用 SSL/TLS 对网页进行加密,地址栏里 HTTP 变成_____。

37. 在 HTML 语言中,包含关键字、网页描述信息等内容的标记是_____。

38. 音频数字化是通过对声音信号进行采样、量化和编码实现的,其中影响数字化质量的主要是_____。

39. 安装在个人计算机上,对网络通信行为进行监控,并对数据包进行过滤的应用程序是_____。

40. 物联网中感知被测量,并按照一定规律转换成可用输出信号的器件是_____。

四、操作题(本大题共 15 小题,每小题 2 分,共 30 分)

请在答题卡各题目指定区域内,将 46、50 小题的答案写在相应的位置,其他小题将答题卡的相应代码涂黑。

(一)Word 操作

小文在旅游公司工作,要使用 Word 2010 撰写中国著名城市与景点的旅游指南文档,包括封面(文档第 1 页)、目录页(文档第 2 页)和正文(从文档第 3 页开始),其目录页和正文第 1 页的预期效果如图 6 所示。请结合所学知识回答下列问题。

41. 如图 6 所示,当前使用的视图是(　　　)。

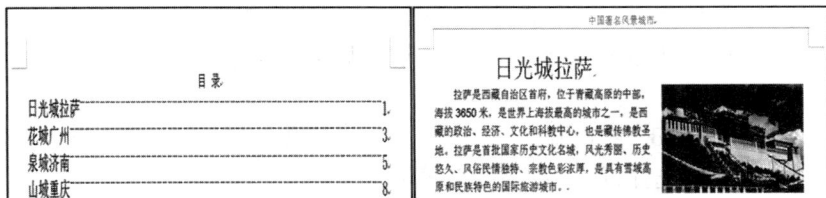

图 6

    A. 普通视图   B. 页面视图   C. Web 版式视图   D. 大纲视图

42. 小文发现文档中有较多的数字为全角,若要把已经输入的全角数字转换成半角数字,下列选项中不能实现的方法是(　　　)。

    A. 手动将全角数字重新以半角输入

    B. 使用"查找和替换",替换每个全角数字为对应半角数字

    C. 使用"字体"组中 **Aa▾** 的"半角"命令,将全角数字转换为半角

    D. 使用"格式刷",将全角数字格式化为半角

43. 如图 6 所示,正文中以"拉萨是西藏……"开头的段落中肯定没有用到的格式是(　　　)。

    A. 分散对齐   B. 两端对齐   C. 1.5 倍行距   D. 首行缩进两个字符

44. 要实现如图 6 所示页眉、页码从正文开始的效果(封面、目录页无页眉),下列操作不必用到的是(　　　)。

    A. 插入分节符

    B. 插入页码

    C. 设置"首页不同"为选中状态

    D. 设置正文对应页眉的"链接到前一条页眉"为非选中状态

54. 小燕想在放映时某些幻灯片暂时不显示"季节"图片,以下操作最优的是(   )。

    A. 在幻灯片中,逐一添加一个白色填充的图形框遮盖"季节"图片

    B. 在幻灯片母版中,添加白色图形框覆盖"季节"图片

    C. 选择幻灯片,设置"幻灯片放映"中的"隐藏幻灯片"功能

    D. 选中幻灯片后,设置"隐藏背景图形"功能

55. 小燕希望在演讲演示文稿时按照自己的预定节奏自动放映幻灯片,下列选项最优的是(   )。

    A. 根据讲述节奏,设置幻灯片的自动换片时间,然后播放

    B. 根据讲述节奏,设置幻灯片的切换持续时间,然后播放

    C. 利用"排练计时"功能记录排练过程中的幻灯片切换时间,然后播放

    D. 根据讲述节奏,设置幻灯片中的每一个对象的动画时间,然后播放

五、分析题(本大题共 5 小题,第 56、58 小题每小题 1 分,第 57、59 小题每小题 2 分,第 60 小题 4 分,共 10 分)

请在答题卡各题目指定区域内,将 57、59、60 小题的答案写在相应的位置,其他小题将答题卡的相应代码涂黑。

(一)赵老师在指导学生撰写论文时发现,尽管学校做了相关格式要求,但同学们的论文格式依然不规范。主要表现在不同同学的论文中标题以及正文使用的字体、字号、段落缩进、行距等不一致,甚至同一论文中前后格式也不一致。请结合所学知识回答下列问题。

56. 赵老师希望用 Word 2010 的功能让同学们统一规范论文格式,下列功能最应该使用的是(   )。

    A. 模板、样式   B. 格式刷   C. 主控文档   D. 拼写和语法

57. 根据你在 56 题中的选择,简述解决问题的方法。

    _____。

(二)李经理希望公司每月利润 10 万元以上,需要根据产品销售数据(含销量、利润等)预测每月须完成的销量。请结合所学知识回答下列问题。

58. 如果使用 Excel 2010 预测每月应当完成的销售额,下列最应该使用的是(   )。

    A. 数据透视表   B. 模拟分析   C. 分类汇总   D. 合并计算

59. 根据你在 58 题中的选择,简述分析预测的过程。

    _____。

(三)小亮创业开办公司不久,业务数据量激增,他想购买存储设备。但公司人手少,场地小,资金也不充裕。现有多家 IT 服务商能够提供云计算、大数据、物联网、人工智能、区块链等新一代信息技术服务。请结合所学知识回答下列问题。

60. 小亮目前最迫切购买的是哪种服务,并简述理由。

    _____

山东省 2020 年普通高等教育专升本统一考试

计算机试题

本试卷分为第Ⅰ卷和第Ⅱ卷两部分。满分 100 分,考试用时 120 分钟。考试结束后,将本试卷和答题卡一并交回。

注意事项:

1. 答题前,考生务必使用 0.5 毫米黑色签字笔将自己的姓名、考生号、座位号填写到试卷规定的位置上,并将姓名、考生号、座位号填(涂)在答题卡规定的位置。

2. 第Ⅰ卷每小题选出答案后,用 2B 铅笔把答题卡上对应题目的答案标号涂黑;如需改动,用橡皮擦干净后,再选涂其他答案标号,答在本试卷上无效。

3. 第Ⅱ卷答题必须使用 0.5 毫米黑色签字笔作答,答案必须写在答题卡各题目指定区域内相应的位置;如需改动,先划掉原来的答案,然后再写上修改后的答案;不能使用涂改液、胶带纸、修正带。或根据题目要求在指定位置用 2B 铅笔把答题卡上对应题目的答案标号涂黑;如需改动,用橡皮擦干净后,再选涂其他答案标号。不按以上要求作答的答案无效。

第Ⅰ卷

一、单项选择题(本大题共 20 小题,每小题 1 分,共 20 分)

在每小题列出的四个备选项中只有一个是符合题目要求的,请将其选出并将答题卡的相应代码涂黑。错涂、多涂或未涂均无分。

1. 下图 1 所示的计算机部件是(　　　　)。

图 1

  A. CPU   B. 内存   C. 网卡   D. 主板

2. 下列有关窗口的描述中,错误的是(　　　　)。

  A. 应用程序窗口最小化后转到后台执行   B. Windows 窗口顶部通常是标题栏

  C. Windows 系统上显示的窗口是浮动窗口   D. 拖拽窗口标题栏可以移动窗口

3. 在 Windows 系统中删除 U 盘中的文件,下列说法正确的是(　　　　)。

  A. 可通过回收站还原   B. 可通过撤销操作还原

  C. 可通过剪贴板还原   D. 文件被彻底删除,无法还原

4. 关于 Word 2010 中的项目符号和编号,下列说法错误的是(　　　　)。

  A. 可以使用"插入"选项卡插入项目符号和编号

  B. 可以设置编号的起始号码与编号样式

29. 下列选项中属于虚拟现实技术应用的有(　　　　)。
　　A. 网络直播　　　　　　　　　　　　B. 3D 网络游戏
　　C. 使用计算机模拟美容效果　　　　　D. 售楼处实体沙盘

30. 下列选项中能够体现人工智能的应用有(　　　　)。
　　A. 无人驾驶　　　　B. 语音输入　　　　C. 人脸识别　　　　D. 人机对弈

第Ⅱ卷

三、填空题(本大题共 10 小题,每小题 2 分,共 20 分)

31. 二进制运算:$(1001)_2 - (111)_2 = $_____。

32. 内存容量为 8GB,其中 B 指_____。

33. 根据计算机软件的分类,Windows 附件中的计算器、画图等程序都属于_____软件。

34. 文件名中标识文件类型的是_____。

35. 在 SQL 中,用于查询的命令是_____。

36. 在 HTML 中,创建超链接使用的标记是_____。

37. TCP/IP 协议采用四层体系结构,包括网络接口层、网际层、_____和应用层。

38. 视频信息是连续变化的影像,其最小单位是_____。

39. 在密码技术中,由明文到密文的变化过程称为_____。

40. 为了增强机构内部网络的安全性,在内部网络和外部网络之间构造的保护屏障是_____。

四、操作题(本大题共 15 小题,每小题 2 分,共 30 分)

　　请在答题卡各题目指定区域内,将 46、51、52 小题的答案写在相应的位置,其他小题答题卡的相应代码涂黑。

(一) Word 操作

　　小明要使用 Word 2010 制作一个结果如图 3 所示的 Windows 计算器使用说明书,请结合所学知识,回答下列问题。

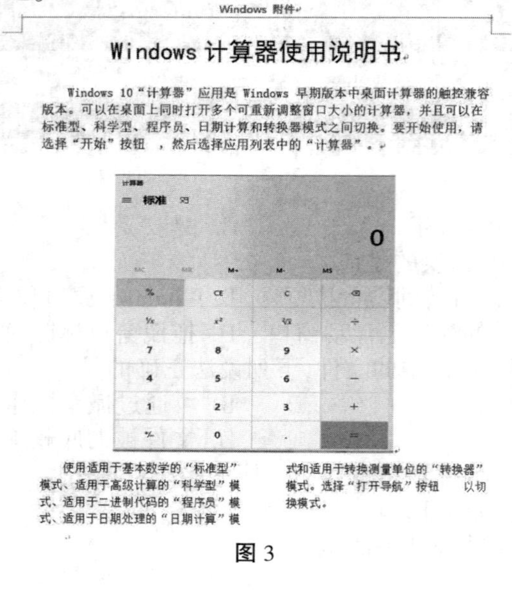

Windows 附件

Windows 计算器使用说明书

Windows 10 "计算器"应用是 Windows 早期版本中桌面计算器的触控兼容版本。可以在桌面上同时打开多个可重新调整窗口大小的计算器,并且可以在标准型、科学型、程序员、日期计算和转换器模式之间切换。要开始使用,请选择"开始"按钮,然后选择应用列表中的"计算器"。

使用适用于基本数学的"标准型"模式、适用于高级计算的"科学型"模式、适用于二进制代码的"程序员"模式、适用于日期处理的"日期计算"模式和适用于转换测量单位的"转换器"模式。选择"打开导航"按钮　　以切换模式。

图 3

36

41. 要在页面顶部显示如图 3 所示的 "Windows 附件" 样式,最优操作是(　　　)。

    A. 单击页面顶部区域输入 "Windows 附件"

    B. 在页面顶部区域添加文本框,输入 "Windows 附件"

    C. 在 "插入" 选项卡中选择 "页眉" — "编辑页眉",插入 "Windows 附件"

    D. 在 "插入" 选项卡中选择 "页脚" — "编辑页脚",插入 "Windows 附件"

42. 要设置如图 3 所示的文档标题 "Windows 计算器使用说明书" 字样,以下操作中肯定没有使用的是(　　　)。

    A. 设置字体为 "黑体"　　　　　　　B. 设置字形为 "倾斜"

    C. 设置字号为 "二号"　　　　　　　D. 设置段落为 "居中"

43. 要将图 3 所示的正文中所有文本段落的第一行缩进 2 个字符,最规范的操作是(　　　)。

    A. 在每段开头增加 2 个空格　　　　B. 设置段落缩进为 "左侧" 2 个字符

    C. 设置段落缩进为 "悬挂缩进" 2 个字符　　D. 设置段落缩进为 "首行缩进" 2 个字符

44. 将图 3 所示图片下的段落文字设置为左右两栏的形式,用到的功能是(　　　)。

    A. "页面布局" 选项中的 "分栏"　　　B. "段落" 中的 "分栏"

    C. "视图" 选项卡中的 "并排查看"　　D. "视图" 选项卡中的 "双页"

45. 图 3 所示的图片原始大小为高 8.5cm、宽 6cm,需调整为高 6cm、宽 5cm。完成图片大小调整后,发现高度和宽度不能同时调整为目标值,原因是(　　　)。

    A. 环绕方式选用错误　　　　　　　B. 插入方式选用错误

    C. 锁定纵横比设置错误　　　　　　D. 图片类型不符

46. 题 45 中所述问题的解决方法为 _____。

（二） Excel 操作

　　王老师使用 Excel 2010 在新建工作簿中创建了结构如图 4 所示的工作表,用于处理电子商务 19(1) 班的计算机基础课成绩。请结合所学知识回答下列问题。

	A	B	C	D	E	F	G
1	计算机基础成绩表						
2	学号		姓名	平时成绩	期中成绩	期末成绩	总成绩	名次

图 4

47. 要将 A1 单元格的内容 "计算机基础成绩表" 在 A1 至 G1 单元格区域水平居中,需要进行的操作是(　　　)。

    A. 选择 A1 至 G1 单元格区域,在 "设置单元格格式" 对话框设置 "水平对齐" 为 "居中"

    B. 选择 A1 至 G1 单元格区域,在 "设置单元格格式" 对话框设置 "水平对齐" 为 "合并后居中"

    C. 选择 A1 至 G1 单元格区域,在 "设置单元格格式" 对话框设置 "水平对齐" 为 "跨列居中"

    D. 选择 A1 至 G1 单元格区域,在 "设置单元格格式" 对话框设置 "水平对齐" 为 "跨越合并"

48. 该班 50 名学生学号前 8 位均为 "20190301",后 2 位为顺序号 01—50,下列操作中可以快速填充所有学生学号的是(　　　)。

    A. 在 A3 单元格输入 "2019030101",拖动 A3 单元格填充柄至 52 行

    B. 在 A3 单元格输入 "2019030101",拖动 A3 单元格填充柄至 52 行

    C. 在 A3 单元格输入 " =2019030101",双击 A3 单元格填充柄

A. 重新选择图表数据区域　　　　　　B. 点击图表并进行坐标轴设置

C. 点击图表执行"切换行/列"　　　　D. 点击图表重新选择图表类型

（二）李老师在 Excel 中筛选出平均分前 50 名学生的数据(包括学号、姓名、班级号、数学、英语、计算机、平均分)，并通过复制粘贴方式将这些数据插入到 Word 文档中成为新的表格。

60. 该表格当前无框线，要为表格设置所有框线，下列操作中最不可取的是(　　　)。

A. 选择整个表格，从"表格工具"选项卡中选择"绘制表格"，并绘制表格框线

B. 选中整个表格，使用"表格工具"选项卡中相应功能将边框类型设置为"所有框线"

C. 选中整个表格，使用"开始"选项卡中相应功能将框线类型设置为"所有框线"

D. 选中表格的任意单元格，通过"表格属性"打开"边框和底纹"对话框，并将"应用于"设置为"表格"、"类型"设置为"全部"

61. 该表格超出了页面宽度，要设置表格所在页的纸张方向为横向，而其他页的纸张方向仍保持纵向，应使用的操作是(　　　)。

A. 直接将表格所在页的纸张方向设置为横向

B. 在打印预览中，设置表格所在页的纸张方向为横向

C. 在表格前后各插入一个分页符，并设置表格所在页方向为横向

D. 在表格前后各插入一个分节符，并设置表格所在页方向为横向

62. 该表格占据了多页，为了能够让表格在各页都显示标题行，应使用(　　　)。

A. "表格工具"选项卡中的"插入标题行"按钮

B. "表格工具"选项卡中的"重复标题行"按钮

C. "页面布局"选项卡中的"插入标题行"按钮

D. "页面布局"选项卡中的"重复标题行"按钮

63. 下列操作中不能将整个表格设置为页面居中的是(　　　)。

A. 通过在表格左侧拖动鼠标选中所有行，点击"段落"功能区中的"居中"按钮

B. 选定整个表格，点击"段落"功能区中的"居中"按钮

C. 选定整个表格，点击"表格工具→布局"选项卡中的"水平居中"按钮

D. 选中表格的任意单元格，通过"表格属性"对话框设置表格对齐方式为"居中"

（三）李老师准备在年终班级工作总结中用 PowerPoint 展示图 7a 所示的图表。

64. 将图 7a 所示的图表从 Excel 复制粘贴到 PowerPoint 幻灯片时，为了后续能够设置图表中不同部分依次动画显示，下列"粘贴选项"中不能选用的是(　　　)。

A. 图片　　　　　　　　　　　　　　B. 保留源格式和嵌入工作簿

C. 使用目标主题和链接数据　　　　　D. 使用目标主题和嵌入工作簿

65. 为该图表设置了"飞入"动画效果后，为了能够对数学、英语、计算机 3 门课分别展示不同班级间平均成绩对比情况，应选用"效果选项"的是(　　　)。

A. 作为一个对象　　　B. 按系列　　　C. 按类别　　　D. 逐个级别

山东省2019年普通高等教育专升本统一考试

计算机试题

本试卷分为第Ⅰ卷和第Ⅱ卷两部分。满分100分,考试用时120分钟。考试结束后,将本试卷和答题卡一并交回。

注意事项:

1. 答题前,考生务必使用0.5毫米黑色签字笔将自己的姓名、考生号、座位号填写到试卷规定的位置上,并将姓名、考生号、座位号填(涂)在答题卡规定的位置。

2. 第Ⅰ卷每小题选出答案后,用2B铅笔把答题卡上对应题目的答案标号涂黑;如需改动,用橡皮擦干净后,再选涂其他答案标号,答在本试卷上无效。

3. 第Ⅱ卷答题必须使用0.5毫米黑色签字笔作答,答案必须写在答题卡各题目指定区域内相应的位置;如需改动,先划掉原来的答案,然后再写上修改后的答案;不能使用涂改液、胶带纸、修正带。或根据题目要求在指定位置用2B铅笔把答题卡上对应题目的答案标号涂黑;如需改动,用橡皮擦干净后,再选涂其他答案标号。不按以上要求作答的答案无效。

第Ⅰ卷

一、单项选择题(本大题共50小题,每小题1分,共50分)

在每小题列出的四个备选项中只有一个是符合题目要求的,请将其选出并将答题卡的相应代码涂黑。错涂、多涂或未涂均无分。

1. 第一代电子计算机采用的电子元器件是( )。

    A. 晶体管   B. 电子管   C. 集成电路   D. 大规模集成电路

2. 网页是一种应用( )语言编写、可以在www传输、能被浏览器认识和翻译成页面并显示出来的文件。

    A. VisualBasic   B. Java   C. HTML   D. C++

3. 关于数据的描述中,错误的是( )。

    A. 数据可以是数字、文字、声音、图像

    B. 数据可以是数值型数据和非数值型数据

    C. 数据是数值、概念或指令的一种表达形式

    D. 数据就是指数值的大小

4. 通过按下键盘上的( )按键可以将屏幕画面复制到剪贴板。

    A. PrintScreen   B. Alt+PrintScreen   C. Ctrl+Delete   D. Shift+PrintScreen

5. 下列不属于系统软件的是( )。

    A. 数据库管理系统   B. 操作系统

    C. 程序语言处理系统   D. 电子表格处理软件

34. 下列选项中,可用来在 Word 2010 中创建表格的是(   )。
    A. 利用"格式"选项创建
    B. 使用"开始"选项中的"插入表格"命令创建
    C. 使用"插入"选项中的"表格"命令创建
    D. 使用"设计"选项中的"表格"组中的"绘制表格"命令创建

35. Word 2010 中,如果设置了页眉和页脚,那么页眉和页脚只能在(   )看到。
    A. Web 版式视图方式下   B. 页面视图或打印预览方式下
    C. 大纲视图方式下   D. 普通视图方式下

36. 在 Excel 2010 工作表单元格中输入公式时,B $ 3 的单元格引用方式,称为(   )。
    A. 相对地址引用   B. 绝对地址引用   C. 混合地址引用   D. 交叉地址引用

37. 在 Excel 2010 某单元格中输入公式 = LEFT(RIGHT("ABCDEF",4),2),然后回车,该单元格中显示的数据为(   )。
    A. ABCD   B. ABC   C. CD   D. CDE

38. 在 Excel 2010 中,如果要同时在多个单元格中输入相同的数据,可先选定相应的单元格,然后输入数据,按(   )键,即可向这些单元格输入相同的数据。
    A. Shift+Enter   B. Ctrl+Enter   C. Alt+Enter   D. Enter

39. 在 Excel 2010 中,下列描述错误的是(   )。
    A. 删除工作表是永久删除,无法撤销删除操作
    B. 数据删除和清除是两个不同的概念
    C. 数据清单的第一行必须为文本类型,为相应列的名称
    D. 若单元格中的数字超过 11 位时,将会显示错误值#VALUE!

40. 通过设置(   ),可以使幻灯片中的标题、图片、文本等按需要的顺序出现。
    A. 自定义动画   B. 放映方式   C. 幻灯片切换   D. 幻灯片链接

41. 在 Word 2010 中,可以通过按(   )键删除插入点后面的字。
    A. Insert   B. Delete   C. Enter   D. Backspace

42. PowerPoint 2010 中,设置幻灯片背景的操作应该选择(   )选项卡。
    A. 设计   B. 插入   C. 格式   D. 视图

43. Excel 2010 中,如果单元格的数字格式数值为两位小数,此时输入三位小数,则编辑框中显示(   )。
    A. 末位四舍五入,计算时以显示的数字为准
    B. 末位四舍五入,计算时以输入数值为准
    C. 末位不四舍五入,计算时以显示的数字为准
    D. 末位不四舍五入,计算时以输入数值为准

44. PowerPoint 2010 中,(   )可以启动某一个应用程序或宏。
    A. 动作设置   B. 动画设置   C. 切换设置   D. 排练计时

45. 在 Excel 2010 中,如果想限制单元格只允许输入一定范围内数值,可以选择(   )选项卡的"数据工具"组,单击其中的"数据有效性"命令。
    A. 开始   B. 审阅   C. 公式   D. 数据

46. 在 PowerPoint 2010 的演示文稿中,若需使幻灯片从"随机线条"效果变换到下一张幻灯片,则应设置(　　)。
    A. 放映方式　　　　B. 自定义放映　　　　C. 自定义动画　　　　D. 幻灯片切换

47. 为了将制作完成的幻灯片发布到 Web,应该(　　)。
    A. 直接保存幻灯片文件
    B. 超级链接幻灯片文件
    C. 在"文件"选项卡中,选择"保存并发送"命令
    D. 在制作网页的软件中重新制作

48. 下列关于 Access 2010 的叙述中,正确的是(　　)。
    A. 数据库中的数据存储在表和报表中
    B. 数据库中的所有数据存储在表中
    C. 数据库中的数据存储在表和查询中
    D. 数据库中的数据存储在表、查询和报表中

49. 在 Excel 2010 中,无法对工作表进行的操作是(　　)。
    A. 删除　　　　　　B. 隐藏　　　　　　C. 剪切　　　　　　D. 重命名

50. ASF 是(　　)公司推出的一个在 Internet 上实时传播多媒体的视频文件压缩技术标准。
    A. Microsoft　　　　B. Apple　　　　C. Intel　　　　D. Real Networks

二、**多项选择题**(本大题共 20 小题,每小题 1 分,共 20 分)
    在每小题列出的四个备选项中只有两个是符合题目要求的,请将其选出并将答题卡的相应代码涂黑。错涂、多涂、少涂或未涂均无分。

51. 计算机的特点主要有(　　)。
    A. 具有记忆和逻辑判断能力　　　　　　B. 运算速度快,但精确度低
    C. 可以进行科学计算,但不能处理数据　　D. 存储容量大、通用性强

52. 下列选项中,属于微机主要性能指标的有(　　)。
    A. 运算速度　　　　　　　　　　　　　B. 内存容量
    C. 能配备的设备数量　　　　　　　　　D. 接口数

53. 剪贴板的操作包括(　　)。
    A. 选择　　　　　　B. 复制　　　　　　C. 剪切　　　　　　D. 移动

54. 下列选项中,属于 Word 2010 缩进效果的是(　　)。
    A. 两端缩进　　　　B. 分散缩进　　　　C. 左缩进　　　　　D. 右缩进

55. 下列属于输入设备的是(　　)。
    A. 显示器　　　　　B. 打印机　　　　　C. 鼠标　　　　　　D. 扫描仪

56. 相对于外部存储器,内存具有的特点是(　　)。
    A. 存取速度快　　　B. 容量相对大　　　C. 价格较贵　　　　D. 永久性存储

57. 在 Windows 7 中,下列打开"资源管理器"的方法中,正确的是(　　)。
    A. 单击"开始"按钮,在菜单中选择"计算机"
    B. 右击任务栏,在出现的快捷菜单中选择"打开 Windows 资源管理器"
    C. 在桌面空白处右击,在出现的快捷菜单中选择"打开 Windows 资源管理器"

90. 在计算机网络中,中继器是可以进行数字信号和模拟信号转化的设备。

   A. 正确　　　　　　B. 错误

第Ⅱ卷

四、填空题(本大题共20小题,每小题1分,共20分)

91. 无软件的计算机也称为_____。

92. 计算机中英文字符的最常用编码是_____码。

93. 使用 Word 2010 的邮件合并功能时,除需要主文档外,还需要已制作完成的_____文件。

94. 剪贴板使用的是_____中的一块存储区域。

95. _____表示 CPU 每次处理数据的能力,常见的有 32 位 CPU、64 位 CPU。

96. 所谓_____就是 Word 2010 系统自带的或由用户自定义的一系列排版格式的总和,包括字符格式、段落格式等。

97. 数据库管理系统的英文缩写是_____。

98. 从用户和任务角度考察,Windows 7 是_____操作系统。

99. 工作簿是指在 Excel 2010 中用来存储并处理数据的文件,其扩展名是_____。

100. 具有规范二维表特性的电子表格在 Excel 2010 中被称为_____。

101. Excel 2010 中有三种迷你图样式,即折线图、柱形图和_____。

102. 利用 PowerPoint 2010 制作出的,由一张张幻灯片组成的文件叫作_____文件,其默认扩展名为 .PPTX。

103. 在 Word 2010 中,插入分节符,应该选择页面布局选项卡,在_____组中单击"分隔符"命令。

104. _____是长期存放在计算机内的、有组织的、可表现为多种形式的可共享的数据集合。

105. _____是一组相关网页和有关文件的集合,其主页用来引导用户访问其他网页。

106. _____被认为是 Internet 的前身。

107. CPU 的时钟频率称为_____。

108. Sound Forge 和 Audition 都是专业的_____。

109. 按照防火墙保护网络使用方法的不同,可将其分为网络层防火墙、_____防火墙和链路层防火墙。

110. 在 Word 2010 中,同时按下 Ctrl 和 V 按键的作用是_____。

山东省 2018 年普通高等教育专升本统一考试

计算机试题

本试卷分为第 I 卷和第 II 卷两部分。满分 100 分,考试用时 120 分钟。考试结束后,将本试卷和答题卡一并交回。

注意事项:

1. 答题前,考生务必使用 0.5 毫米黑色签字笔将自己的姓名、考生号、座位号填写到试卷规定的位置上,并将姓名、考生号、座位号填(涂)在答题卡规定的位置。

2. 第 I 卷每小题选出答案后,用 2B 铅笔把答题卡上对应题目的答案标号涂黑;如需改动,用橡皮擦干净后,再选涂其他答案标号,答在本试卷上无效。

3. 第 II 卷答题必须使用 0.5 毫米黑色签字笔作答,答案必须写在答题卡各题目指定区域内相应的位置;如需改动,先划掉原来的答案,然后再写上修改后的答案;不能使用涂改液、胶带纸、修正带。或根据题目要求在指定位置用 2B 铅笔把答题卡上对应题目的答案标号涂黑;如需改动,用橡皮擦干净后,再选涂其他答案标号。不按以上要求作答的答案无效。

第 I 卷

一、单项选择题(本大题共 50 小题,每小题 1 分,共 50 分)

在每小题列出的四个备选项中只有一个是符合题目要求的,请将其选出并将答题卡的相应代码涂黑。错涂、多涂或未涂均无分。

1. 在计算机辅助系统中,CAM 的含义是(　　　)。
   A. 计算机辅助设计　　B. 计算机辅助制造　　C. 计算机辅助教学　　D. 计算机辅助测试

2. 将程序像数据一样存放在计算机中运行,是 1946 年由(　　　)提出的。
   A. 图灵　　　　　　B. 布尔　　　　　　C. 爱因斯坦　　　　D. 冯·诺依曼

3. 下列属于存储器且断电后信息全部丢失的是(　　　)。
   A. ROM　　　　　　B. FROM　　　　　　C. RAM　　　　　　D. CD-ROM

4. 8 位无符号二进制数可以表示的最大十进制整数是(　　　)。
   A. 127　　　　　　B. 128　　　　　　C. 255　　　　　　D. 256

5. 计算机中,通常用英文字母 "bit" 表示(　　　)。
   A. 字　　　　　　B. 字节　　　　　　C. 二进制位　　　　D. 字长

6. 计算机的主频是指(　　　)。
   A. 硬盘的读写速度　　　　　　　　　B. 显示器的刷新速度
   C. CPU 的时钟频率　　　　　　　　　D. 内存的读写速度

7. 下列描述中,正确的是(　　　)。
   A. 1KB = 1000　　　　　　　　　　　B. 1KB = 1024 * 1024B

C. 编辑单张幻灯片的具体内容　　　　　　　　D. 改变幻灯片的版式

35. Access 2010 的数据库文件扩展名是(　　　　)。

A. . DB　　　　　　　B. . ACCDB　　　　　　C. . SQLDB　　　　　　D. . ACCCSS

36. 下列不属于数据库管理系统的是(　　　　)。

A. SQL Server　　　　B. Access　　　　　　C. Oracle　　　　　　D. Unix

37. Access 2010 的数据表的一行称为一个(　　　　)。

A. 字段　　　　　　　B. 字节　　　　　　　C. 记录　　　　　　　D. 主键

38. 在数据库关系模型中,如果一个人可以选多门课,一门课可以被很多人选。那么,人与课程之间的联系是(　　　　)。

A. 一对一的联系　　　B. 一对多的联系　　　C. 多对一的联系　　　D. 多对多的联系

39. Access 2010 中,下列哪个字段可以作为主键?(　　　　)

A. 该字段允许出现空值　　　　　　　　　　　B. 该字段可以有重复值

C. 自动编号的字段　　　　　　　　　　　　　D. 字段类型为 OLE 对象

40. 假设 user 是一个表的名字,下列正确的 SQL 语句是(　　　　)。

A. SELECT * HAVING user　　　　　　　　　　B. SELECT * WHERE user

C. SELECT * FROM user　　　　　　　　　　　D. SELECT user INTO *

41. 如果一个网址的末尾是". edu. cn",则表示该网站是(　　　　)。

A. 商业组织　　　　　B. 教育机构　　　　　C. 非营利组织　　　　D. 政府部门

42. 下列负责将域名转化为 IP 地址的是(　　　　)。

A. HTTP　　　　　　B. WWW　　　　　　C. TCP/IP　　　　　D. DNS

43. 计算机网络中 WAN 是指(　　　　)。

A. 局域网　　　　　　B. 广域网　　　　　　C. 城域网　　　　　　D. 因特网

44. FTP 协议属于(　　　　)。

A. 传输控制协议　　　B. 超文本传输协议　　C. 文件传输协议　　　D. 邮件传输协议

45. 在计算机网络中,可以进行数字信号和模拟信号转化的设备是(　　　　)。

A. 交换机　　　　　　B. 路由器　　　　　　C. 中继器　　　　　　D. 调制解调器

46. 在 Internet 上浏览网页时,浏览器和 Web 服务器之间的传输网页使用的协议是(　　　　)。

A. IP　　　　　　　　B. FTP　　　　　　　C. HTTP　　　　　　D. Telnet

47. 下列表示 C 类 IP 地址范围的是(　　　　)。

A. 192. 0. 0. 0~223. 255. 255. 255　　　　　　B. 128. 0. 0. 0~191. 255. 255. 255

C. 0. 0. 0. 0~127. 255. 255. 255　　　　　　　D. 0. 0. 0. 0~255. 255. 255. 255

48. 下列不是图片文件的扩展名的是(　　　　)。

A. . BMP　　　　　　B. . JPG　　　　　　C. . GIF　　　　　　D. . WAV

49. 下列不属于信息安全技术的是(　　　　)。

A. 密码学　　　　　　B. 防火墙　　　　　　C. VPN　　　　　　　D. 虚拟现实

50. 计算机的发展趋势不包括(　　　　)。

A. 巨型化　　　　　　B. 微型化　　　　　　C. 智能化　　　　　　D. 专业化

二、多项选择题(本大题共 20 小题,每小题 1 分,共 20 分)

在每小题列出的四个备选项中至少有两个是符合题目要求的,请将其选出并将答题卡的相应代码涂黑。少涂得 1 分,错涂、多涂或未涂均无分。

51. 下列属于输出设备的是( )。
    A. 键盘　　　　　　　B. 打印机　　　　　　C. 显示器　　　　　　D. 扫描仪

52. 冯·诺依曼原理的基本思想是( )。
    A. 存储程序　　　　　B. 程序控制　　　　　C. 科学计算　　　　　D. 人工智能

53. Windows 7 的资源管理器中,如果要选定某个文件夹中的所有文件或文件夹,可以( )。
    A. 单击"编辑"菜单,然后选择"全选"　　　B. 单击"文件"菜单,然后选择"全选"
    C. 按 Ctrl+A 快捷键　　　　　　　　　　　D. 按 Ctrl+C 快捷键

54. 在 Windows 7 中,关于回收站的描述中,错误的是( )。
    A. 回收站是内存中的一块存储空间
    B. 回收站中的文件可以通过"文件"菜单下的"还原"恢复到原来的位置
    C. 回收站中的文件可以通过 Delete 键从回收站中删除
    D. 回收站所占的空间大小用户无法更改

55. 在 Windows 7 中,下列描述中,错误的是( )。
    A. 剪贴板中的信息可以是一段文字、数字或符号,也可以是图形、图像、声音等
    B. 当电脑关闭或重启时,存储在剪贴板中的内容不会丢失
    C. 只要用鼠标拖动桌面上的图标,就可以将图标移动到自己喜欢的位置
    D. 同一个文件夹中,文件与文件不能同名,文件与文件夹可以同名

56. 在 Word 2010 中,字体大小一般以( )和( )为单位。
    A. 磅　　　　　　　　B. 英寸　　　　　　　C. 像素　　　　　　　D. 号

57. 在 Word 2010 中,段落设置对话框包括( )。
    A. 首行缩进　　　　　B. 对齐方式　　　　　C. 分栏　　　　　　　D. 文字方向

58. 在 Excel 2010 中重命名工作表,以下正确的操作是( )。
    A. 右击要重命名的工作表标签,在弹出的快捷菜单中单击"重命名"命令
    B. 单击选定要重命名的工作表标签,按 F2 键,输入新名称
    C. 单击选定要重命名的工作表标签,在名称框中输入新名称
    D. 双击相应的工作表标签,输入新名称

59. 在 Excel 2010 中,下列( )为日期分隔符。
    A. ／　　　　　　　　B. -　　　　　　　　　C. :　　　　　　　　　D.)

60. 在 Excel 2010 中,下列关于自动填充的描述中,正确的是( )。
    A. 初值为纯数字型数据时,左键拖动填充柄,填充自动增 1 的序列
    B. 初值为纯数字型数据时,按住 Ctrl 键,左键拖动填充柄,填充自动增 1 的序列
    C. 初值为日期型数据时,左键拖动填充柄为复制填充
    D. 初值为日期型数据时,按住 Ctrl 键,左键拖动填充柄为复制填充

61. 在 Excel 2010 中,下列关于图表的描述中,错误的是( )。
    A. 在 Excel 中的图表分两种,一种是嵌入式图表,另一种是独立图表

89. 计算机网络中数据传输速率的单位是 bps，代表 byte per second。

    A. 正确   B. 错误

90. Internet 是在美国较早的军用计算机网 ARPANet 的基础上经过不断发展变化而形成的。

    A. 正确   B. 错误

第 II 卷

四、填空题（本大题共 20 小题，每小题 1 分，共 20 分）

91. 世界上第一台计算机的名称是_____。

92. 计算机中采用_____个字节存储一个 ASCII 码。

93. 完整的计算机系统应该包括_____。

94. 二进制数"01100011"对应的十进制数是_____。

95. 组合键_____可以在打开的多个程序或窗口间切换。

96. Microsoft Word 2010 文档的扩展名是_____。

97. 一个单元格含有多种特性，如内容、格式、批注等，可以使用_____复制它的部分特性。

98. _____是 Excel 2010 的一种功能，用于定义可以在单元格中输入或应该在单元格中输入哪些数据可以避免一些输入错误。

99. Excel 2010 中，单元格 F1 中的公式为"=AVERAGE(C2:E2)"，则 F1 的结果为单元格 C2 到 E2 区域的_____。

100. Excel 2010 中包含三种模拟分析工具：方案管理器、模拟运算表和_____。

101. PowerPoint 2010 中，_____可以自动记录幻灯片的切换时间，以用于自动放映。

102. PowerPoint 2010 中，_____是一种带有虚线边缘的框。在该框内可以放置标题及正文或者是图表、表格和图片等对象。

103. PowerPoint 2010 中，若想设置某张图片以"飞入"形式出现，则应该选择_____选项卡。

104. 数据库关系模型把世界看作由_____和联系构成的。

105. HTTP 协议的中文名称是_____。

106. 在 Word 2010 中，选择垂直文本时，首先按住_____键不放，然后按住鼠标左键拖出一块矩形区域。

107. 在 Word 2010 中，段落首行第 1 个字符的起始位置距离段落其他行左侧的缩进量叫作_____。

108. 计算机网络最突出的特征是_____。

109. 在 Word 2010 中，同时按下 Ctrl 和 X 按键的作用是_____。

110. 微型计算机中的中央处理器是由_____和控制器组成。

山东省 2017 年普通高等教育专升本统一考试

计算机试题

本试卷分为第Ⅰ卷和第Ⅱ卷两部分。满分 100 分,考试用时 120 分钟。考试结束后,将本试卷和答题卡一并交回。

注意事项:

1. 答题前,考生务必使用 0.5 毫米黑色签字笔将自己的姓名、考生号、座位号填写到试卷规定的位置上,并将姓名、考生号、座位号填(涂)在答题卡规定的位置。

2. 第Ⅰ卷每小题选出答案后,用 2B 铅笔把答题卡上对应题目的答案标号涂黑;如需改动,用橡皮擦干净后,再选涂其他答案标号,答在本试卷上无效。

3. 第Ⅱ卷答题必须使用 0.5 毫米黑色签字笔作答,答案必须写在答题卡各题目指定区域内相应的位置;如需改动,先划掉原来的答案,然后再写上修改后的答案;不能使用涂改液、胶带纸、修正带。或根据题目要求在指定位置用 2B 铅笔把答题卡上对应题目的答案标号涂黑;如需改动,用橡皮擦干净后,再选涂其他答案标号。不按以上要求作答的答案无效。

第Ⅰ卷

一、单项选择题(本大题共 50 小题,每小题 1 分,共 50 分)

在每小题列出的四个备选项中只有一个是符合题目要求的,请将其选出并将答题卡的相应代码涂黑。错涂、多涂或未涂均无分。

1. 下面关于信息技术的叙述正确的是( )。
   A. 信息技术就是计算机技术
   B. 信息技术就是通信技术
   C. 信息技术就是传感技术
   D. 信息技术是可以扩展人类信息功能的技术

2. 人们通常用十六进制,而不用二进制书写计算机中的数,是因为( )。
   A. 十六进制的书写比二进制方便　　　B. 十六进制的运算规则比二进制简单
   C. 十六进制数表示的范围比二进制大　　D. 计算机内部采用的是十六进制

3. 下列关于计算机发展史的叙述中,错误的是( )。
   A. 世界上第一台电子计算机是在美国发明的 ENIAC
   B. ENIAC 不是存储程序控制的计算机
   C. ENIAC 是 1946 年发明的,所以世界从 1946 年起就开始了计算机时代
   D. 世界上第一台投入运行的具有存储程序控制的计算机是英国人设计并制造的 EDSAC

4. 在科学计算时,经常会遇到"溢出",这是指( )。
   A. 计算机出故障了　　　　　　　　　B. 数值超出了内存范围
   C. 数值超出了变量的表示范围　　　　D. 数值超出了机器所表示的范围

B. 可以向已存在的幻灯片中插入剪贴画

C. 可以修改剪贴画

D. 可以利用自动版式建立带剪贴画的幻灯片,用来插入剪贴画

30. 在 PowerPoint 2010 中,下列关于表格的说法错误的是(   )。
  A. 可以向表格中插入新行和新列   B. 不能合并和拆分单元格
  C. 可以改变列宽和行高   D. 可以给表格添加边框

31. PowerPoint 2010 演示文档的默认扩展名是(   )。
  A. . PPTX   B. . PWT   C. . XLSX   D. . DOCX

32. 在 PowerPoint 2010 中幻灯片母版包括(   )。
  A. 标题幻灯片母版   B. 普通幻灯片母版
  C. 标题幻灯片母版和普通幻灯片母版 D. 都不对

33. 在 PowerPoint 2010 中,对于已创建的多媒体演示文档可以用(   )命令转移到其他未安装 PowerPoint 的机器上放映。
  A. 打包   B. 发送   C. 复制   D. 幻灯片放映

34. 在 PowerPoint 2010 中,字体加粗的快捷键是(   )。
  A. Ctrl+B   B. Ctrl+C   C. Ctrl+V   D. Ctrl+X

35. 下列不是数据库管理系统的是(   )。
  A. Oracle   B. Microsoft SQL Sever
  C. Microsoft Access   D. BASIC

36. 已知 xsda 是数据表名,下列 SQL 语句正确的是(   )。
  A. select * from xsda   B. select * to xsda
  C. select * at xsda   D. select xsda from *

37. 数据库管理系统是一种(   )。
  A. 操纵和管理数据库的系统软件 B. 仅仅是操纵数据库的软件
  C. 只能建立数据库的软件   D. 特殊的数据库

38. E-R 方法是什么方法的简称(   )。
  A. 编码——联系 B. 实体——联系 C. 编码——关系 D. 有效——运行

39. 关于事务运行管理不正确的表述是(   )。
  A. 提供事务运行管理   B. 提供运行代码分析
  C. 提供数据完整性检查   D. 提供系统恢复功能

40. 在 Access 2010 中,查询的数据可以来自(   )。
  A. 仅一个表   B. 多个表
  C. 多个表或其他查询   D. 以上均可

41. 关系数据库中的数据表(   )。
  A. 完全独立,相互没有关系   B. 相互联系,不能单独存在
  C. 既相对独立,又相互联系   D. 以数据表名来表现其相互间的联系

42. (   )不是多媒体技术的主要特征。
  A. 多样性   B. 集成性   C. 交互性   D. 普遍性

43. 以下除(   )外,其他都是图像文件格式。
  A. . MOV   B. . GIF   C. . BMP   D. . JPG

44. 一幅分辨率为 1280×1024 的 8∶8∶8 的 RGB 彩色图像,其存储容量约为(　　)。

    A. 2.34MB   B. 3.75MB   C. 30MB   D. 1.2MB

45. 关于图形和图像的描述中,错误的是(　　)。

    A. 图形也称为矢量图,图像也称为位图

    B. 因图形文件比图像文件小,所以显示图像比显示图形慢

    C. 图像能逼真表现自然景色

    D. 图形数据比图像数据更精确、有效,更易于移动、缩放、旋转等操作

46. IP 是 TCP/IP 体系的(　　)协议。

    A. 网络接口层   B. 网际层   C. 传输层   D. 应用层

47. Internet Explorer 是(　　)。

    A. Web 浏览器   B. 拨号软件   C. HTML 解释器   D. Web 页编辑器

48. 快速以太网支持 100Base-TX 物理层标准,其中数字 100 表示的含义是(　　)。

    A. 传输距离 100km   B. 传输速率 100Mb/s

    C. 传输速率 100kb/s   D. 传输速率 100MB/s

49. 下面关于域名系统错误的说法是(　　)。

    A. 域名是唯一的

    B. 域名服务器 DNS 用于实现域名地址与 IP 地址的转换

    C. 一般而言,网址与域名没有关系

    D. 域名系统的结构是层次型的

50. 不属于数字签名技术所带来的三个安全性的是(　　)。

    A. 信息的完整性   B. 信源确认

    C. 不可抵赖   D. 传递信息的机密性

二、多项选择题(本大题共 20 小题,每小题 1 分,共 20 分)

    在每小题列出的四个备选项中至少有两个是符合题目要求的,请将其选出并将答题卡的相应代码涂黑。少涂得 1 分,错涂、多涂或未涂均无分。

51. 下列数据中,数值相等的数据有(　　)。

    A. (1001101.01)2   B. (77.5)10   C. (4D.1)16   D. (77.25)10

52. 下列设备中属于输入设备的是(　　)。

    A. 显示器   B. 绘图仪   C. 鼠标器   D. 扫描仪

53. 使用控制面板中的"添加或删除程序"功能,可以(　　)。

    A. 更改或删除程序   B. 查看网络状态与任务

    C. Windows update   D. 添加新程序

54. 对于 Windows 系统的文件管理,下列说法正确的是(　　)。

    A. Windows 的文件夹不仅可以包含文件和文件夹,也可以包含打印机和计算机

    B. 操作系统根据文件的扩展名建立应用程序与文件的关联关系

    C. 文件夹采用层次化的逻辑结构,层次设置的多少与存储空间大小密切相关

    D. 当文件夹中有文件时,该文件夹不能删除

55. 确切地说,Windows 7 系统中所说的磁盘碎片指的是(　　)。

    A. 磁盘使用过程中,因磁盘频繁操作形成的磁盘物理碎片

    B. 文件复制、删除等操作过程中,形成的一些小的分散在磁盘空间中的存储空间

    A. 正确　　　　　　B. 错误

84. 在 PowerPoint 2010 中,若想在一屏内观看多张幻灯片的播放效果,可采用的方法是切换到打印预览。

    A. 正确　　　　　　B. 错误

85. Access 2010 的数据库类型是层次数据库。

    A. 正确　　　　　　B. 错误

86. 在 Access 2010 中,不允许同一表中有相同的字段名。

    A. 正确　　　　　　B. 错误

87. Internet 上广泛使用的是 TCP/IP 协议。

    A. 正确　　　　　　B. 错误

88. 所谓子网指的就是局域网。

    A. 正确　　　　　　B. 错误

89. 所谓信息高速公路是指利用高速铁路和公路传递电子邮件。

    A. 正确　　　　　　B. 错误

90. 当一个网页同时设置了背景图片和背景颜色时,背景色将覆盖背景图片。

    A. 正确　　　　　　B. 错误

第 II 卷

四、填空题(本大题共 20 小题,每小题 1 分,共 20 分)

91. PowerPoint 2010 启动后,自动新建一个＿＿＿＿＿＿文件。

92. PowerPoint 2010 中有各种工作视图,即普通视图、幻灯片浏览视图、幻灯片放映视图、＿＿＿＿＿＿和阅读视图。

93. 在 Access 2010 中,由于文本内容较多而不适合建立索引的数据类型是＿＿＿＿＿＿。

94. 在 Access 2010 中,＿＿＿＿＿＿查询可以从一个或多个表中删除一组记录。

95. 在 Word 2010 中,＿＿＿＿＿＿视图以网页的形式来显示文档中的内容。

96. 在 Word 2010 中,双击标题栏可以使窗口在＿＿＿＿＿＿之间进行切换。

97. 在 Excel 2010 中,在单元格中出现了"#REF!"标记,说明单元格＿＿＿＿＿＿。

98. 在 Excel 2010 中,COUNTIF 为统计区域中满足＿＿＿＿＿＿单元格个数的函数。

99. 将八进制数 473 转换成二进制数是＿＿＿＿＿＿。

100. ＿＿＿＿＿＿中保存数据,一旦断电,其中数据全部丢失。

101. 主频是指计算机时钟信号的频率,通常以＿＿＿＿＿＿为单位。

102. 当采用 ASCII 编码时,在计算机中存储一个标点符号要占用＿＿＿＿＿＿个字节。

103. 在 Windows 系统中,组合键 Alt+F4 的功能是＿＿＿＿＿＿。

104. Windows 菜单中有些命令后带有省略号(…),它们表示此命令下有＿＿＿＿＿＿。

105. 通常顶级域名由三个字母组成,edu 表示＿＿＿＿＿＿机构。

106. 给每一个连接在 Internet 上主机分配的唯一的 32 位地址称为＿＿＿＿＿＿。

107. 计算机的算法具有可行性、＿＿＿＿＿＿、确定性和输入/输出。

108. 一个网站的首页又称为＿＿＿＿＿＿。

109. Virtual Reality 的含义是＿＿＿＿＿＿。

110. 波形音频文件是真实声音数字化之后形成的文件,其扩展名为＿＿＿＿＿＿。

山东省2016年普通高等教育专升本统一考试

计算机试题

本试卷分为第Ⅰ卷和第Ⅱ卷两部分。满分100分,考试用时120分钟。考试结束后,将本试卷和答题卡一并交回。

注意事项:

1. 答题前,考生务必使用0.5毫米黑色签字笔将自己的姓名、考生号、座位号填写到试卷规定的位置上,并将姓名、考生号、座位号填(涂)在答题卡规定的位置。

2. 第Ⅰ卷每小题选出答案后,用2B铅笔把答题卡上对应题目的答案标号涂黑;如需改动,用橡皮擦干净后,再选涂其他答案标号,答在本试卷上无效。

3. 第Ⅱ卷答题必须使用0.5毫米黑色签字笔作答,答案必须写在答题卡各题目指定区域内相应的位置;如需改动,先划掉原来的答案,然后再写上修改后的答案;不能使用涂改液、胶带纸、修正带。或根据题目要求在指定位置用2B铅笔把答题卡上对应题目的答案标号涂黑;如需改动,用橡皮擦干净后,再选涂其他答案标号。不按以上要求作答的答案无效。

第Ⅰ卷

一、单项选择题(本大题共50小题,每小题1分,共50分)

在每小题列出的四个备选项中只有一个是符合题目要求的,请将其选出并将答题卡的相应代码涂黑。错涂、多涂或未涂均无分。

1. 第一台电子计算机是1946年在美国研制的,该机的英文缩写为(　　　)。
   A. EDSAC　　　　　B. EDVAC　　　　　C. ENIAC　　　　　D. UNIVAC

2. 以程序存储和程序控制为基础的计算机结构的提出者是(　　　)。
   A. 布尔　　　　　B. 冯·诺依曼　　　　　C. 图灵　　　　　D. 帕斯卡

3. 有一个数值152,它与十六进制6A相等,它是(　　　)进制数。
   A. 二　　　　　B. 八　　　　　C. 十　　　　　D. 四

4. 下列等式中正确的是(　　　)。
   A. 1KB = 1024 * 1024B　　　　　B. 1MB = 1024B
   C. 1KB = 1024MB　　　　　D. 1MB = 1024 * 1024B

5. 下列各组设备中,完全属于外部设备的是(　　　)。
   A. 内存储器和打印机　　　　　B. CPU和RAM
   C. CPU、显示器和磁盘　　　　　D. 硬盘和键盘

6. (　　　)属于高级语言。
   A. 汇编语言　　　　　B. C语言　　　　　C. 机器语言　　　　　D. 以上都是

32. 在 PowerPoint 2010 中添加新幻灯片,以下操作正确的是(　　)。
　　A. 按 Ctrl+N 组合键　　　　　　　　　B. 按 Ctrl+M 组合键
　　C. 按 Ctrl+Shift+N 组合键　　　　　　D. 按 Shift+M 组合键

33. PowerPoint 2010 提供了 3 种基本视图,其中不正确的是(　　)。
　　A. 幻灯片视图　　　　　　　　　　　　B. 普通视图
　　C. 幻灯片浏览视图　　　　　　　　　　D. 幻灯片放映视图

34. PowerPoint 2010 放映文件的扩展名为(　　)。
　　A. .PPTX　　　　　B. .PPVX　　　　　C. .PPSX　　　　　D. .PTTX

35. 最常见的数据库类型是(　　)。
　　A. 网状数据库　　　B. 树形数据库　　　C. 网络数据库　　　D. 关系数据库

36. DBA 是指数据库(　　)。
　　A. 关系　　　　　　B. 管理员　　　　　C. 软件　　　　　　D. 硬件

37. 关于数据库系统的叙述,正确的是(　　)。
　　A. 数据库系统包含了数据库和数据库管理系统
　　B. 数据库包含了数据库系统和数据库管理系统
　　C. 数据库管理系统包含了数据库系统和数据库
　　D. 数据库系统包含了数据库,但不包含数据库管理系统

38. 目前使用广泛的、通用的数据库查询语言是(　　)。
　　A. C 语言　　　　　B. Java 语言　　　　C. SQL 语言　　　　D. 汇编语言

39. 在 Access 2010 中,筛选的目的是找出数据表中(　　)。
　　A. 满足条件的记录　　　　　　　　　　B. 不满足条件的记录
　　C. 满足条件的字段　　　　　　　　　　D. 不满足条件的字段

40. 在 Access 2010 中,字段的有效性规则主要用于(　　)。
　　A. 限定字段的数据类型　　　　　　　　B. 限定字段的数据格式
　　C. 设置字段的数据是否有效　　　　　　D. 限定数据的取值范围

41. 在 Access 2010 中,用来定义数据打印效果的是(　　)。
　　A. 窗体　　　　　　B. 表单　　　　　　C. 报表　　　　　　D. 索引

42. 多媒体的主要特点是(　　)。
　　A. 动态性、丰富性　　　　　　　　　　B. 集成性、交互性
　　C. 标准化、娱乐化　　　　　　　　　　D. 网络化、多样性

43. .WMV 属于(　　)多媒体文件。
　　A. 音频　　　　　　B. 乐器数字　　　　C. 动画　　　　　　D. 数字视频

44. 使用匿名 FTP 服务,用户登录时常常使用(　　)作为用户名。
　　A. anonymous　　　B. 主机的 IP 地址　C. 自己的 E-mail　D. 节点的 IP 地址

45. 要使用电话线上网,计算机系统中必须有(　　)。
　　A. 声卡　　　　　　B. 网卡　　　　　　C. 电话机　　　　　D. Modem

46. 当电子邮件到达时,若收件人没有开机,该邮件将(　　)。
　　A. 自动退回　　　　　　　　　　　　　B. 保存在 E-mail 服务器上
　　C. 开机时对方重新发　　　　　　　　　D. 该邮件丢失

47. TCP 是(　　)协议的缩写。

    A. 传输控制　　　　B. 超文本传输　　　　C. 网络服务　　　　D. 远程传输

48. 网址中的 HTTP 指(　　)。

    A. 计算机主机名　　B. TCP/IP　　　　C. 文件传输协议　　　D. 超文本传输协议

49. 互联网通常使用的网络通信协议是(　　)。

    A. NCP　　　　　　B. NETBUEI　　　　C. OSI　　　　D. TCP/IP

50. 下列(　　)地址是正确的电子邮件地址。

    A. www. baidu. com　　　　　　　　　　B. www@ 139. com

    C. 192. 168. 1. 1　　　　　　　　　　　　D. http∶//www. google. com

二、双项选择题(本大题共20小题,每小题1分,共20分)

    在每小题列出的四个备选项中只有两个是符合题目要求的,请将其选出并将答题卡的相应代码涂黑。错涂、多涂、少涂或未涂均无分。

51. 下列说法中,哪两句是不正确的(　　)。

    A. ROM 是只读存储器,其中的内容只能读一次,下次再读就读不出来了

    B. 硬盘通常安装在主机箱内,所以硬盘属于内存

    C. CPU 不能直接与外存打交道

    D. 计算机突然停电,则 RAM 中的数据会全部丢失

52. 下列软件中,属于应用软件的有(　　)。

    A. Windows　　　　B. Word　　　　C. QQ　　　　D. Unix

53. 在 Window 7 中,关于文件的命名,下面哪两种说法是正确的(　　)。

    A. 在一个文件夹内,ABC. docx 文件与 abc. docx 文件可以作为两个文件同时存在

    B. 在 Window 7 中文版中,可以使用汉字文件名

    C. 给一个文件命名时不可以使用通配符,但同时给一批文件命名时可以使用

    D. 给一个文件命名时,可以不使用扩展名

54. 在 Windows 7 中,可以(　　)关闭当前窗口。

    A. 按窗口右上角的"关闭"按钮　　　　B. 按 Alt+F4 键

    C. 按窗口右上角的"最小化"按钮　　　D. 按 Alt+ESC 键

55. 在 Windows 7 中,下列有关快捷方式的叙述,错误的是(　　)。

    A. 快捷方式改变程序或文档在磁盘上的存放位置

    B. 快捷方式提供了对常用程序和文档的访问捷径

    C. 快捷方式只能放在桌面上

    D. 删除快捷方式不会对原程序或文档产生影响

56. 在 Word 2010 中,下列关于表格描述正确的是(　　)。

    A. 表格中可以添加斜线　　　　　　　B. 表格中的数据不能排序

    C. 表格中不可以插入图形　　　　　　D. 表格中可插入公式

57. 在 Word 2010 中,选定整篇文档的方法是(　　)。

    A. 使用组合键 Ctrl+A

    B. 使用"视图"选项卡中的"全选"

    C. 将鼠标移动到文本选定区,按住 Ctrl 单击鼠标左键

87. 矢量图形可以任意缩放而不变形,而图像则不然。
    A. 正确　　　　　　B. 错误

88. 路由器的英文简称为 HUB。
    A. 正确　　　　　　B. 错误

89. 当前计算机病毒的主要传播途径是网络和优盘。
    A. 正确　　　　　　B. 错误

90. 主页是网站上信息量最大的网页。
    A. 正确　　　　　　B. 错误

第Ⅱ卷

四、填空题(本大题共 20 小题,每小题 1 分,共 20 分)

91. 添加_____按钮和创建超链接可以控制幻灯片的播放顺序。

92. PowerPoint 2010 模板文件的扩展名为_____。

93. 英文简写 MIDI 翻译为中文的意思是指_____。

94. 英文简写 MPEG 翻译为中文的意思是指_____。

95. Access 2010 的大部分数据库对象都包含在一个扩展名为_____的数据库文件。

96. 在 Access 2010 数据表中,可以用_____类型的字段保存学生的照片。

97. 在 HTML 网页文件中,定义网页主体的标记符是_____。

98. IPConfig 命令用于检查_____。

99. 国务院办公厅明确把信息网络分为内网(涉密网)、外网(非涉密网)和因特网三类,而且明确提出内网和外网要_____。

100. 网络内主机数量最多的 IP 地址为_____类地址。

101. 在计算机中,英文字符编码形式主要采用_____字符编码,即美国标准信息交换码。

102. 计算机的运算器是对数据进行_____和逻辑运算的部件。

103. 内存中的每一个存储单元都被赋予一个唯一的序号,该序号称为_____。

104. 将高级语言编写的程序翻译成机器语言程序,采用的两种翻译方式是_____和解释。

105. 用 MIPS 为单位来衡量计算机的性能,它用来描述计算机的_____。

106. 操作系统的主要功能包括_____、存储管理、设备管理、文件管理、作业管理和提供用户接口。

107. Word 2010 文档缺省的扩展名为_____。

108. 在 Word 文档中,要在已有的表格中添加一行,最简单的操作是在表格最后一列外侧的段落标记前按_____键即可。

109. 在 Excel 2010 中,D5 单元格中有公式"＝A5＋＄B＄4",删除第 3 行后,D4 单元格中的公式是_____。

110. 在 Excel 2010,对数据清单进行分类汇总前,必须先对数据清单进行_____。

山东省2015年普通高等教育专升本统一考试

计算机试题

本试卷分为第Ⅰ卷和第Ⅱ卷两部分。满分100分,考试用时120分钟。考试结束后,将本试卷和答题卡一并交回。

注意事项:

1. 答题前,考生务必使用0.5毫米黑色签字笔将自己的姓名、考生号、座位号填写到试卷规定的位置上,并将姓名、考生号、座位号填(涂)在答题卡规定的位置。

2. 第Ⅰ卷每小题选出答案后,用2B铅笔把答题卡上对应题目的答案标号涂黑;如需改动,用橡皮擦干净后,再选涂其他答案标号,答在本试卷上无效。

3. 第Ⅱ卷答题必须使用0.5毫米黑色签字笔作答,答案必须写在答题卡各题目指定区域内相应的位置;如需改动,先划掉原来的答案,然后再写上修改后的答案;不能使用涂改液、胶带纸、修正带。或根据题目要求在指定位置用2B铅笔把答题卡上对应题目的答案标号涂黑;如需改动,用橡皮擦干净后,再选涂其他答案标号。不按以上要求作答的答案无效。

第Ⅰ卷

一、单项选择题(本大题共50小题,每小题1分,共50分)

在每小题列出的四个备选项中只有一个是符合题目要求的,请将其选出并将答题卡的相应代码涂黑。错涂、多涂或未涂均无分。

1. 简单地讲,信息技术是指人们获取、存储、传递、处理、开发和利用( )的相关技术。
   A. 多媒体数据   B. 信息资源   C. 网络资源   D. 科学知识

2. 字长是指计算机一次所能处理的( ),字长是衡量计算性能的一个重要指标。
   A. 字符个数   B. 十进制位长度   C 二进制位长度   D. 小数位数

3. 国标码GB2312-80是国家制定的汉字( )标准。
   A. 交换码   B. 机内码   C. 字型码   D. 输入码

4. 输出汉字字形的清晰度与( )有关。
   A. 不同的字体   B. 汉字的笔画   C. 汉字点阵的规模   D. 汉字的大小

5. 冯·诺依曼计算机工作原理的核心是( )和"程序控制"。
   A. 顺序存储   B. 存储程序   C. 集中存储   D. 运算存储分离

6. 机器语言中的每个语句(指令)都是( )的指令代码。
   A. 十进制形式   B. 八进制形式   C. 十六进制形式   D. 二进制形式

32. PowerPoint 2010 模板文件以(　　)扩展名进行保存。

    A. . PPTX　　　　　　B. . POTX　　　　　　C. . DOTX　　　　　　D. . XLTX

33. 在 PowerPoint 2010 中,要使幻灯片在放映时能够自动播放,需要对其(　　)。

    A. 设置超链接　　　B. 设置动作按钮　　　C. 设置动画　　　　D. 排练计时

34. 在 PowerPoint 2010 中,"设计"选项卡中可设置演示文稿的(　　)。

    A. 新文件、打开文件　　　　　　　　B. 表、形状、图标

    C. 动画设计与页面设计　　　　　　　D. 背景、主题和颜色

35. 在任何时刻,Access 2010 可以同时打开(　　)个数据库。

    A. 1　　　　　　　　B. 2　　　　　　　　C. 3　　　　　　　　D. 4

36. Access 2010 中(　　)是数据库的最基本对象,是创建其他数据库对象的基础。

    A. 记录　　　　　　B. 查询　　　　　　C. 字段　　　　　　D. 数据表

37. 从逻辑功能上看,可以把计算机网络分为通信子网和(　　)。

    A. 宽带网　　　　　B. 资源子网　　　　C. 网络节点　　　　D. 计算机网

38. 计算机网络资源共享主要是指(　　)共享。

    A. 工作站和服务器　　　　　　　　　B. 软件资源、硬件资源和数据资源

    C. 通信介质和节点设备　　　　　　　D. 客户机和服务器

39. 为了把工作站或服务器等智能设备连入一个网络中,需要一块称为(　　)的网络接口设备。

    A. 网桥　　　　　　B. 网关　　　　　　C. 网卡　　　　　　D. 网间连接器

40. 网上的每台计算机、路由器等都要有一个唯一可标识的地址,在 Internet 上为每个计算机指定的唯一的 32 个二进制位的地址称为(　　),也称为网际地址。

    A. 设备地址　　　　B. 物理地址　　　　C. 网卡地址　　　　D. IPv4 地址

41. Internet 在 IP 地址的基础上提供了一种面向用户的字符型主机地址命名机制,这就是(　　)。

    A. 网络操作系统　　B. 物理地址　　　　C. 域名系统　　　　D. 网络邻居

42. 超链接可以链接位于两台不同的 Web 服务器上的信息,这两台不同的 Web 服务器可以相距(　　)。

    A. 不超过 1000 米　B. 不超过 10 千米　C. 不超过 100 千米　D. 任意远

43. 为网络提供共享资源并对这些资源进行管理的计算机称为(　　)。

    A. 网卡　　　　　　B. 服务器　　　　　C. 工作站　　　　　D. 网桥

44. 邮件地址包括用户名和(　　)。

    A. 邮箱名　　　　　　　　　　　　　B. 网络地址

    C. 本机地址　　　　　　　　　　　　D. 邮件服务器地址

45. Dreamweaver CS5 的主要功能是(　　)和管理站点。

    A. 开发网络应用程序　　　　　　　　B. 制作网页

    C. 电子邮件撰写　　　　　　　　　　D. 下载网页

46. 建好网站后要发布网站,所谓发布网站就是将网站内容上传到(　　　)。

    A. Web 服务器上　　　　　　　　　　　B. 已建立的网站中

    C. 网络管理部门的计算机上　　　　　　D. 文件服务器上

47. 计算机病毒是可以使整个计算机瘫痪,危害极大的(　　　)。

    A. 一种芯片　　　　B. 一段特制程序　　　　C. 一种生物病毒　　　　D. 一条命令

48. 计算机病毒重要的传播途径是(　　　)。

    A. 键盘　　　　　　B. 打印机　　　　　　　C. 计算机网络　　　　　D. 计算机配件

49. 计算机病毒清除是指(　　　)。

    A. 去医院看医生　　　　　　　　　　　B. 请专业人员清洁设备

    C. 安装监控器监视计算机　　　　　　　D. 从内存、磁盘和文件中清除掉病毒

50. (　　　)是用来约束网络从业人员的言行,指导他们的思想的一整套道德规范。

    A. 网站建设能力　　　　　　　　　　　B. 计算机网络道德

    C. 信息技术　　　　　　　　　　　　　D. 软件系统开发能力

二、双项选择题(本大题共 20 小题,每小题 1 分,共 20 分)

    在每小题列出的四个备选项中只有两个是符合题目要求的,请将其选出并将答题卡的相应代码涂黑。错涂、多涂、少涂或未涂均无分。

51. 当前计算机正在向(　　　)、网络化、智能化方向发展。

    A. 巨型化　　　　　　B. 硬件系统　　　　　C. 微型化　　　　　　D. 软件系统

52. 冯·诺依曼提出的计算机体系结构决定了计算机硬件系统由输入、输出设备、运算器和(　　　)五个基本部分组成。

    A. 主机　　　　　　B. 控制器　　　　　　C. 外部设备　　　　　D. 存储器

53. 指令是指示计算机执行某种操作的命令,它包括(　　　)两部分。

    A. 指令地址　　　　B. 操作码　　　　　　C. 地址码　　　　　　D. 寄存器地址

54. 微处理器是将(　　　)和高速内部缓存集成在一起的超大规模集成电路芯片,是计算机中最重要的核心部件。

    A. 系统总线　　　　B. 控制器　　　　　　C. 对外接口　　　　　D. 运算器

55. 微型计算机的系统总线是 CPU 与其他部件之间传送(　　　)和地址信息的公共通道。

    A. 输出　　　　　　B. 输入　　　　　　　C. 控制　　　　　　　D. 数据

56. 多媒体技术中的数据压缩方法有很多,其中尤以(　　　)较常用。

    A. BMP　　　　　　B. JPEG　　　　　　　C. GIF　　　　　　　D. MPEG

57. 系统软件居于计算机系统中最靠近硬件的一层,它主要包括(　　　)、数据库管理系统、支撑服务软件等。

    A. 操作系统　　　　B. 语言处理程序　　　C. 文字处理系统　　　D. 电子表格软件

58. 程序设计语言可以分为三类:机器语言和(　　　)。

    A. 逻辑语言　　　　B. 汇编语言　　　　　C. 高级语言　　　　　D. 描述语言

59. 操作系统的特性主要有(　　　)等四种。

    A. 并发性、共享性　　B. 诊断性、同步性　　C. 控制性、虚拟性　　D. 虚拟性、异步性

第Ⅱ卷

四、填空题(本大题共20小题,每小题1分,共20分)

91. 二进制数 110110.11 的等值八进制数是_____。

92. 将八进制数 56 转换成二进制数是_____。

93. 执行逻辑"或"运算 01010100 ∨ 10010011,其运算结果是_____。

94. 通常规定一个数的_____作为符号位,"0"表示正,"1"表示负。

95. 在编辑 Word 2010 中的文本时,BackSpace 键删除光标前的文本,Delete 键删除_____的文本。

96. Word 2010 的_____视图的显示效果与打印机打印输出的效果一样。

97. 加密算法和解密算法是在一组仅有合法用户知道的秘密信息的控制下进行的,该密码信息称为_____。

98. VOD 是一种可以按用户需要点播节目的交互式视频系统,中文名称为_____。

99. 根据已发布的《中国互联网络域名注册暂行管理办法》,中国互联网络的域名体系顶层域名为_____。

100. 每一个 HTML 文件都包含文本内容和_____两部分。

101. _____是指从一个网页指向一个目标的链接关系。

102. Dreamweaver CS5 中网页的布局一般使用表格或_____来实现。

103. 在数据库关系运算中,在关系中选择某些属性的操作称为_____。

104. 在数据库中,一个属性的取值范围叫作一个_____。

105. 在数据库中,码(又称为关键字、主键),候选码是关系的一个或一组属性,它的值能唯一地标识一个_____。

106. 在 Internet 上,文件传输服务采用的通信协议是_____。

107. 在数据库关系模型中,实体通常是以表的形式来表现的。表的每一行描述实体的一个_____,表的每一列描述实体的一个特征或属性。

108. 在 Excel 2010 中,用来储存并处理工作表数据的文件,称为_____。

109. _____语言是用助记符代替操作码、地址符号代替操作数的面向机器的语言。

110. 计算机工作时需首先将程序读入_____中,控制器按指令地址从中取出指令(按地址顺序访问指令),然后分析指令,执行指令的功能。

山东省2014年普通高等教育专升本统一考试

计算机试题

本试卷分为第Ⅰ卷和第Ⅱ卷两部分。满分100分,考试用时120分钟。考试结束后,将本试卷和答题卡一并交回。

注意事项:

1. 答题前,考生务必使用0.5毫米黑色签字笔将自己的姓名、考生号、座位号填写到试卷规定的位置上,并将姓名、考生号、座位号填(涂)在答题卡规定的位置。

2. 第Ⅰ卷每小题选出答案后,用2B铅笔把答题卡上对应题目的答案标号涂黑;如需改动,用橡皮擦干净后,再选涂其他答案标号,答在本试卷上无效。

3. 第Ⅱ卷答题必须使用0.5毫米黑色签字笔作答,答案必须写在答题卡各题目指定区域内相应的位置;如需改动,先划掉原来的答案,然后再写上修改后的答案;不能使用涂改液、胶带纸、修正带。或根据题目要求在指定位置用2B铅笔把答题卡上对应题目的答案标号涂黑;如需改动,用橡皮擦干净后,再选涂其他答案标号。不按以上要求作答的答案无效。

第Ⅰ卷

一、单项选择题(本大题共50小题,每小题1分,共50分)

在每小题列出的四个备选项中只有一个是符合题目要求的,请将其选出并将答题卡的相应代码涂黑。错涂、多涂或未涂均无分。

1. 将计算机用于天气预报,是其在( )方面的主要应用。
   A. 信息处理 B. 数值计算 C. 自动控制 D. 人工智能

2. 用户可以通过( )软件对计算机软、硬件资源进行管理。
   A. Windows 7 B. Office 2010 C. VB D. VC

3. 微型计算机存储器系统中的Cache是( )。
   A. 只读存储器 B. 高速缓冲存储器
   C. 可编程只读存储器 D. 可擦除可再编程只读存储器

4. 计算机病毒是指( )。
   A. 编制有错误的计算机程序
   B. 设计不完善的计算机程序
   C. 计算机的程序已被破坏
   D. 以危害系统为目的的特殊的计算机程序

5. 计算机中对数据进行加工与处理的部件,通常称为( )。
   A. 运算器 B. 控制器 C. 显示器 D. 存储器

6. MPEG是数字存储( )图像压缩编码和伴音编码标准。
   A. 静态 B. 动态 C. 点阵 D. 矢量

安装 PowerPoint 2010 的机器上放映。

    A. 文件/保存并发送/将演示文稿打包成 CD

    B. 文件/发送

    C. 复制

    D. 幻灯片放映/设置幻灯片放映

32. PowerPoint 2010 中,要切换到幻灯片母版(　　　)。

    A. 单击视图选项卡中的"母版视图",再选择"幻灯片母版"

    B. 按住 Alt 键的同时单击"幻灯片视图"按钮

    C. 按住 Ctrl 键的同时单击"幻灯片视图"按钮

    D. A 和 C 都对

33. PowerPoint 2010 中,可将演示文稿保存为演示格式,其扩展名为(　　　)。

    A. . PPT   B. . PPTX   C. . PPSX   D. . POTX

34. 在 PowerPoint 2010 中,创建具有个人特色的设计模板的扩展名是(　　　)。

    A. . PPT   B. . POTX   C. . PSD   D. . HTML

35. 有关 PowerPoint 2010 的说法,下列说法正确的是(　　　)。

    A. PowerPoint 2010 可同 Office 2010 其他组件交互

    B. PowerPoint 2010 可将演示文稿保存为 . DOCX 文件

    C. PowerPoint 2010 演示文稿最少要有 3 张幻灯片

    D. PowerPoint 2010 不能同 Excel 2010 交互

36. SQL 的含义是(　　　)。

    A. 结构化查询语言   B. 数据定义语言

    C. 数据库查询语言   D. 数据库操纵与控制语言

37. 关系数据库系统中所管理的关系是(　　　)。

    A. 一个 accdb 文件   B. 若干个 accdb 文件

    C. 一个二维表   D. 若干个二维表

38. 在 Access 2010 中需要展示数据库中的数据的时候,最合适的对象是(　　　)。

    A. 报表   B. 表   C. 窗体   D. 查询

39. 在 SQL 查询中 GROUP BY 语句用于(　　　)。

    A. 选择行条件   B. 对查询进行排序   C. 列表   D. 分组条件

40. Access 2010 数据库中(　　　)数据库对象是其他数据库对象的基础。

    A. 报表   B. 查询   C. 表   D. 模块

41. Access 2010 采用的是(　　　)数据库管理系统。

    A. 层次模型   B. 网状模型   C. 关系模型   D. 混合模型

42. Access 2010 中通配符可以选择查询中使用,(　　　)用于匹配任意长度的任意字符组成的字串。

    A. ?   B. *   C. %   D. &

43. 计算机网络的主要功能是(　　　)。

    A. 提高系统处理能力   B. 提高系统可靠性

    C. 系统容易扩充   D. 资源共享

44. TCP/IP 协议的含义是(　　)。
    A. 局域网传输协议　　　　　　　　　B. 拨号入网传输协议
    C. 传输控制协议和网际协议　　　　　　D. OSI 协议集

45. 常见的局域网络拓扑结构有(　　)。
    A. 总线结构、关系结构、逻辑结构　　　B. 总线结构、环形结构、星形结构
    C. 逻辑结构、总线结构、网状结构　　　D. 逻辑结构、层次结构、总线结构

46. 要实现网络通信必须具备三个条件,以下各项中,不属于此类条件的是(　　)。
    A. 解压缩卡　　　　　　　　　　　　B. 网络接口卡
    C. 网络协议　　　　　　　　　　　　D. 网络服务器/客户机程序

47. 调制解调器(Modem)的作用是(　　)。
    A. 将计算机的数字信号转换成为模拟信号,以便发送
    B. 将模拟信号转换成计算机的数字信号,以便接收
    C. 将计算机数字信号和模拟信号互相转换,以便传输
    D. 为了上网与接电话两不误

48. 在 Internet 上,访问 Web 信息时用的工具是浏览器。(　　)就是目前常用的 Web 浏览器之一。
    A. FrontPage　　　　B. Outlook Express　　　　C. Yahoo　　　　D. Internet Explorer

49. 通过 Internet 发送或接收电子邮件(E-mail)的首要条件是应该有一个邮件地址,它的正确形式是(　　)。
    A. 用户名@域名　　　B. 用户名#域名　　　　C. 用户名/域名　　　D. 用户名.域名

50. 下面关于网站制作的说法错误的是(　　)。
    A. 首先要定义站点
    B. 最好把素材和网页文件放在同一个文件夹下
    C. 首页的文件名必须是 index.html
    D. 在制作时,站点一般定义为本地站点

二、双项选择题(本大题共20小题,每小题1分,共20分)
　　在每小题列出的四个备选项中只有两个是符合题目要求的,请将其选出并将答题卡的相应代码涂黑。错涂、多涂、少涂或未涂均无分。

51. 计算机的特点有运算速度快以及(　　)。
    A. 安全性高、网络通信能力强　　　　　B. 工作自动化、通用性强
    C. 可靠性高、适应性强　　　　　　　　D. 存储容量大、精确性高

52. 关于 CPU,以下说法正确的是(　　)。
    A. CPU 是中央处理器的简称　　　　　B. PC 机的 CPU 也称为微处理器
    C. CPU 可以代替存储器　　　　　　　D. CPU 由运算器和存储器组成

53. 下列说法中,错误的是(　　)。
    A. 每个磁道的容量是与其圆周长度成正比的
    B. 每个磁道的容量是与其圆周长度不成正比的
    C. 磁盘驱动器兼具输入和输出的功能
    D. 软盘驱动器属于主机,而软盘片属于外设

86. 在关系中选择某些属性的值的操作称为连接运算。
    A. 正确　　　　　　B. 错误

87. Internet 是由网络路由器和通信线路连接的,基于通信协议 OSI 参考模型构成的当今信息社会的基础结构。
    A. 正确　　　　　　B. 错误

88. FTP 是 Internet 中的一种文件传输服务,它可以将文件下载到本地计算机中。
    A. 正确　　　　　　B. 错误

89. 所有的网页都设有 BBS。
    A. 正确　　　　　　B. 错误

90. E-mail 地址就是我们传统意义上的物理地址。
    A. 正确　　　　　　B. 错误

第Ⅱ卷

四、填空题(本大题共 20 小题,每小题 1 分,共 20 分)

91. 信息的符号化就是数据,所以数据是信息的_____。

92. 存储一个汉字的内码需要_____字节。

93. 电子计算机自动地按照人们的意图进行工作的最基本思想是_____工作原理。

94. 记录在磁盘上的一组相关信息的集合称为_____。

95. 语言编译器按分类来看属于_____软件。

96. 在 Word 2010 中,按_____键可以保存文档。

97. 在 Word 2010 中,可看到分栏效果的视图是_____。

98. 在 Word 2010 中,行间距是指所选定中_____之间的距离。

99. 在 Excel 2010 中,单元格区域 B1:F6 表示_____个单元格。

100. 在 Excel 2010 中,文档文件的文件扩展名为_____。

101. 在 Excel 2010 中,正在处理的单元格称为_____单元格,其外部有一个黑色的方框。

102. 在 Access 2010 中,查询不仅具有查找的功能,而且还具有_____功能。

103. 在 Access 2010 中,窗体中的窗体称为_____。

104. 关系数据库中的关系运算包括选择、_____、连接。

105. 在 PowerPoint 2010 中,使字体加粗的快捷键是_____。

106. 在 PowerPoint 2010 中,可以通过_____按钮改变幻灯片中插入图表的类型。

107. OSI 七层模型中_____确定把数据包送到其目的地的路径。

108. 流媒体数据流具有三个特点:连续性、实时性、_____。

109. 在设置账户密码时,为了保证密码的安全性,要注意将密码设置为至少_____位以上的字母数字符号的混合组合。

110. HTML 的中文名称是_____。

山东省 2013 年普通高等教育专升本统一考试

计算机试题

本试卷分为第 I 卷和第 II 卷两部分。满分 100 分,考试用时 120 分钟。考试结束后,将本试卷和答题卡一并交回。

注意事项:

1. 答题前,考生务必使用 0.5 毫米黑色签字笔将自己的姓名、考生号、座位号填写到试卷规定的位置上,并将姓名、考生号、座位号填(涂)在答题卡规定的位置。

2. 第 I 卷每小题选出答案后,用 2B 铅笔把答题卡上对应题目的答案标号涂黑;如需改动,用橡皮擦干净后,再选涂其他答案标号,答在本试卷上无效。

3. 第 II 卷答题必须使用 0.5 毫米黑色签字笔作答,答案必须写在答题卡各题目指定区域内相应的位置;如需改动,先划掉原来的答案,然后再写上修改后的答案;不能使用涂改液、胶带纸、修正带。或根据题目要求在指定位置用 2B 铅笔把答题卡上对应题目的答案标号涂黑;如需改动,用橡皮擦干净后,再选涂其他答案标号。不按以上要求作答的答案无效。

第 I 卷

一、单项选择题(本大题共 50 小题,每小题 1 分,共 50 分)

在每小题列出的四个备选项中只有一个是符合题目要求的,请将其选出并将答题卡的相应代码涂黑。错涂、多涂或未涂均无分。

1. 在计算机内部,所有信息都是以(   )表示的。
   A. ASCII 码　　　　B. 机内码　　　　C. 十六进制　　　　D. 二进制

2. 计算机的发展阶段通常是按计算机所采用的(   )来划分的。
   A. 内存容量　　　　B. 物理器件　　　　C. 程序设计语言　　　　D. 操作系统

3. 已知 $a = (111101)_2$, $b = (3c)_{16}$, $c = (64)_{10}$ 则不等式(   )成立。
   A. a<b<c　　　　B. b<a<c　　　　C. b<c<a　　　　D. c<b<a

4. 配置高速缓冲存储器(Cache)是为了解决(   )。
   A. 内存与外存之间速度不匹配问题　　　　B. CPU 与外存之间速度不匹配问题
   C. CPU 与内存之间速度不匹配问题　　　　D. 主机与外设之间速度不匹配问题

5. (   )设备既是输入设备又是输出设备。
   A. 键盘　　　　B. 打印机　　　　C. 硬盘　　　　D. 鼠标

6. 计算机指令中规定该指令执行功能的部分称为(   )。
   A. 数据码　　　　B. 操作码　　　　C. 源地址码　　　　D. 目标地址码

7. 启动 Windows 7 后,出现在屏幕上的整个区域称为(   )。
   A. 资源管理器　　　　B. 桌面　　　　C. 文件管理器　　　　D. 程序管理器

C. 可以修改剪贴画

D. 不可以为剪贴画重新上色

35. 在 Access 2010 中，日期时间型数据的长度为(　　)。

A. 0~8　　　　　　B. 0~10　　　　　　C. 8　　　　　　D. 10

36. 以下各项中不属于 Access 2010 字段数据类型的是(　　)。

A. 文本型　　　　B. 货币型　　　　C. 备注型　　　　D. 时间型

37. 下面关于主键的说法中，错误的是(　　)。

A. 数据库中的每一个表都必须有一个主键

B. 主键的值是唯一的

C. 主键可以是一个字段，也可以是一组字段

D. 主键中不允许有重复值和空值

38. 在 Access 2010 中，以下不属于窗体功能的是(　　)。

A. 显示与编辑数据内容　　　　　　B. 显示注释、说明或警告信息

C. 控制应用程序的运行步骤　　　　D. 保存数据

39. 在 Access 2010 中，文本型字段的最大长度为(　　)。

A. 255　　　　　　B. 256　　　　　　C. 1024　　　　　　D. 1023

40. 在 Access 2010 中，关于数据表之间的关系，下面说法中不正确的是(　　)。

A. 可以创建一对多的关系　　　　　　B. 可以创建多对多的关系

C. 可以创建一对一的关系　　　　　　D. 数据表在创建关系前需要创建主键

41. 在 Access 2010 中，以下选项中不属于报表组成部分的是(　　)。

A. 报表页眉　　　　B. 页面页眉　　　　C. 报表主体　　　　D. 报表主题

42. 多媒体信息包括(　　)等媒体元素。

①音频；②视频；③动画；④图形图像；⑤声卡；⑥光盘；⑦文本

A. ①③④⑤⑦　　　B. ①②③④⑦　　　C. ①②③④⑥⑦　　　D. 以上都是

43. 多媒体计算机是指(　　)。

A. 必须与家用电器连接使用的计算机　　　B. 能玩游戏的计算机

C. 能处理多种媒体信息的计算机　　　　　D. 安装有多种软件的计算机

44. 下列不属于计算机网络基本拓扑结构的形式是(　　)。

A. 星形　　　　　　B. 环形　　　　　　C. 总线形　　　　　　D. 分支形

45. 网络协议的三要素不包括(　　)。

A. 词义　　　　　　B. 语义　　　　　　C. 语法　　　　　　D. 时序

46. 计算机网络按地域划分，不包括(　　)。

A. 局域网　　　　　B. 校园网　　　　　C. 广域网　　　　　D. 城域网

47. Internet 的前身是(　　)。

A. ARPANet　　　　B. Ethernet　　　　C. Telnet　　　　D. Intranet

48. IP 地址 188. 42. 241.6 所属的类型是(　　)。

A. A 类地址　　　　B. B 类地址　　　　C. C 类地址　　　　D. D 类地址

49. IPv6 中地址是用( )二进制位数表示的。

    A. 32   B. 64   C. 128   D. 256

50. 以下 Internet 应用中违反《计算机信息系统安全保护条例》的是( )。

    A. 侵入网站获取机密   B. 参加网络远程教学

    C. 通过电子邮件与朋友交流   D. 到 CCTV 网站看电视直播

二、双项选择题(本大题共 20 小题,每小题 1 分,共 20 分)

    在每小题列出的四个备选项中只有两个是符合题目要求的,请将其选出并将答题卡的相应代码涂黑。错涂、多涂、少涂或未涂均无分。

51. 下列软件中( )是系统软件。

    A. 用 C 语言编写的求解圆面积的程序   B. UNIX

    C. 用汇编语言编写的一个练习程序   D. Windows

52. 下列属于微型计算机主要技术指标的是( )。

    A. 字长   B. 重量   C. 字节   D. 主频

53. 在 Windows 7 中,以下属于"合法"文件名的是( )。

    A. FILE. DAT   B. 123. \   C. 您好. txt   D. 123 *. txt

54. 下列关于 Windows 7"回收站"的说法,哪些是错误的( )。

    A. 删除文件的同时按下 Shift 键,删除的文件将不送入回收站而直接从硬盘删除

    B. 从可移动磁盘上删除文件将不放入回收站

    C. "回收站"中的内容会自动清空

    D. "回收站"是内存的一个区域

55. 有关 Windows 7 写字板的正确说法有( )。

    A. 可以保存为纯文本文件   B. 可以保存为 Word 文档

    C. 可以改变字体大小   D. 无法插入图片

56. Word 2010 能够自动识别和打开多种类型文件,如( )。

    A. *. TXT   B. *. DBF   C. *. WAV   D. *. DOTX

57. 在 Word 2010 中,如果要把一个标题的所有格式应用到其他标题上,正确的方法有( )。

    A. 使用格式刷

    B. 使用"开始"选项卡的"边框底纹"命令

    C. 使用"开始"选项卡的"样式"命令

    D. 使用"页面布局"选项卡的"页面背景"命令

58. 在 Word 2010 中实现段落缩进的方法有( )。

    A. 用鼠标拖动标尺上的缩进符

    B. 用"开始"选项卡的"段落"命令

    C. 用"页面布局"选项卡的"分隔符"命令

    D. 用 F5 功能键

59. 在 Word 2010 中,如果要删除整个表格,在选定整个表格的情况下,下一步的正确操作是( )。

    A. 按 Delete 键

第 Ⅱ 卷

四、填空题(本大题共20小题,每小题1分,共20分)

91. 世界上第一台电子计算机是1946年在美国诞生的,该机的英文缩写为_____。

92. 在计算机系统中,1MB=_____KB。

93. 一台计算机主要由运算器、_____、存储器、输入设备及输出设备等部件构成。

94. ASCII码表中字符"C"的编码为1000011,则字符"G"的编码为_____。

95. 计算机能够直接识别或执行的语言是_____。

96. 操作系统的主要功能包括处理机管理、_____、设备管理、文件管理和作业管理等。

97. 在Word 2010中,可以显示水平标尺的三种视图模式是页面视图、_____和Web版式视图。

98. 在Word 2010文档编辑中,要完成修改、移动、复制、删除等操作,必须先_____要编辑的区域,使该区域反向显示。

99. 在Excel 2010中,新建的工作簿默认包含_____张工作表。

100. 在Excel 2010中,设Al至A4单元格的数值为82、71、53、60,A5单元格使用公式为=IF(Average(A＄1:A＄4)>=60,"及格","不及格"),则A5显示的值是_____。

101. 在PowerPoint 2010中,_____用于设置文稿中每张幻灯片的预设格式,这些格式包括每张幻灯片标题及正文文字的位置和大小、项目符号的样式、背景图案等。

102. 在PowerPoint 2010中,标题、正文、图形等对象在幻灯片上所预先定义的位置被称为_____。

103. 使用Windows 7中的"录音机"录制的声音文件的格式为_____。

104. 在Windows 7系统中将当前窗口的信息以图像形式复制到剪贴板的快捷键为_____。

105. Access 2010数据库中主要用来进行数据输出的数据库对象是_____。

106. 在Access 2010中,_____查询显示来源于表中某个字段的总计值,如合计、求平均值等,并将它们分组,一组列在数据表的左侧,另一组列在数据表的上部。

107. 英文简称URL的中文意思是_____。

108. Microsoft Windows 7系统自带的上网浏览器为_____。

109. 在网页制作中,为了方便网页对象在网页内的布局,通常使用_____来辅助定位。

110. _____是一种保护计算机网络安全的访问控制技术。它是一个用以阻止网络中的黑客访问某个机构网络的屏障,在网络边界上,通过建立起网络通信监控系统来隔离内部和外部网络,以阻挡通过外部网络的入侵。